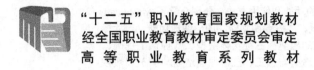

"十二五"职业教育国家规划教材

经全国职业教育教材审定委员会审定

高等职业教育系列教材

Mastercam 应用教程

第4版

张 延 盛 任 李自鹏 主编

机械工业出版社

Mastercam 是 CAD/CAM 领域装机量最多的软件之一。本书以任务驱动的方式讲授了 Mastercam 9.1 的功能和使用方法，分别介绍了 Mastercam 9.1 的基础知识、工作环境的设置、二维绘图功能、图形编辑功能、尺寸标注和文字注释、三维曲面和曲线的构建、三维实体造型、数控加工基础、凸台实体造型与加工、槽类零件造型与加工、三维曲面造型与加工和数控车床加工。本书结合大量的实例，由浅入深，循序渐进，通俗易懂，以任务为导向，增强了读者的学习主动性，同时对 Mastercam 9.1 系统各项命令做出了详细说明。在每章的结尾安排了上机操作与指导，并给以详细指导，供读者学习与操作。

本书可作为职业院校的专业教材和自学读本，也可作为专业技术人员的参考书。

本书配套授课电子课件，需要的教师可登录www.cmpedu.com免费注册、审核通过后下载，或联系编辑索取（QQ：1239258369，电话：010-88379739）。

图书在版编目（CIP）数据

Mastercam 应用教程 / 张延，盛任，李自鹏主编. —4 版. —北京：机械工业出版社，2015.10（2022.8 重印）
"十二五"职业教育国家规划教材 · 高等职业教育系列教材
ISBN 978-7-111-51651-4

Ⅰ. ①M… Ⅱ. ①张… ②盛… ③李… Ⅲ. ①计算机辅助制造－应用软件－高等职业教育－教材 Ⅳ. ①TP391.73

中国版本图书馆 CIP 数据核字（2015）第 225628 号

机械工业出版社（北京市百万庄大街22 号 邮政编码 100037）
责任编辑：刘闻雨 责任校对：张艳霞
责任印制：单爱军
北京虎彩文化传播有限公司印刷
2022 年 8 月第 4 版 · 第 4 次印刷
184mm×260mm · 19.25 印张 · 476 千字
标准书号：ISBN 978-7-111-51651-4
定价：59.00 元

电话服务   网络服务
客服电话：010-88361066   机 工 官 网：www.cmpbook.com
        010-88379833   机 工 官 博：weibo.com/cmp1952
        010-68326294   金 书 网：www.golden-book.com
封底无防伪标均为盗版   机工教育服务网：www.cmpedu.com

前　言

Mastercam 是美国 CNC Software 公司开发的基于 PC 平台的 CAD（Computer Aided Design）/CAM（Computer Aided Manufacturing）系统。该软件可以精准地设计出二维和三维模型，并可以通过设置刀具路径及相关参数生成数控机床加工程序，是我国目前机械加工自动化中使用最普遍的一种软件，它可用于数控车床、数控铣床、数控雕刻机、加工中心和数控线切割机床加工的辅助设计与制造。Mastercam 9.1 是 Mastercam 9.0 的升级版本，它由造型设计（Design）、铣床（Mill）、车床（Lathe）、线切割（Wire）和曲面雕刻（Router）5 个模块组成。而造型设计（Design）模块是基础，在其他几个模块中都包含它的内容。Mastercam 9.1 与之前版本相比，性能更优越，使用更方便，学习更容易。

本书对 Mastercam 9.1 内容的介绍，分为 CAD 和 CAM 两大部分。其特点是：循序渐进，层次清楚，步骤详细，系统性强，对软件的各个菜单和各项命令都有详细解释。为了便于读者理解和掌握，结合企业生产的实际情况，本书对各项命令、按钮和关键词采用了中英文对照的讲解方式，语言浅显易懂，并附有大量的图例说明和操作应用，适合高职高专院校学生和初学者作为教材使用，也是专业技术人员较好的工具手册。

本书共分 11 个任务：任务 1 介绍 Mastercam 9.1 的主要功能、窗口界面、主辅菜单、系统设置等；任务 2 介绍二维图形绘制方法，包括点、直线、圆弧和圆等图形的绘制；任务 3 介绍二维图形编辑功能，包括修整、转换、删除等；任务 4 介绍图形标注和文字注释；任务 5 介绍三维曲面和曲线的构建；任务 6 介绍实体造型的构建；任务 7 介绍数控加工基础，包括刀具、材料、工件和操作的设置及加工模拟；任务 8 介绍轮廓铣削、面铣、钻孔、镗削、挖槽等二维铣削加工；任务 9 介绍槽类零件实体造型与加工；任务 10 介绍三维曲面零件造型与加工；任务 11 介绍数控车床加工；附录介绍 Mastercam 的安装及快捷键使用。

本书由张延、盛任、李自鹏任主编，范龙、杨彦涛任副主编。其中李自鹏编写了任务 1、任务 2，盛任编写了任务 4、任务 5，杨彦涛编写了任务 6、任务 7、任务 8，范龙编写了任务 9，张延编写了任务 10、任务 11、附录。任务 3、图形的绘制、教学资源的编写由韩建敏、庄恒、王如雪、曹媚珠、陈文焕、刘有荣、李刚、孙明建、李索、刘大学、刘克纯、沙世雁、缪丽丽、田金凤、陈文娟、李继臣、王如新、赵艳波、王茹霞、骆秋容、徐维维、徐云林完成。全书由刘瑞新教授审阅并定稿。

由于编者水平有限，书中定有疏漏和不足之处，恳请广大读者和专家批评指正。

编　者

目　录

任务 1　初识 Mastercam

Mastercam 是美国 CNC Software 公司开发的一款集计算机辅助设计（CAD）和计算机辅助制造（CAM）于一体的软件。自 1984 年诞生以来，经过不断的改善和提高，已经成为当今 CAD/CAM 软件行业最经济和最有效率的软件系统之一，也是目前我国工业界及学校广泛采用的 CAD/CAM 系统。

1.1　Mastercam 9.1 简介

Mastercam 9.1 在 Mastercam 9.0 的基础上进行了更新，其操作更加方便，功能更加强大。

1.1.1　Mastercam 9.1 的主要功能

Mastercam 9.1 按照功能可以分为 CAD 和 CAM 两部分。

首先使用 Mastercam 9.1 在计算机上进行图形设计（CAD），然后编制刀具路径（NCI），通过处理后转换成 NC 程序，传送至数控机床即可进行加工（CAM）。CAD/CAM 系统大大地节省了开发时间，提高了工作效率和加工精度。

1. CAD 部分的功能

1）可以绘制和编辑复杂的二维和三维图形、标注尺寸、文字注释等。

2）提供图层的设定，可隐藏和显示图层，使绘图变得简单，显示更清楚。

3）提供字形设计，为各种标牌的制作提供了最好的方法。

4）可以绘制和编辑复杂的曲线、曲面，并可对其进行延伸、修剪、熔接、分割、倒直角、倒圆角等操作。

5）图形可转换成 AutoCAD 或其他软件格式，也可以从其他软件格式转换至 Mastercam。

6）可以构建实体模型、曲面模型等三维造型。

2. CAM 部分的功能

1）分别提供 2D、2.5D、3D 模组。

2）提供外形铣削、挖槽、平面铣削和钻孔加工。

3）提供曲面粗加工，粗加工可用八种加工方法：平行式、放射式、投影式、曲面流线式、等高线式、间歇式、挖槽式、插削式。

4）提供曲面精加工，精加工可用十种加工方法：平行式、陡斜面式、放射式、投影式、曲面流线式、等高线式、浅平面式、交线清角式、残屑清除式、环绕等距式。

5）提供线架曲面的加工，如直纹曲面、旋转曲面、扫描曲面、昆氏曲面、举升曲面的加工。

6）提供 4 轴、5 轴的多轴加工。

7）提供刀具路径模拟显示，编制的 NC 程序，可以显示运行情况，估计加工时间。

8）提供实体加工模拟，仿真显示出的数控加工过程，可辅助检验干涉、过切残料等情况，避免到达车间加工时发生错误。

9）提供多种后处理程序，以供各种控制器使用。

10）可建立各种管理，如刀具管理、操作管理、串联管理、工件管理和工作报表。

3. Mastercam 9.1 各模块的功能

Mastercam 9.1 根据不同的加工方法设计了相应的系统模块，其中包括：设计（Design）、铣削（Mill）、车削（Lathe）、线切割（Wire）和曲面雕刻（Router）等模块。其各模块功能如下：

（1）设计模块（Design）

Mastercam Design 用于设计生成精准的三维模型。不仅可以设计、编辑复杂的二维、三维空间曲线，还能生成方程曲线。采用 NURBS、PARAMETRICS 等数学模型，有包括直纹、举升、扫描、昆氏、牵引、旋转等十多种曲面的构建方法。强大的实体功能以 PARASOLID 为核心，快速构建 3D 曲面实体，如长方体、球体、圆柱体、圆锥体和其他形状的实体。而且系统内置可靠的数据转换器：IGES、Parasolid、SAT（ACIS solids）、DXF、CADL、STL、VDA 和 ASCII。还有直接针对 AutoCAD（DWG）、STEP、Catia 和 Pro-E 的数据转换器。

（2）铣削模块（Mill）

Mastercam Mill 主要用于生成铣削刀具路径，包括二维加工系统及三维加工系统。二维加工系统包括外形铣削、型腔加工、面加工及钻孔、镗孔、螺纹加工等。三维加工系统包括曲面加工、多轴加工和线架加工系统。在多重曲面的粗加工及精加工中提供了丰富的加工方法；在多轴加工系统中包括五轴曲线加工、五轴钻孔、五轴侧刃铣削、五轴流线加工和四轴旋转加工等。

Mastercam 系统中，型腔铣削、轮廓铣削和点位加工的刀具路径与被加工零件的模型是相关的。当零件几何模型或加工参数修改后，Mastercam 能迅速、准确地自动更新相应的刀具路径，无须重新设计和计算刀具路径。利用上述功能，用户可把常用的加工方法及加工参数存储于数据库中。实际加工之前，从库中选取相似的加工方法，对其编辑修改，使其适合当前的任务。这样可以大大提高数控程序设计效率及计算的自动化程度。例如，数据库中已存储有一系列的点位加工方法（包括工序、刀具、加工参数等），若要对一组孔钻、啄、攻螺纹，就可以从库中选取相似的加工方法，适当修改后，直接加工。

（3）车削模块（Lathe）

Mastercam Lathe 用于生成车削加工刀具路径，可以进行精车、粗车、车螺纹、径向切槽、钻孔、车孔等加工。加工零件时，可以在管理器中修改与走刀路径有关的各种数据，如几何模型、刀具参数、加工参数等，并可立即得到更新后的走刀路径，无须从头开始。另外，它也能够把加工数据储存在数据库中，当加工新零件时，只需从库中选取相似的加工参数，作用于待加工零件，即可快速、便捷地生成加工程序。刀具路径与几何模型完全相关（Full Associative）。当修改几何模型、刀具参数或加工参数后，刀具路径会自动更新。

（4）线切割模块（Wire）

Mastercam Wire 是非常优秀的线切割软件，它能高效地编制任何线切割程序。用它可快速设计、加工机械零件，无论是 3D 几何建模、二轴线切割编程还是四轴线切割编程。

（5）曲面雕刻模块（Router）

Mastercam Router 用于生成木模、塑料模的加工刀具路径，其可调用的刀具形状和类型非常广泛，能控制模块化或成组钻头，可优化钻孔路径。也适用于对传统刀具的切削路径生成，使得用户能在一个单独的加工区做更多的加工内容，从而显著地节省时间。

Mastercam 9.1 中除了设计模块可以设计、编辑图形外，其他模块中也具有相同和完整的图形设计功能。

1.1.2 启动 Mastercam 9.1

在使用 Windows XP 或 Windows 7 时启动 Mastercam 9.1 的各个模块有以下两种方法。

1. 通过"开始"按钮中的"程序"

单击"开始"按钮，然后指向"程序"，再指向 Mastercam 9.1 文件夹，单击 Design 9.1 或 Mill 9.1、Lathe 9.1、Wire 9.1，如图 1-1 所示，即可启动 Mastercam 9.1 的对应模块。

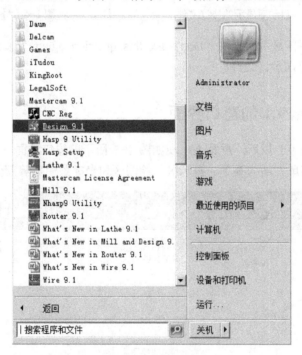

图 1-1　从"开始"按钮启动 Mastercam 9.1 示例

2. 通过桌面上的快捷方式

双击 Mastercam 9.1 在桌面的 5 个快捷方式图标中的一个，如图 1-2 所示，即可启动 Mastercam 9.1 的对应模块。

图 1-2　桌面的快捷图标

在首次启动 Mastercam 9.1 时，系统首先打开图 1-3 所示的协议文件，阅读该文件后，应单击区按钮，关闭该文件。系统打开图 1-4 所示的"接受此授权同意（License Agreement Acceptance）"对话框，单击"是"按钮接受该协议并且启动 Mastercam 9.1；若单击"否"按钮，则退出 Mastercam 9.1。在首次启动 Mastercam 9.1 的不同模块时，系统都要提示用户是否接受协议。

图 1-3　启动后显示的协议文件

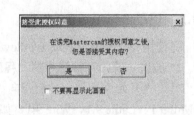

图 1-4　"授权接受"对话框

如果选中"不要再显示此画面（Don't ask this question again）"复选框，则在下次启动 Mastercam 9.1 时不再显示该文件。

1.2　Mastercam 9.1 的窗口界面

启动 Mastercam 9.1 以后，屏幕上出现如图 1-5 所示的窗口界面。该界面主要包括：标题栏、工具栏、主菜单、辅助菜单、提示区、绘图区和坐标系图标等部分。

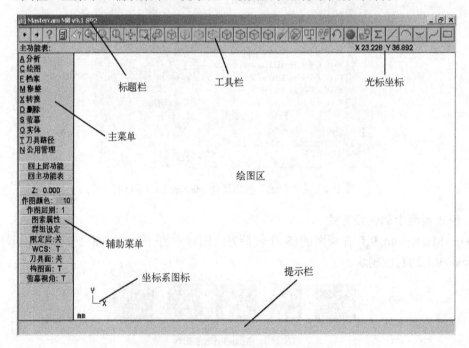

图 1-5　Mill 9.1 模块的窗口界面

1.2.1 标题栏

Mastercam 9.1 窗口界面最上面的一行为标题栏，不同的模块其标题栏也不相同。如果已经打开了一个文件，则在标题栏中还将显示该文件的路径及文件名。

1.2.2 工具栏

工具栏由位于标题栏下面的一排按钮组成。启动的模块不同，其默认的工具栏也不尽相同。用户可以通过组合键〈Alt〉+〈B〉来控制工具栏的显示，也可以通过单击工具栏左端的 ▪ 和 ▪ 按钮来改变工具栏的显示，还可以通过"荧幕（Screen）"菜单中的"系统规划（Configure）"命令来设置工具栏。图 1-6 为 Mill 9.1 模块的默认工具栏。

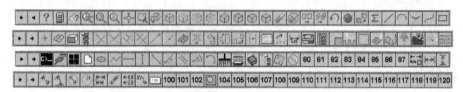

图 1-6 "Mill 9.1 模块"的工具栏

1.2.3 主菜单

Mastercam 9.1 的主菜单如图 1-7 所示。表 1-1 列出了主菜单的选项并简要说明了每种选项的功能。

表 1-1 主菜单选项说明

选　　项	说　　明
分析（Analyze）	显示绘图区已选取的对象所有相关的信息
绘图（Create）	绘制图形
档案（File）	处理文档（保存、取出、编辑、打印等）
修整（Modify）	修改图形，如圆角、修剪、分割、连接和其他指令
转换（Xform）	转换图形，如镜像、旋转、比例、平移、偏移和其他指令
删除（Delete）	删除图形
荧幕[⊖]（Screen）	改变屏幕上的图形显示
实体（Solids）	绘制实体模型
刀具路径（Tool paths）	进入刀具路径菜单，给出刀具路径选项
公用管理（NC utils）	给出编辑、管理和检查刀具路径

在主菜单区的下面有"回上层功能"和"回主功能表"两个按钮。其功能分别是：
- 单击"回上层功能（BACKUP）"按钮，则系统在主菜单区显示上一层主菜单区显示的菜单。按〈Esc〉键的功能与单击该按钮的功能相同。
- 单击"回主功能表（MAIN MENU）"按钮，则系统在主菜单区显示主菜单（主功能）。

主菜单的指令是分别列出的，当从主菜单选取一选项时，另一个菜单在此基础上显示，

⊖ Mastercam 9.1 软件中写作"萤幕"，本书中统一为"荧幕"。

可以通过相继的菜单层进行选择，直至选择完成。例如，要绘出一条直线时，图 1-8 所示的一组菜单为这一项选取的过程。

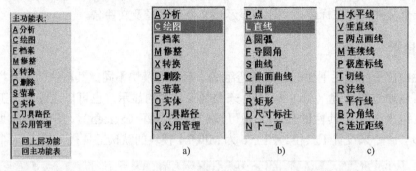

图 1-7　主菜单　　　　　　　　　　图 1-8　绘制直线的选取命令示例

1.2.4　辅助菜单

辅助菜单用于改变各项操作的各种设置。不同模块的辅助菜单不完全相同，图 1-9 为 Mill 模块的辅助菜单，下面以此说明各项功能。

1. Z:0.000 构图深度

辅助菜单中的 Z 选项用来设置当前构图的深度。构图的深度是相对于系统原点（0,0,0）来定义当前构图平面的深度。从菜单选择 Z 后，主菜单显示"抓点方式"子菜单，可以选用该子菜单中的选项或采用光标设置已知点的深度，还可以直接在提示区输入深度值，然后按〈Enter〉键。例如绘制俯视图，如顶面设置为 0，则底面就要给一个构图深度。在这里必须树立一个立体概念，一个立方体的顶面和底面有一个距离，这个距离就叫构图深度。又如绘制一个正视图，前面和后面有一个距离，如前面为 0，后面就有一个构图深度。所以 Mastercam 和 AutoCAD 的二维绘图不同。

2. 作图颜色（Color）

该选项用于设置当前几何对象的颜色，其后显示的数值是系统颜色的色号。重新设置颜色后，系统按新设置的颜色绘制几何对象。

选择辅助菜单中"作图颜色"（Color）选项，打开图 1-10 所示的"颜色"对话框。

 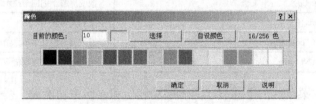

　　图 1-9　辅助菜单　　　　　　　　图 1-10　16 色"颜色"对话框

对话框默认为"16 色"对话框，如单击图中"16/256 色"按钮，将显示"256 色"对话框，如图 1-11 所示。

图中"目前的颜色（Current）"后面的第一框表示设置颜色的色号，第二框表示设置颜色的选样。

单击"选择（Select）"按钮，系统返回到绘图区提示选取几何对象，将选取的几何对象的颜色设置为当前的颜色。

单击"自设颜色（Customize）"按钮，出现图 1-12 所示的"自设颜色（Customize Colors）"对话框，用户可以通过拖动"红""绿""蓝"颜色的滑块来配置不同色号所对应的颜色。设置颜色后，单击"确定"按钮。

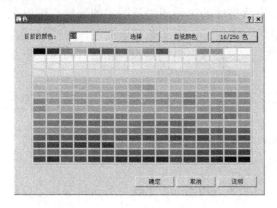

图 1-11　256 色"颜色"对话框

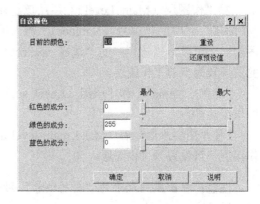

图 1-12　"自设颜色"对话框

3. 作图层别（Level）

"作图层别"简称图层。图层是 Mastercam 9.1 组织管理图形的一个重要工具。一个文件可为线框模型、曲面、标注尺寸图素、刀具路径等，组织放置在不同图层中，通过图层可以很方便地控制几何对象的选取及几何对象的显示等操作。

在辅助菜单中选取"作图层别（Level）"或"限定层（Mask）"，也可以按下〈Alt〉+〈Z〉组合键，就可以打开"层别管理员（Level Manager）"对话框，如图 1-13 所示。

图 1-13　"层别管理员"对话框

1）图层列表区：由"图层编号（Number）""可看见的图层（Visible）""限定的图层

（Mask:Off）"图层名称（Name）""图层群组（Level set）"和"图素数量（Entities）"6列组成。在"限定的图层"列中，若有√标记，则该图层为限定图层；若某行颜色为黄色，则该图层为当前工作图层。

注意：限定图层和当前工作层都只能有一个图层，但两者可设置为不同的图层。

2）"作图层（Main Level）"栏：该栏用来设置当前的工作图层及图层的属性。可以在"作图层"栏中的"编号（Number）"输入框中输入图层号，系统即将该图层作为当前工作图层。还可以单击该栏中的"选择（Select）"按钮来选取某一几何对象，将该几何对象所在的图层置为当前工作图层。

"名称（Name）"和"层组（Level set）"输入框：用来输入或改变当前工作层的名称和图层组名称。

"使作图层永远开启（Make main level always visible）"复选框：选中该项时，则当前工作图层一直设置为可视图层。

注意：在图层列表中的"图层编号"列中，双击某一图层号，系统即将该图层作为当前工作图层。

3）"层别的显示（List Levels）"栏：该栏用来设置在图层列表中列出的图层类型，共有4个选项。

全部（All）：列出所有图层（1～255）。

使用的（Used）：仅列出已经使用过的图层。

命名的（Named）：仅列出已经命名过的图层。

使用的或命名的（Used or Named）：列出所有已经使用或命名过的图层。

4）"显示所有层（Visible Levels）"栏：该栏有两个选项，当选择"全开（All on）"时，所有的图层都设置为可视图层；当选择"全关（All off）"时，所有的图层均设置为不可视。但当选中"使作图层永远开启"复选框时，"全关"选项对当前图层不起作用。

5）设置图层的可视属性：除了用"显示所有层"栏的两个选项整体设置图层的可视属性外，还可以对各图层的可视性分别进行设置。用户只需单击图层的"可看见的图层"单元格，即可改变图层的可视性。

6）设置图层的限定属性：要设置图层的限定性，用户只需单击图层"限定的图层"单元格即可改变图层的限定属性。

注意：由于只有一个图层可以设置为限定图层，当设置另外一个图层为限定属性时，原限定图层自动取消其限定属性。当有一个图层设置为限定图层时，在选取几何对象时只能选取该图层的几何对象，但不影响在其他图层绘制图形。

7）设置图层的名字：双击图层的"图层名称"单元格，使单元格变成可编辑状态，输入图层的名称，按下〈Tab〉键可以退出单元格编辑。

8）设置图层的图层组名称：双击图层的"图层群组"单元格，使单元格变成可编辑状态，输入图层组的名称，按下〈Tab〉键可退出单元格编辑。

4. 图素属性（Attributes）

在辅助菜单中选择"图素属性（Attributes）"选项时，系统打开"属性（Attributes）"对话框，如图 1-14 所示。该选项用于设置当前几何对象的属性，包括颜色、图层、线型、线宽及点的样式。

设置当前几何对象属性的操作步骤如下：

1）单击辅助菜单"图素属性（Attributes）"命令，打开"属性"对话框。

2）从下拉菜单中选取颜色、图层、线型、线宽及点的样式后，单击"确定"按钮。

3）设置后绘制的图形具有新的属性。

5. 群组设定（Groups）

群组管理就是要将某些几何对象设置在同一群组里，以方便对这些几何对象的显示及选取等操作。例如，可以设置许多钻削点为一个钻削群组，当绘制刀具路径时，可使用已存储为一个群组的钻削点。

从辅助菜单选取"群组设定（Groups）"命令，可以打开"群组的设定（Groups）"对话框，如图 1-15 所示。

图 1-14 "属性"对话框

图 1-15 "群组的设定"对话框

6. 限定层：关（Mask:off）

该选项可以使选择的几何对象进入一个指定的图层，在其他图层的几何对象是不可见的。

7. WCS:T 查看坐标系

WCS 是"Work Coordinate System"的缩写。Mastercam 9.1 的坐标系原点在绘图区的中央，X 轴为水平方向，过原点向右为正；Z 轴为垂直方向，过原点向上为正；Y 轴垂直纸面，过原点向里为正。Mastercam 9.1 的三维坐标系可以绘制三维的几何对象，通过 WCS 选项可以对其三维坐标系的方向和原点进行查看，另外包括对构图面（Cplane）和荧幕视角（Gview）名称的查看和修改。

在辅助菜单选取"WCS:T"选项，可以打开"视角管理员（View Manager）"对话框，如图 1-16 所示。

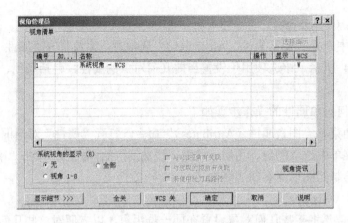

图 1-16 "视角管理员"对话框

在"视角管理员"对话框中双击"名称（Name）"栏的某视图名称或单击"WCS"栏的对应单元格后单击"确定"按钮，可以将此图坐标系确定为当前坐标系。

在绘图区的左下角显示的图标为当前坐标系，在原点显示的图标为世界坐标系。默认状态下，在原点只显示俯视图坐标，如果选取"荧幕→系统规划"（Screen→Configure）命令，在打开的"荧幕"选项卡中选中"显示 WCS 的 XYZ 轴（Display WCS XYZ axes）"复选框，则显示各视图的坐标。

注意： 上述功能不适用于 Wire 模块。

8. 刀具面（Tplane:off）

刀具平面是一个二维平面，表示 CNC 机床 XY 轴和原点，该选项在设计部分不使用。

9. 构图面（Cplane:T）

构图平面是绘制图形的二维平面，可以定义在三维空间任何处。常用的构图面有四种，即俯视图、前视图（相当主视图）、侧视图（相当右视图）、等角轴测图。

10. 荧幕视角（Gview:T）

荧幕视角是显示观察图形的投影角度。当从辅助菜单中选取图形视角，显示出第一页和第二页选项菜单，许多图形视角菜单选项与构图平面的菜单选项相同，常用的图形视角也有四种，即俯视图、前视图（相当主视图）、侧视图（相当右视图）、等角轴测图。

1.2.5　提示区

在窗口的最下部为提示区，它主要用来给出操作过程中相应的提示，有些命令的操作也在该提示区显示。可以通过组合键〈Alt〉+〈P〉控制提示区的显示。

1.2.6　绘图区

该区域为绘制、修改和显示图形的工作区域。

1.2.7　坐标系图标

位于绘图区左下角的坐标系图标显示当前视图的坐标轴。默认情况下 Design 和 Mill 模块为（X-Y）坐标，而 Lathe 模块为（D+-Z）坐标。可以通过"系统规划（Configure）"对话框中"荧幕"选项卡的"显示视区的 XYZ 轴（Display Viewport XYZ Axes）"选项来控制坐标系图标的显示。

1.2.8 光标坐标

绘图区右上角显示光标在当前构图面中的坐标值。可以通过"系统规划（Configure）"对话框中"荧幕"选项卡的"显示游标的坐标位置（Cursor Tracking）"选项来控制光标坐标的显示。

1.3 获取帮助信息

Mastercam 9.1 提供了大量的帮助，在操作过程中可以用〈Alt〉+〈H〉组合键或单击工具栏中的 ? 按钮，打开"Mastercam Help"对话框，如图 1-17 所示。单击各个标题，可以显示更详细的内容，也可在各对话框的右上角单击 ? 按钮，系统即打开有关该对话框的帮助信息。

图 1-17 "Mastercam Help"对话框

1.4 命令的输入和结束

Mastercam 的操作是根据输入各项命令来实现的，下面介绍输入和结束命令的方法。

1. 输入命令的方法

各项操作命令的输入方法有下面几种：

● 从主、辅助菜单中选择。使用鼠标在主菜单选择相应命令，并逐一单击打开的子菜单中所需命令。

- 从工具栏中选择。使用鼠标在工具栏上单击代表相应命令的图标按钮，打开菜单，从中选取命令。
- 从键盘输入代表命令的字母。直接输入菜单命令中带有下画线的字母。
- 按相应快捷组合键。

2. 结束命令的方法

结束操作命令的方法有下面几种：

- 当一条命令正常完成后将自动终止。
- 命令正常结束后，按〈Enter〉键或鼠标左键。
- 命令在执行过程中需要结束时，按〈Esc〉键返回上一菜单。

1.5 档案（文件）管理

Mastercam 9.1 中的档案管理命令包括：创建新文件，打开、插入已有文件以及文件的复制、删除等。文件管理是通过其"档案（File）"子菜单中的各项命令来实现的，如图 1-18a 所示，也可以在工具栏中单击 按钮来打开"文件"子菜单，如图 1-18b、1-18c 所示。

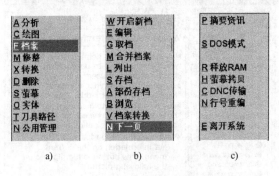

a)   b)   c)

图 1-18 "档案"子菜单

1.5.1 建立新文件

在启动 Mastercam 后，系统按其默认配置自动建立一个新文件，即可直接进行图形绘制等操作。若正在编辑一个文件时，要新建另一个文件，可通过"档案（File）"子菜单中的"开启新档（New）"命令来实现。操作步骤如下：

1）从主菜单选择"档案→开启新档"（File→New）命令。

2）系统将打开"新建"对话框，提示"你确实要恢复至起始状态吗？"单击"是"按钮，如果当前图形没有保存，将会打开"保存"对话框给以提示，保存后，系统将初始化，使图形和数据的操作都恢复到系统的默认配置；选择"否"按钮，则取消该指令返回到当前文件，如图 1-19 所示。

3）在图 1-19 中，单击"是"按钮。

图 1-19 新建文件提示框

1.5.2 "取档"（打开）文件

"取档（Get）"选项可以打开以前保存的 MC9（Mastercam 9.1）文件。在"档案"子菜单中选择"取档"命令后，打开图 1-20 所示的"请指定欲读取之档名（Specify File Name to Read）"对话框。

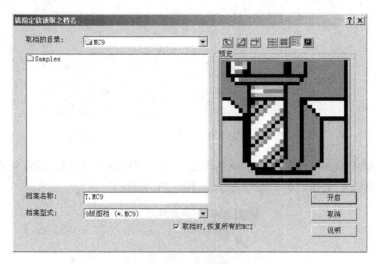

图 1-20 "请指定欲读取之档名"对话框

该对话框右上方的 4 个按钮用来控制文件列表显示的形式。

按下▦按钮，系统仅列出文件的名称。

按下▦按钮，系统列出文件的详细信息，包括文件的大小、类型及修改时间等。

按下▦按钮，系统不仅列出文件的名称，并在显示栏的右方新开一个"预览（Preview）"窗口来浏览该文件。

按下▦按钮，系统直接将文件的预览图作为图标在文件列表中列出。

打开文件的操作步骤如下：

1）从主菜单选择"档案→取档"（File→Get）命令，打开"请指定欲读取之档名"（打开文件）对话框。

2）选择文件后，单击"开启（Open）"按钮或双击所选文件，打开该文件。

3）如果选中已经打开的当前文件或当前文件未保存，系统将打开如图 1-21 的保存提示框给以提示，选"是"按钮，保存现在改变的图形文件；若选"否"按钮，则关闭现在文件不保存。

图 1-21 保存提示框

1.5.3 保存文件

该选项将当前文件的所有图形、属性和操作保存在一个 MC9 文件中。操作步骤如下：

1）从主菜单中选取"档案→存档"（File→Save）命令，打开"请指定欲写出之档名"（存档）对话框如图 1-22 所示。

13

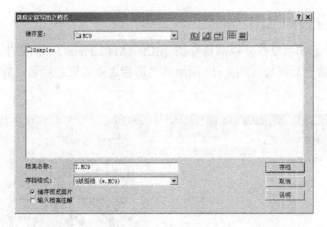

图 1-22 "请指定欲写出之档名"（存档）对话框

2）在输入框中输入文件的名字，然后单击"存档（Save）"按钮，即可保存当前文件。

3）当输入的文件名重名时，系统提示如图 1-23 所示。

图 1-23 重名提示框

选"是"按钮，则用现在名字代替原来的名字并保存文件。

选"否"按钮，返回"请指定欲写出之档名"对话框，然后重复步骤 2）。

在"存档"对话框的下面有两个复选框："储存预览图片（Save thumbnail image with geometry）"和"输入档案注解（Prompt for descriptor）"。

"储存预览图片"复选框：选中该复选框，则系统在文件存档的同时，创建或更新该文件的预览图。

"输入档案注解"复选框：该复选框未选中时，将直接存档文件；若选中该项，存档时将出现图 1-24 所示"图形的摘要内容"对话框，可在该对话框的"摘要内容（Descriptor）"框中输入注释文本后再确定存档。

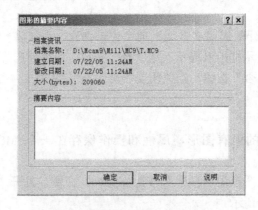

图 1-24 "图形的摘要内容"对话框

1.5.4 浏览文件

该选项可以浏览保存在某目录下的 MC*、MC9 文件。浏览文件的操作步骤如下：

1）从主菜单选择"档案→浏览"（File→Browse）命令，打开"浏览的目录"对话框，如图 1-25 所示。

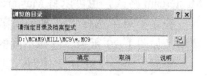

2）选择或输入浏览图形的子目录，或单击浏览按钮，打开"浏览文件夹"对话框，如图 1-26 所示，选择所需文件后，单击"确定"按钮。

图 1-25 "浏览的目录"对话框

3）按〈Enter〉键，接受提示区提示的路径，系统循环显示子目录中所有图形文件，或输入一个新路径名，然后按〈Enter〉键，系统继续循环显示该子目录中所有图形文件。

4）按〈Esc〉键两次，退出浏览，或按〈Esc〉键一次，改为显示"图形浏览（Browse）"子菜单，如图 1-27 所示。

图 1-26 "浏览文件夹"对话框

图 1-27 "图形浏览"子菜单

"图形浏览"菜单中的各选项含义如下。

朝前几页（Forward）：系统向前显示文件。可以在提示区的数值输入框中输入数值来指定向前显示第几个文件。

退回几页（Backup）：系统向后显示文件。可以在提示区的输入框中输入数值来指定向后显示第几个文件。

自动浏览（Auto）：系统恢复连续自动显示文件。

暂留时间（Delay）：可以改变两个文件间显示的时间，以秒计算，在提示区输入数值来指定文件显示时间。

保留此图（Keep）：将现在显示的图形插入到当前文件中，选择该选项后，结束文件的浏览，并打开图 1-28 所示的提示框，选"是"，则删除现有文件并打开正在浏览的文件；若选择"否"，则将浏览的文件插入到当前文件中。

删除此图（Delete）：确认删除命令，确认后系统删除当前浏览的文件。

图 1-28 插入图形提示框

1.5.5 转换文件

该选项可以将多种类型的图形文件读入 Mastercam 数据库中，并将它们转换为 Mastercam 格式，也可以将 Mastercam 文件写入多种类型的文件中。

在主菜单中选择"档案→档案转换"（File→Converters）命令，显示出"档案转换"子菜单，如图 1-29 所示。选择不同的选项，可以与不同类型的文件进行转换。

下面以转换 ASCII 文件为例说明：

ASCII 文件为文本文件，它包含了点的 X、Y、Z 的坐标值。在主菜单选择"档案→档案转换→Ascii"（File→Converters→Ascii）命令，显示出"ASCII"子菜单，如图 1-30 所示。各转换选项含义如下：

读取文件（Read file）：读取一个 ASCII 文件将其转换为 MC9 文件。在选择了一个 ASCII 文件后，系统在主菜单区给出 3 个选项如图 1-31 所示：选择"点（Points）"则 ASCII 文件转换为点；选择"线段（Lines）"则 ASCII 文件转换为直线；选择"曲线（Splines）"则 ASCII 文件转换为样条曲线。

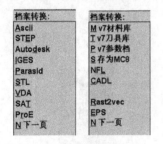

图 1-29 "档案转换"子菜单　　　图 1-30 "ASCII"子菜单　　　图 1-31 "转换形式"选项

写出文件（Write file）：将屏幕上现存图形转换为 ASCII 文件格式。当选取文件后，系统打开保存对话框，如图 1-32 所示，输入文件名，按"保存"按钮，图形即按 ASCII 文件形式存档。

图 1-32 保存对话框

批次读取（Read dir）：将一个子目录中被选的 ASCII 文件或全部 ASCII 文件，转换成

MC9 文件。

若选择已经存在的目标文件，Mastercam 提示你"覆盖现有图形吗？"，选"是"，通知系统覆盖目标文件；选"否"，则系统跳过现在文件。

注意：Mastercam 9.1 在原目录中列出的文件不能进行转换。

批次写出（Write dir）：将一个目录下的所有 MC9 文件的数据库格式转换成 ASCII 文件格式。

1.6 系统设置

该功能可以对系统的一些属性进行预设置，在新建文件或打开文件时，Mastercam 将按其默认配置来进行系统各属性的设置，在使用过程中也可以改变系统的默认配置。

在主菜单选择"荧幕→系统规划"（Screen→Configure）命令或按下〈Alt〉＋〈F8〉组合键，打开图 1-33 所示"系统规划"对话框。通过该对话框的各选项卡对系统的默认配置分别进行设置。

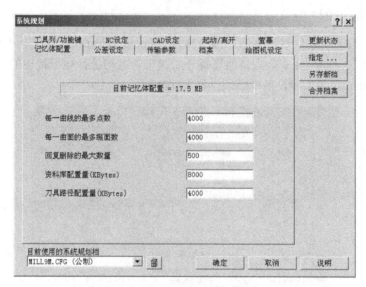

图 1-33 "系统规划"对话框

1.6.1 内存配置

在"系统规划"对话框的"记忆体配置（Allocation）"选项卡中，根据计算机内存容量和要编制的文件及图形大小，可为 Mastercam 9.1 的某些功能设置最大值，如图 1-33 所示。使用〈Alt〉＋〈F8〉组合键，打开的"系统规划"对话框中设有"记忆体配置"选项卡。

1.6.2 公差设置

在"系统规划"对话框的"公差设定（Tolerances）"选项卡中，用来设置曲线和曲面的公差值，从而控制曲线和曲面的光滑程度，如图 1-34 所示。

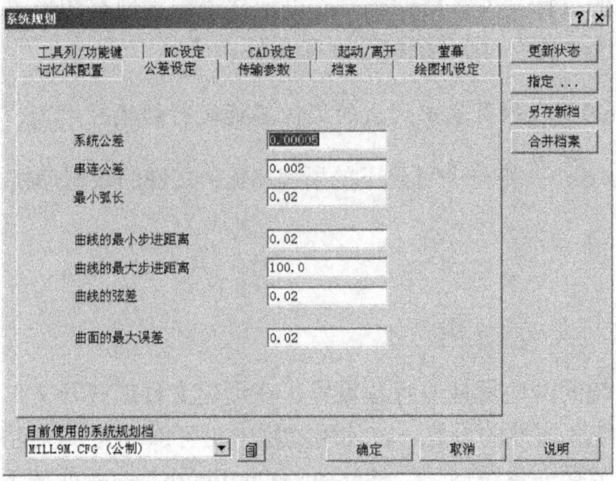

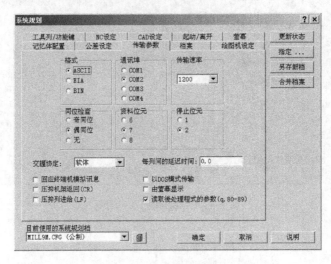

图 1-34 "公差设定"选项卡

1.6.3 传输参数设置

该选项在"系统规划"对话框的"传输参数（Communications）"选项卡中，如图 1-35 所示，用来设置 Mastercam 9.1 与其他设备（如铣床）之间进行数据传输的默认传输参数。这些参数在 Mastercam 9.1 和设备中必须设置得完全相同。

图 1-35 "传输参数"选项卡

1.6.4 文件参数设置

该选项在"系统规划"对话框的"档案（Files）"选项卡中，用来设置不同类型文件的存储目录及使用的不同文件的默认名称，如图 1-36 所示。

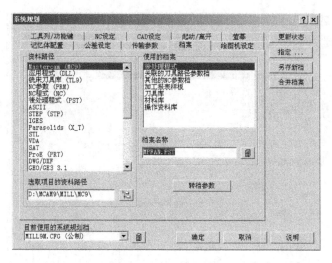

图 1-36 "档案"选项卡

1.6.5 打印设置

该选项在"系统规划"对话框的"绘图机设定（Plotter Settings）"选项卡中，用来设置当前文件的打印参数，包括打印时的偏移量、打印比例、是否旋转、纸张大小、打印笔的属性以及通信设置，如图 1-37 所示。

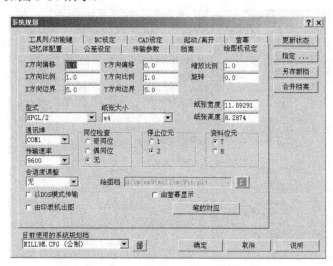

图 1-37 "绘图机设定"选项卡

1.6.6 设置工具栏和快捷键

该选项在"系统规划"对话框的"工具列/功能键（Toolbar/Keys）"选项卡中，用来设置工具栏、功能键、快捷键等。工具栏按钮显示在 Mastercam 9.1 屏幕的上方；功能键是键盘上从〈F1〉到〈F12〉的按键；快捷键由〈Alt〉键组合其他键而成，如图 1-38 所示。

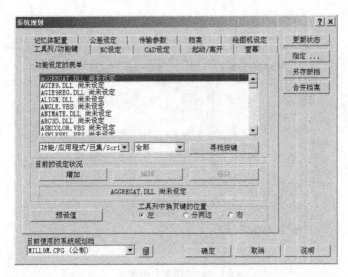

图 1-38　"工具列/功能键"选项卡

1.6.7　NC 设置

该选项在"系统规划"对话框的"NC 设定（NC Settings）"选项卡中，如图 1-39 所示，可以为整个 Mastercam 9.1 产生 NC 数据设置参数。

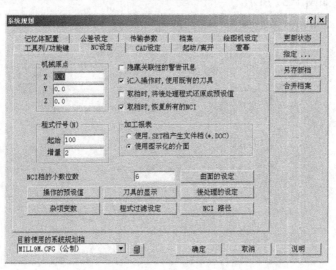

图 1-39　"NC 设定"选项卡

1.6.8　绘图设置

该选项在"系统规划"对话框的"CAD 设定（CAD Settings）"选项卡中，如图 1-40 所示，用来对曲线/曲面的形式、IGES 输出、尺寸标注和绘图等进行设置。

单击"作图的属性（Attributes）"按钮，显示如图 1-14 所示"属性"对话框，该对话框用来设置几何对象的样式，包括点的样式及线的样式和宽度等。

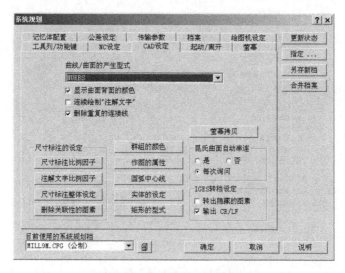

图 1-40 "CAD 设定"选项卡

1.6.9 启动/退出

该选项在"系统规划"对话框的"起动/离开（Start/Exit）"选项卡中，如图 1-41 所示，可以设置启动或退出 Mastercam 9.1 时，系统自动执行的一些功能参数。

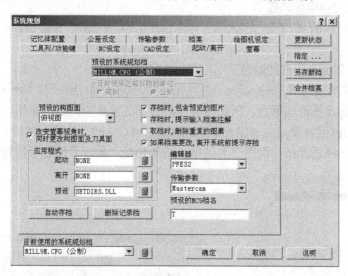

图 1-41 "起动/离开"选项卡

1.6.10 屏幕显示设置

该选项在"系统规划"对话框的"荧幕（Screen）"选项卡中，如图 1-42 所示。可以设置 Mastercam 9.1 系统的菜单字体、窗口配置、提示信息显示、系统颜色等，以此来控制 Mastercam 9.1 的外观显示和几何对象的显示。下面介绍一些常用的屏幕显示设置选项。

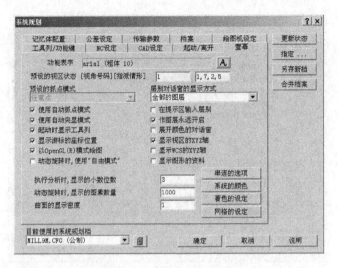

图 1-42 "屏幕设置"选项卡

1. 在选取点时，设置启动自动捕捉模式

选中"使用自动突显模式（Use Auto-Cursor in Point Selection）"复选框。

2. 设置工具栏的显示

选中"起动时显示工具列（Toolbar Visible at System Startup）"复选框。

3. 设置视角的坐标轴的显示

选中"显示视区的 XYZ 轴（Display Viewport XYZ Axes）"复选框，在绘图区右下角显示视角的坐标轴。

4. 设置系统界面及图形的颜色

单击"系统的颜色（System Color）"按钮，打开图 1-43 所示的"系统颜色"对话框，可以设置系统界面及图形的颜色。例如将界面的绘图区设置为白色，操作步骤如下：

1）选择"工作区背景颜色（Graphics Background Color）"选项，单击右下方 键。

2）打开图 1-44 所示的"颜色"对话框，选中白色，单击"确定"按钮。

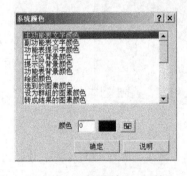

图 1-43 "系统颜色"对话框

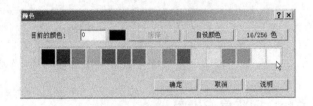

图 1-44 "颜色"对话框

3）返回"系统颜色"对话框，单击"确定"按钮。

4）根据提示，按"是"按钮，系统保存。

5）绘图区背景颜色变为白色。

5. 设置栅格捕捉和栅格显示

单击"网格的设定（Selection grid）"按钮或用组合键〈Alt〉+〈G〉，可打开图 1-45 所示的"荧幕网格点的设定（Selection grid parameters）"对话框，可以修改对话框中的参数来设置栅格的显示及捕捉方式，使得绘图更快捷、准确，栅格在打印时不会显示出来。操作步骤如下：

1）在栅格设置对话框选中"启用网格（Active grid）"和"显示网格（Visible grid）"复选框。

2）根据实际需要在"间距（Spacing）"栏内分别设置栅格在 X 和 Y 方向的间距。

3）栅格的原点可在"原点（Origin）"栏内分别设置为（0,0），也可以单击"选择（Select）"按钮在绘图区选点作为栅格原点。

4）在"颜色（Color）"栏内可以根据绘图区的背景颜色来设置栅格显示颜色。

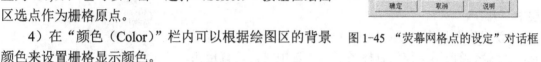

图 1-45 "荧幕网格点的设定"对话框

5）在"大小（Size）"文本框中显示栅格的区域大小。

6）单击"测试（Test）"按钮，系统回到绘图区，在进行测试栅格的设置情况后，按〈Esc〉键返回对话框，进行修改或单击"确定"按钮结束设置。

7）根据提示，单击"是"按钮，系统保存设置。

1.7 其他常用设置

在主菜单中选取"荧幕（Screen）"命令，打开"荧幕之相关设定"子菜单，如图 1-46 所示，可以从中选取命令进行有关的设置。

图 1-46 主菜单和"荧幕之相关设定"子菜单

1.7.1 改变对象的属性

在"荧幕之相关设定"子菜单中用于改变几何对象属性的命令共有四个：清除颜色（Clr colors）、改变颜色（Chg colors）、改变层别（Chg levels）、改变属性（Chg attribs）。

1. 清除颜色（Clr colors）

在三维绘图和编辑图形时，一些图形的颜色往往和原设置颜色不同。在主菜单中选取"荧幕→清除颜色"（Screen→Clr colors）命令或单击工具栏中的 按钮后，不需要选取几何对象，系统自动清除群组和结果的设置颜色，恢复这些对象的本来颜色。当清除了群组和结果的颜色特性时，系统同时清除了对象的群组和结果设置，也就不能使用群组和结果选项来选取对象了。

2. 改变颜色（Chg colors）

在主菜单中选取"荧幕→改变颜色"（Screen→Chg colors）命令，或单击工具栏中的 按钮后，选取需要改变颜色的对象，系统将选取对象的颜色改变为当前设置的颜色。

3. 改变图层（Chg levels）

在主菜单中选取"荧幕→改变层别"（Screen→Chg levels）命令，系统打开"改变层别（Change Levels）"对话框，如图 1-47 所示。其中各选项含义如下。

"移动（Move）"选项：将选取的对象移动到指定的图层中。

"复制（Copy）"选项：将选取的对象复制到指定的图层中。

图 1-47　"改变层别"对话框

"使用作图层别（Use Main Level）"选项：选中该项时，系统将当前图层作为目标图层；未选中时，可直接在"图层编号（Level）"输入框中输入目标图层号，或单击"选择（Select）"按钮后，在绘图区选取一个对象，以该对象的图层作为目标图层。

设置后，单击"确定"按钮，返回绘图区。选取要转换的对象，选择"执行"选项，系统即可将选取的对象转换至指定的图层中。

4. 改变属性（Chg attribs）

在主菜单中选取"荧幕→改变属性"（Screen→Chg attribs）命令，系统打开"属性"对话框，如图 1-14 所示。其内容和设置方法也相同，设置要改变的属性后，单击"确定"按钮，选取要改变属性的对象，系统即可将选取对象的属性改变为设置的目标属性。

1.7.2　设置对象的显示

这里主要介绍设置曲面显示的线框数量和实体显示的线框消隐。

1. 设置曲面显示时的线框数量

在主菜单选取"荧幕→曲面显示→线条密度"（Screen→Surf disp→Density）命令，在提示区显示输入框，输入相应的数目，按〈Enter〉键，完成设置。不同的曲面需要不同数量的线框来表示，如图 1-48 所示。其中图 1-48a 中的线框数量为"2"；图 1-48b 中的线框数量为"3"；图 1-48c 中的线框数量为"6"。

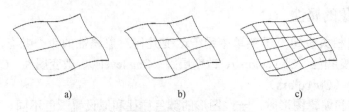

a)　　　　　　　　　　b)　　　　　　　　　　c)

图 1-48　曲面的线框数量设置示例

2. 设置消隐实体显示的线框

在主菜单选取"荧幕→曲面显示→实体显示"(Screen→Surf disp→Solids)命令，打开"实体的显示设定（Solids Display）"对话框，如图 1-49 所示，其各选项的功能和含义如下：

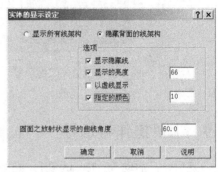

显示所有线架构（Wireframe）：选中该单选钮，系统采用线框形式显示实体。

隐藏背面的线架构（Hidden）：选中该单选钮，系统采用"选项（Options）"栏设置的消隐形式显示实体。

显示隐藏线（Show hidden lines）。选择该项，显示被隐藏的线框，否则不显示被隐藏的线框。

图 1-49 "实体的显示设定"对话框

显示的亮度（Show dimmed）。选择该项，按指定的亮度显示实体的消隐线框，否则亮度为 100。

以虚线显示（Show dashed）。选择该项，系统采用虚线显示实体的消隐线框。

指定的颜色（Specify color）。选择该项，系统按指定的颜色显示实体的消隐线框。

设置选项后，单击"确定"按钮，绘图区实体即按设置显示。如图 1-50 所示，图 1-50a 为选中"显示所有线架构"选项结果；图 1-50b 为选中"隐藏背面的线架构"选项结果；图 1-50c 为选中"以虚线显示"选项结果。

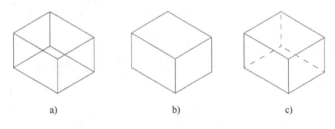

a)   b)   c)

图 1-50 实体线框的消隐设置示例

1.8 退出 Mastercam 9.1

要退出 Mastercam 9.1，可采取以下步骤。

1）输入关闭命令，可以采用以下方式之一：

● 在主菜单中选择"档案→下一页→离开系统"(File→Next Menu→Exit) 命令。

● 单击窗口右上角的⊠按钮。

● 单击窗口左上角的🔲按钮，打开标题栏菜单，选取⊠按钮。

● 双击窗口左上角的🔲按钮。

● 使用组合键〈Alt〉+〈F4〉。

2）系统打开图 1-51 所示的提示框，确认退出，单击"是"按钮，则退出 Mastercam 9.1。

3）如果当前文件修改过而未存盘，则系统给出图 1-52 所示的提示框，选择"是"按钮，则存储该文件并退出 Mastercam 9.1；选择"否"按钮，则不存盘退出 Mastercam 9.1。

图 1-51　确认关闭提示框

图 1-52　保存提示框

1.9　上机操作与指导

练习一：启动 Mastercam 9.1，熟悉窗口界面。

练习二：浏览图形文件。

在主菜单选取"档案→浏览"（File→Browse）命令，输入"X:\Mcam9\Design\MC9\Samples*.MC9"名称（"X:"为用户指定的盘符），单击"确定"按钮。浏览时练习向前、向后翻阅文件，并改变循环间隔时间。

练习三：将绘图区的背景颜色改变为白色，具体操作步骤查阅 1.6.10 小节。

练习四：设置栅格捕捉和栅格显示，具体操作步骤查阅 1.6.10 小节。

任务 2 二维图形绘制

在 Mastercam 9.1 中，需要加工的构件和原料的形状首先在计算机辅助设计（Design）模块中定义，然后在计算机辅助制造（Mill、Lathe 和 Wire）模块中用这个文件来生成构件加工的切削路径。而二维图形的绘制是图形绘制的基础，所以在 Mastercam 9.1 中二维图形的精确绘制是其他操作的基础。本任务中主要讲授二维图形绘制的知识，完成本任务的学习后，读者应能够独立完成图 2-1 所示图形的绘制。

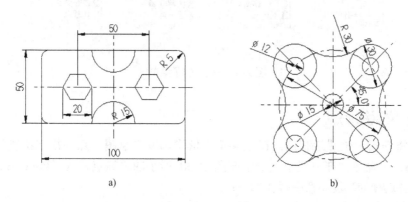

a)   b)

图 2-1 几何图形练习

在主菜单中选择"绘图（Create）"命令可打开"绘图（Create）"子菜单，所有绘制二维图形的命令都包含在"绘图"子菜单中，"绘图"子菜单共有两页，如图 2-2b、图 2-2c 所示。

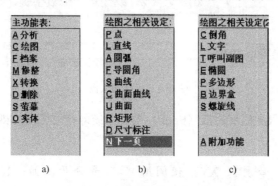

a)   b)   c)

图 2-2 "绘图"子菜单

2.1 点的绘制

点的绘制和抓取是绘制其他二维图形乃至三维图形的基本。在 Mastercam 9.1 中通过

"点（Point）"命令来控制点，"点"命令的功能是在图形中用点符号标注出点的位置。Mastercam 9.1 提供了 6 种点样式。在二维视图的图形屏幕上用"+"表示点，在三维视图的图形屏幕上用"*"来表示点。

在主菜单中依次选取"绘图→点"（Create→Point）命令，或在工具栏中单击 ＋ 按钮，在主菜单区显示如图 2-3c 所示"点"的子菜单。

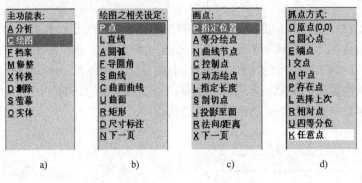

图 2-3 "点"的子菜单

2.1.1 指定位置绘制点

该选项将在指定位置绘制点。在主菜单中依次选取"绘图→点→指定位置"（Create→Point→Position）命令，在主菜单区显示如图 2-3d 所示的"抓点方式（Point Entry）"子菜单。该菜单各选项的功能和命令操作如下：

1. 坐标输入

该选项为"抓点方式"子菜单的隐含选项，操作步骤如下：

1）打开"抓点方式"子菜单。

2）单击："-" "、" " " "," "x" "y" "z" 或任意一个数字键，在系统提示区显示"坐标"输入框，如图 2-4 所示。

图 2-4 坐标输入框

3）在输入框中输入坐标值后按〈Enter〉键，系统即在对应坐标处绘制一个点。

注意：

1）输入坐标时，必须在 XYZ 值间用 "," 号分开，如（10,20,30）；也可以采用（X10Y20Z30）形式，此时不用 "," 号分开。

2）在输入坐标时可以采用系统默认值来简化坐标的输入。例如，上一次输入的点坐标为（10,20,30），现在要输入的点坐标为（20,20,30），则只需在输入框输入"20"即可；若要输入坐标（10,40,30），只需在输入框中输入",40"。

3）坐标也可以采用公式的方法输入，在公式的使用中可以采用加、减、乘、除和括号等符号。

2. 原点（Origin）

在"抓点方式"子菜单选择"原点（Origin）"选项，系统在当前构图面的坐标原点（0，0）处绘制一个点。

3. 圆心点（Center）

该选项用来绘制圆或圆弧的圆心。操作步骤如下：

1）在"抓点方式"子菜单选择"圆心点（Center）"选项。

2）在绘图区选取圆弧或圆，所选对象改变颜色，系统即在圆弧或圆的圆心处绘制出圆心点，如图2-5所示。

3）重复步骤2）可继续绘制圆心点，或按〈Esc〉键返回"抓点方式"菜单。

4. 端点（Endpoint）

该选项用来绘制线、圆弧、Spline样条曲线等的端点。操作步骤如下：

1）在"抓点方式"子菜单中选择"端点（Endpoint）"选项。

2）在绘图区用鼠标在靠近线（弧、圆）的一端选取线（弧、圆），所选线条改变颜色。系统即可绘出线（弧、圆）的端点。

3）重复步骤1）和2），分别可绘出其他端点。

注意： 圆的端点重合在0位置处，如图2-6中的圆A2。

图2-5　绘制圆心点的示例　　　　　　图2-6　绘制端点的示例

5. 交点（Intersect）

该选项可绘制出两个相交对象的交点，这些对象可以是直线、圆、圆弧、样条曲线等。操作步骤：

1）在"抓点方式"子菜单选择"交点（Intersect）"选项。

2）在绘图区用鼠标在两线交点附近选中其中一条线段，系统即绘出两线段交点，并返回"抓点方式"子菜单。

3）重复操作步骤1）和2），也可以绘制两线段的延伸交点。如图2-7中的L2和L3的延伸交点。

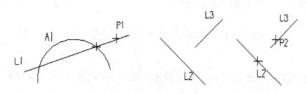

图2-7　绘制交点示例

注意： 当两个几何对象有两个以上的交点时，应在接近交点的位置选择几何对象。

6. 中点（Midpoint）

该选项可以绘制出直线、圆、圆弧、Spline 样条曲线等的中点。操作步骤如下：

1）在"抓点方式"子菜单中选择"中点（Midpoint）"选项。

2）在绘图区选择直线（圆弧、圆或曲线），即可绘出该线段的中点，如图 2-8 所示。

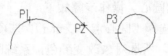

图 2-8　绘制中点示例

注意：圆的中点在圆的 180° 位置，如图 2-8 的点 P3。圆的中点和圆心点是不同的。

7. 存在点（Point）

该选项在一个已存在的点位置绘制一个点。选到的点将会闪烁，表示此点已被选中；若没有选中，系统将会提示"再试一次（Try again）"。

8. 选择上次（Last）

该选项在上一次绘制点的位置绘制一个点。例如，可用此方法来绘制相连的线段。

9. 相对点（Relative）

该选项用来绘制一个与已知点有一定相对距离的点。可以用直角坐标或极坐标来输入相对距离。下面通过绘制图 2-9 中的点来举例说明，操作步骤如下。

1）在"抓点方式"子菜单中选择"相对点（Relative）"选项。

2）在绘图区用鼠标选中已知点 P1。

3）系统在主菜单区给出"直角坐标（Rectang）"或"极坐标（Polar）"两个选项，如图 2-10 所示，选择"直角坐标"选项。

4）在提示区的"坐标"输入框中输入相对直角坐标（40，30），系统绘制出点 P2 并返回"抓点方式"子菜单，如图 2-10 所示。

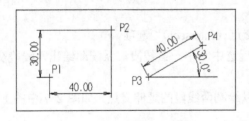

图 2-9　绘制相对点示例图 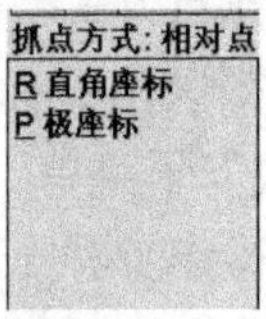　　　　　图 2-10　"抓点方式"的子菜单

5）重复步骤 1）～3），在步骤 2）时选另一个已知点 P3，在步骤 3）时选择"极坐标"选项。

6）系统在提示区给出如图 2-11 所示的输入框，用来输入相对距离。可以采用以下几种方法来输入值。

请输入相对距离
(或按键盘的:X,Y,Z,R,D,L,S,A,?)

图 2-11　坐标输入框

直接在输入框中输入数值，或：

输入〈X〉后，在绘图区选取一点，以该点的 X 坐标作为输入值。

输入〈Y〉后，在绘图区选取一点，以该点的 Y 坐标作为输入值。

输入〈Z〉后，在绘图区选取一点，以该点的 Z 坐标作为输入值。

输入〈R〉后，在绘图区选取圆弧或圆，以圆弧或圆的半径作为输入值。

输入〈D〉后，在绘图区选取圆弧或圆，以圆弧或圆的直径作为输入值。

输入〈L〉后，在绘图区选取直线、圆弧或样条曲线，以该几何对象的长度作为输入值。

输入〈S〉后，在绘图区选取两个点，以这两个点间的距离作为输入值。

输入〈A〉后，在绘图区定义一个角度，以该角度值作为输入值。

输入〈?〉后，打开一个菜单，该菜单给出了这些选项的含义，可选择其中的一个选项，按上面介绍的方法定义输入值。

7）直接在输入框中输入距离 40 后按〈Enter〉键，系统接着提示输入角度，输入 "30" 后按〈Enter〉键，系统即可绘制出 P4 点，如图 2-9 所示。

10. 四等分位（Quadrant）

该选项是选取圆的四分之一处绘制点，即圆上的 0°、90°、180°、270° 处。操作步骤如下：

1）在 "抓点方式" 子菜单中选择 "四等分位（Quadrant）" 选项。

2）移动鼠标，在靠近圆的 0°、90°、180°、270° 处分别单击左键，即可绘制出圆的等分点，如图 2-12 所示。

图 2-12　绘制四等分点示例

11. 任意点（Sketch）

该选项通过移动鼠标至任意位置，单击鼠标左键，即可在该位置绘制点。

2.1.2　绘制等分点

"等分绘点" 命令可以在指定的几何对象上绘制一系列等距离的点。操作步骤如下：

1）从主菜单中选择 "绘图→点→等分绘点"（Create→Point→Along ent）命令。

2）选取一个几何对象。

3）根据系统提示输入要绘制的点数，然后按〈Enter〉键。

4）系统完成等分点，如图 2-13 所示。重复步骤 2）和 3）可继续进行线段的等分，或按〈Esc〉键返回。

图 2-13　绘制等分点示例

注意： 可以使用该命令将几何对象 n 等分，但输入的点数为 n+1。

2.1.3　绘制曲线节点

"曲线节点" 命令可以绘制参数型样条曲线上的节点。操作步骤如下：

1）从主菜单中选 "绘图→点→曲线节点"（Create→Point→Node pts）命令。

2）选取参数型样条曲线，系统即可绘制出该曲线的节点，如图 2-14 所示。

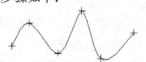

图 2-14　参数型样条曲线节点示例

3）按〈Esc〉键返回"点"子菜单。

注意：所选对象若不是参数型样条曲线，线条不会闪亮，则系统提示重新选择。

2.1.4　绘制曲线控制点

"控制点"命令可以绘制 NURBS 曲线的控制点。操作步骤如下：

1）从主菜单中选择"绘图→点→控制点"（Create→Point→Cpts NURBS）命令。

2）选取 NURBS 曲线，系统即可绘制出该曲线的控制点，如图 2-15 所示。

3）按〈Esc〉键返回"点"子菜单。

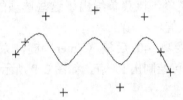

图 2-15　NURBS 曲线控制点示例

2.1.5　绘制动态点

"动态绘点"命令可以在所选取的直线、圆弧、曲线或曲面上动态地绘制点。操作步骤如下：

1）从主菜单中选择"绘图→点→动态绘点"（Create→Point→Dynamic）命令。

2）选取对象后，一个带点标记的箭头显示在选取对象上，如图 2-16 所示。

3）沿选取对象移动鼠标箭头至合适位置，单击鼠标左键即可完成绘点。

4）重复操作步骤 3）可以连续绘点，按〈Esc〉键返回。

图 2-16　动态点的移动箭头

2.1.6　指定长度绘制点

"指定长度"命令可以在所选取的直线、圆弧或曲线上，在距端点一定的距离处绘制点。操作步骤如下：

1）从主菜单中选取"绘图→点→长度"（Create→Point→Length）命令。

2）紧靠一端点，选取一条线、圆弧、曲线。

3）输入长度值 15，按〈Enter〉键，输入长度值 25，按〈Enter〉键，完成绘制点，如图 2-17 所示。

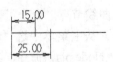

图 2-17　指定长度绘制点示例

4）若需要，重复步骤 3），绘制新点，按〈Esc〉键返回。

注意：系统以起点作为测量的基点，所以要确保选取点靠近端点。

2.1.7　绘制网格点

"网格点"命令可以在指定位置绘制一系列的网格点。下面以图 2-18 为例，操作步骤如下：

1）从主菜单中选取"绘图→点→下一页→网格点"（Create→Point→Next menu→Grid）命令。

2）在主菜单区显示"网格点（Grid）"子菜单，含义如下：

选"水平间距（X step）"选项，根据提示，在水平方向，输入两点之间的距离值 10，按〈Enter〉键。

选"垂直间距（Y step）"选项，根据提示，在垂直方向，输入两点之间的距离值 10，按〈Enter〉键。

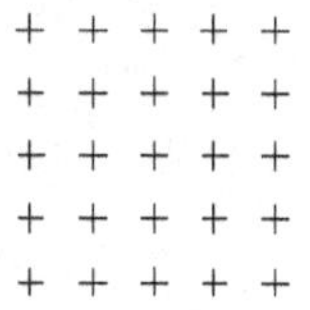

图 2-18　绘制网格点示例

选"旋转角度（Angle）"选项，根据提示，输入格点的角度值 0，按〈Enter〉键。

选"水平点数（Num in X）"选项，根据提示，输入水平方向的点数值 5，按〈Enter〉键。

选"垂直点数（Num in Y）"选项，根据提示，输入垂直方向的点数值 5，按〈Enter〉键。

3）设置完成后，选择"执行（Do it）"命令，移动鼠标在网格左下角选择一点，完成网格点的绘制。

4）可以继续选择网格左下角点，或按〈Esc〉键返回。

2.1.8　绘制圆周点

"圆周点"命令可以在圆周上绘制一系列的圆周点，如同在圆周上钻孔画线一样。操作步骤如下：

1）在主菜单中选取"绘图→点→下一页→圆周点"（Create→Point→Next menu→Bolt Circle）命令。

2）主菜单区显示出"圆周点（Bolt Circle）"子菜单，其功能和使用方法如下：

选"半径（Radius）"选项，根据提示，输入圆的半径值 25，按〈Enter〉键。

选"起始角度（Start angle）"选项，根据提示，输入圆的起始角（与零度夹角）值"0"，按〈Enter〉键。

选"角度增量（Incr angle）"选项，根据提示，输入增量角（孔间角）值"45"，按〈Enter〉键。

选"点数（Num of pts）"选项，根据提示，输入圆周点的数量值"8"，按〈Enter〉键。

3）设置完成后，选择"执行"选项，移动鼠标确定圆的中心点。

4）系统完成绘制圆周点，如图 2-19 所示。可以继续确定圆的中心或按〈Esc〉键返回。

"点"的子菜单中还有两个选项："剖切点（Slice）"和"投影至面（Srf project）"，将在三维绘图中介绍。

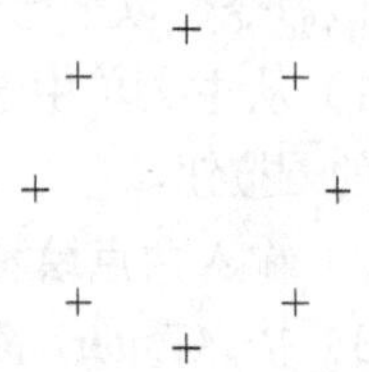

图 2-19　绘制圆周点示例

2.2 绘制直线

在主菜单中依次选择"绘图→直线（Create→Line）"命令，或在工具栏中单击∠按钮，在主菜单区显示出如图 2-20 所示的"直线（Line）"子菜单。下面分别介绍各项命令。

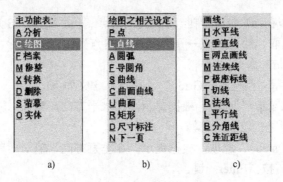

图 2-20 "直线"菜单

2.2.1 绘制水平线

"水平线"命令可以平行于绘图平面的 X 轴绘制一条线。操作步骤如下：

1）在主菜单中选取"绘图→直线→水平线"（Create→Line→Horizontal）命令或单击工具栏中的▧按钮。

2）输入两点，绘制一条水平线，在提示区显示现在的 Y 值。

3）按〈Enter〉键接受现在的 Y 值，或输入一个新值，按〈Enter〉键，完成操作，如图 2-21 中的直线 L1 所示。

4）重复步骤 2）和 3），绘制另一条水平线，或按〈Esc〉键返回。

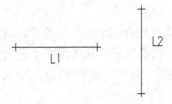

图 2-21 水平线、垂直线示例

2.2.2 绘制垂直线

该命令可以平行于绘图平面的 Y 轴绘制一条线。操作步骤如下：

1）从主菜单中选取"绘图→直线→垂直线"（Create→Line→Vertical）命令或单击工具栏中的▯按钮。

2）输入两点绘制一条垂直线，在提示区显示现在的 X 值。

3）按〈Enter〉键接受现在的 X 值，或输入一个新值，按〈Enter〉键，完成操作，如图 2-21 中的直线 L2 所示。

4）重复步骤 2）和 3）可以绘制另一条垂直线，按〈Esc〉键返回。

2.2.3 绘制任意两点连线

"两点画线"命令可在任何两端点间绘制直线。操作步骤如下:

1) 在主菜单中选取"绘图→直线→两点画线"(Create→Line→Endpoints)命令或单击工具栏中的 ▨ 按钮。

2) 输入两端点,绘出线段,如图 2-22 中的直线 L3 所示。

3) 可重复步骤2)绘制另一线段,或按〈Esc〉键返回。

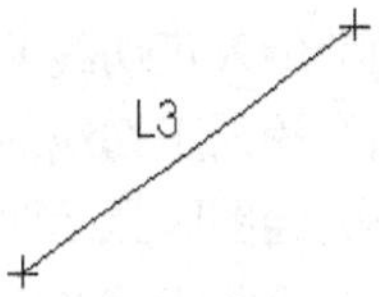

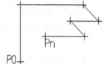

图 2-22 任意两点连线示例

2.2.4 绘制连续折线

"连续线"命令通过选取直线的端点可绘制出一系列连续的直线。操作步骤如下:

1) 在主菜单中选取"绘图→直线→连续线"(Create→Line→Multi)命令或单击工具栏中的 ▨ 按钮。

2) 输入第一点为第一条线的起点 P0。

3) 输入第二点为第一条线的终点和第二条线的起点。

4) 输入第三点为第二条线的终点和第三条线的起点。

5) 直到输完最后一个点 Pn,按〈Esc〉键返回,如图 2-23 所示。

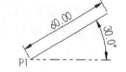

图 2-23 绘制连续折线示例

2.2.5 绘制极坐标线

该命令通过定义直线的长度和角度来绘制一条直线。以图 2-24 为例,其操作步骤如下:

1) 在主菜单中选取"绘图→直线→极坐标线"(Create→Line→Polar)命令或单击工具栏中的 ▨ 按钮。

2) 输入线的一端点 P1。

3) 输入一个角度值 30,按〈Enter〉键。

4) 输入一个长度值 60,按〈Enter〉键,完成线段,如图 2-24 所示。

5) 重复步骤2)~4),可绘制另一条线,按〈Esc〉键返回。

图 2-24 极坐标线示例

2.2.6 绘制切线

"切线"命令用于绘制一条与几何对象相切的直线。选取命令后,显示出"切线"子菜单,其中共有三个选项,下面分别介绍各选项的功能和使用方法。

1. 角度(Angle)

该选项通过指定角度和长度,绘制一条与圆弧或样条曲线相切的直线。下面以图 2-25 为例,操作步骤如下:

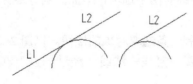

图 2-25 绘制切线示例

1）从主菜单中选取"绘图→直线→切线→角度"（Create→Line→Tangent→Angle）命令。

2）选取一条圆弧或曲线。

3）输入正切线的角度值30，按〈Enter〉键。

4）输入正切线的长度值40，按〈Enter〉键。

5）绘图区显示两条切线，选择其中一条，如图2-25中的L2所示，另一条自动删除。

6）重复步骤2）～5）可绘制另一切线，或按〈Esc〉键返回。

2. 二圆弧（2 arcs）

该选项可以绘制一条与两圆弧相切的直线。操作步骤如下：

1）从主菜单中选取"绘图→直线→切线→二弧"（Create→Line→Tangent→2 arcs）命令。

2）选择两圆弧后，在两圆弧上靠近相切点处选择两点，系统绘制出切线。

3）重复步骤2）可绘制另一切线，或按〈Esc〉键返回。

注意：两圆弧的选择点应靠近相切处，如图2-26所示，否则结果不同。

3. 点（Point）

该选项可绘制一条通过圆外一点并与圆弧相切的直线。以图2-27为例，操作步骤如下：

1）从主菜单选取"绘图→直线→切线→经过一点"（Create→Line→Tangent→Point）命令。

2）在切点处选择圆弧，显示"点输入"菜单。

3）输入或选择切线通过点P0，显示输入线的长度值。

4）默认线长，按〈Enter〉键，绘制出如图2-27中的切线L1。

5）重复步骤2）～4）绘制另一切线，或按〈Esc〉键返回。

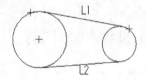 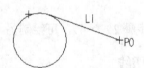

图2-26　直线与两圆弧相切示例　　　　图2-27　直线与点、圆弧相切示例

2.2.7　绘制法线

"法线"命令可以绘制已知直线、圆弧或样条曲线的法线。选取命令后，显示出"法线（Perpendicular）"子菜单，其中共有两个选项，下面分别介绍各选项的功能和使用方法。

1. 点（Point）

该选项以某一点为起点绘制一条选取对象的法线。以图2-28为例，操作步骤如下：

1）从主菜单中选取"绘图→直线→法线→经过一点"（Create→Line→Perpendicular→Point）命令。

2）选取一条直线L1，显示"点输入"菜单。

3）输入一点 P1，即绘制出法线 R1，并显示法线的长度。

4）默认线长，按〈Enter〉键，系统完成法线绘制，如图 2-28 所示。

5）重复步骤 2）～4）可以绘制另一条法线 A1P1，按〈Esc〉键返回。

2. 圆弧（Arc）

该选项绘制一条已知直线的法线，并且法线与一条已知圆弧相切。以图 2-29 为例，操作步骤如下：

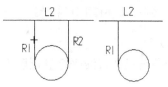

图 2-28　过点作线段法线示例　　　图 2-29　线段法线与弧相切示例

1）从主菜单中选取"绘图→直线→法线→与圆相切"（Create→Line→Perpendicular→Arc）命令。

2）选取一条直线 L2。

3）选取相切圆弧或圆。

4）接受默认提示的法线长度，按〈Enter〉键。

5）系统给出两条法线 R1 和 R2，选择保留线条 R1，系统绘制出法线 R1。如图 2-29 所示。

6）可重复步骤 2）～5）绘制另一法线，或按〈Esc〉键返回。

2.2.8　绘制平行线

该选项用于绘制已知直线的平行线。选取命令后，显示出"平行线（Parallel）"子菜单，其中共有三个选项，下面分别介绍各选项的功能和使用方法。

1. 方向/距离（Side/dist）

该选项通过定义平行方向和平行线间的距离，绘制一条与已知直线平行的直线。以图 2-30 为例，操作步骤如下：

1）从主菜单中选取"绘图→直线→平行线→方向/距离"（Create→Line→Parallel→Side/dist）命令。

2）选取已知直线 L1。

3）指出平行方向（单击已知直线的一侧）。

4）输入平行距离 25，按〈Enter〉键，绘制出平行线，如图 2-30 所示。

5）重复步骤 2）～4）可绘制另一平行线，或按〈Esc〉键返回。

2. 点（Point）

该选项绘制一条经过一点且与已知直线平行的直线。操作步骤如下：

1）从主菜单中选取"绘图→直线→平行线→经过一点"（Create→Line→Parallel→Point）命令。

2）选取已知直线 L1。

3）输入通过点 P1，绘制出平行线，如图 2-31 所示。

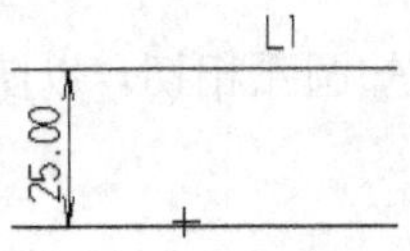

图 2-30　方向、距离作平行线示例 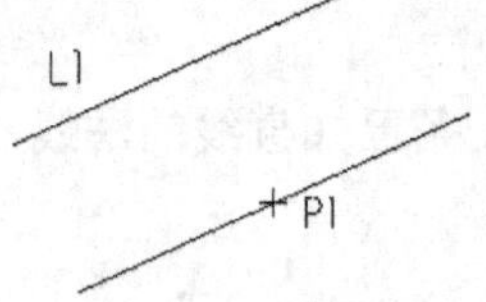　　　　图 2-31　过已知点作平行线示例

3. 圆弧（Arc）

该选项绘制一条与已知直线平行且正切于一已知圆的平行线。以图 2-32 为例，操作步骤如下：

1）从主菜单中选取"绘图→直线→平行线→与圆相切"（Create→Line→Parallel→Arc）命令。

2）选取已知直线 L1。

3）选取已知圆弧 A1，绘制出二条平行线 R1 和 R2。

4）选择保留线条 R1，如图 2-32 所示。

2.2.9　绘制角平分线

"分角线"选项可以绘制两交线的角平分线。以图 2-33 为例，操作步骤如下：

1）从主菜单中选取"绘图→直线→分角线"（Create→Line→Bisect）命令。

2）选取要平分的两交线 L1 和 L2。

3）输入平分线的长度值 25，按〈Enter〉键，系统给出多条平分线。

4）选择要保留的线条 R1，系统即绘出角平分线 R1，如图 2-33 所示。

5）重复步骤 2）～4）可绘制另一角平分线，或按〈Esc〉键返回。

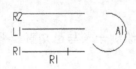　　　　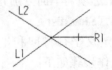

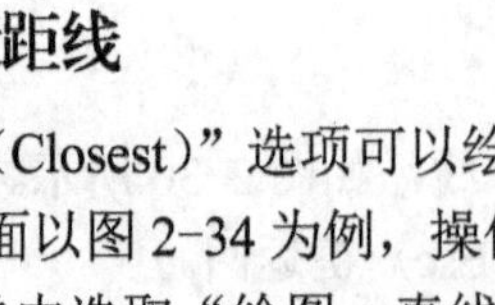

图 2-32　与弧相切的平行线示例 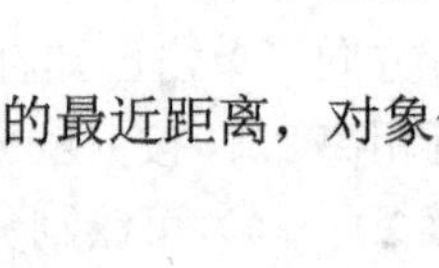　　　　图 2-33　角平分线示例

2.2.10　绘制近距线

"连近距线（Closest）"选项可以绘制两几何对象之间的最近距离，对象包括直线、圆弧和样条曲线。下面以图 2-34 为例，操作步骤如下：

1）从主菜单中选取"绘图→直线→连近距线"（Create→Line→Closest）命令。

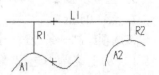

2）选取直线 L1、曲线 A1（或圆 A2），即在选取对象之间绘制出最近距离 R1（或 R2）。

3）可重复步骤 2）绘制另一近距线，如图 2-34 所示，或

图 2-34　绘制近距线示例

按〈Esc〉键返回。

2.3 绘制圆弧

Arc 命令可以绘制圆弧和圆。在主菜单中依次选择"绘图→圆弧"（Create→Arc）命令，或在工具栏中单击 按钮，显示如图 2-35c 所示的"圆弧"（Arc）子菜单。下面分别介绍其中各命令的功能和使用方法。

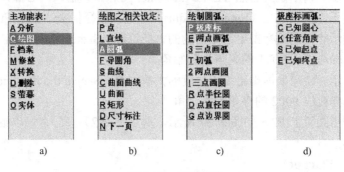

图 2-35　圆弧菜单

2.3.1 极坐标绘制圆弧或圆

该命令通过极坐标来定义圆弧。在"圆弧"子菜单中选择"极坐标（Polar）"命令或单击工具栏中的 按钮可以打开"极坐标"子菜单，如图 2-35d 所示。其中有："已知圆心（Center pt）""任意角度（Sketch）""已知起点（Start pt）""已知终点（End pt）"四项。

1. 已知圆心（Center pt）

该选项通过定义圆心点、半径、起始角和终止角绘制一条圆弧。以图 2-36 为例，操作步骤如下：

1）从主菜单中选取"绘图→圆弧→极坐标→已知圆心"（Create→Arc→Polar→Center pt）。

2）提示区提示"请指定圆心点（Enter the center point）"，输入圆心点，选取点 P0。

3）提示区提示"输入半径（Enter the radius）"，输入半径值 25，按〈Enter〉键。

4）提示区提示"请输入起始角度（Enter the initial angle）"，输入值 27，按〈Enter〉键。

5）提示区提示"请输入终止角度（Enter the final angle）"，输入值 157，按〈Enter〉键。

6）系统绘制出圆弧 P1P2，如图 2-36 所示，重复步骤 2）～5）可以绘制另一条圆弧或按〈Esc〉键返回。

2. 任意角度（Sketch）

该选项通过定义中心、半径和两点（即用鼠标定两点为一个摆动角，这也是与"已知圆心"选项的不同点）绘制一条圆弧。以图 2-37 为例，操作步骤如下：

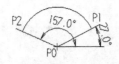

图2-36 "已知圆心"法画弧示例　　　图2-37 "任意角度"法画弧示例

1) 从主菜单中选取"绘图→圆弧→极坐标→任意角度"（Create→Arc→Polar→Sketch）命令。

2) 提示区提示"请指定圆心点（Enter the center point）"，输入圆心点，选取 P0 点。

3) 提示区提示"输入半径（Enter the radius）"，输入半径值 25，按〈Enter〉键。

4) 提示区提示"使用鼠标指出起始角度的大概位置（Sketch the initial angle）"，用鼠标选取点 P1，则 X 轴与直线 P0P1 的夹角为起始角。

5) 提示区提示"使用鼠标指出终止角度的大概位置（Sketch the final angle）"，用鼠标选取点 P2，则 X 轴与直线 P0P2 的夹角为终止角。

6) 系统绘制出圆弧 P1P2，如图2-37所示，重复步骤 2）～5），可以继续绘制圆弧或按〈Esc〉键返回。

3. 已知起点（Start pt）

该选项通过定义起始点、半径、起始角度和终止角度绘制一条圆弧。操作步骤如下：

1) 从主菜单中选取"绘图→圆弧→极坐标→已知起点"（Create→Arc→Polar→Start pt）命令。

2) 系统提示指定起始点，选取点 P1。

3) 系统提示输入半径，输入半径 30，按〈Enter〉键。

4) 系统提示输入起始角度，输入起始角 10，按〈Enter〉键。

5) 系统提示输入终止角度，输入终止角 130，按〈Enter〉键。

6) 系统绘制出圆弧，如图2-38所示。当起始角为 0，终止角为 360 时，绘制为一圆。重复步骤 2）～5），可继续绘制圆弧或按〈Esc〉键返回。

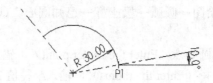

图2-38 "已知起点"画弧示例

4. 已知终点（End pt）

该选项是通过定义圆弧的终止点、半径、起始角度和终止角度来绘制一条圆弧。操作步骤如下：

1) 从主菜单中选取"绘图→圆弧→极坐标→已知终点"（Create→Arc→Polar→End pt）命令。

2) 系统提示指定终止点，选取点 P1。

3) 系统提示输入半径，输入半径 30，按〈Enter〉键。

4) 系统提示输入起始角度，输入起始角度 10，按〈Enter〉键。

5）系统提示输入终止角度，输入终止角度 130，按〈Enter〉键。

6）系统绘制出如图 2-39 所示的圆弧，重复步骤 2）～5）可绘制另一圆弧，或按〈Esc〉键返回。

注意： 使用"已知起点"和"已知终点"选项时，应注意圆弧圆心的位置，是由起始角、半径和起始点或终止点来确定的。

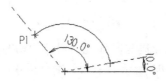

图 2-39 "已知终点"画弧示例

2.3.2 两点画弧

"两点画弧（Endpoints）"命令是通过定义圆弧的两端点和半径来绘制一条圆弧。以图 2-40 为例，操作步骤如下：

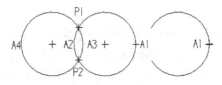

图 2-40 两点画弧示例

1）从主菜单中选取"绘图→圆弧→两点画弧"（Create→Arc→Endpoints）命令，或单击工具栏中的 按钮。

2）提示区提示"请输入第一点（Enter the first point）"，选取点 P1。

3）提示区提示"请输入第二点（Enter the second point）"，选取点 P2。

4）提示区提示"输入半径（Enter the radius）"，输入半径 30，按〈Enter〉键。

5）系统给出两个相交的圆弧，并提示"请选一圆弧"（Select an arc），选择要保留的圆弧 A1（或 A2、A3、A4），其余圆弧自动删除，如图 2-40 所示。

6）重复步骤 2）～5）可绘制另一条圆弧，或按〈Esc〉键返回。

注意： 输入半径必须大于两点间距的一半，否则绘制失败。

2.3.3 三点画弧

"三点画弧（3 points）"命令通过定义圆弧上的 3 个点绘制一条圆弧，其中第一个点为圆弧的起点，第三个点为圆弧的终点。以图 2-41 为例，操作步骤如下：

1）从主菜单中选取"绘图→圆弧→三点画弧"（Create→Arc→3 points）命令。

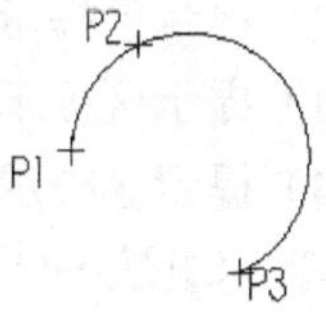

图 2-41 三点画弧示例

2）提示区提示"请输入第一点（Enter the first point）"，选取点 P1。

3）提示区提示"请输入第二点（Enter the second point）"，选取点 P2。

4）提示区提示"请输入第三点（Enter the third point）"，移动鼠标时，提示区显示当前圆弧的半径、起始角度、扫描角度及圆心点坐标，选取点 P3 后，系统绘出圆弧，如图 2-41 所示。

5）重复步骤2）～4），可绘制另一圆弧，或按〈Esc〉键返回。

2.3.4 绘制切弧

"切弧（Tangent）"命令可以绘制与其他几何对象相切的圆弧。选择"切弧"命令后，显示出"画切弧"子菜单，如图 2-42 所示。下面分别介绍各选项的功能和使用方法。

1. 切一物体（1 entity）

该选项用于绘制一条 180°的圆弧，该圆弧与一个选取对象相切于一点，相切的对象可以是直线、圆弧及样条曲线等。以图 2-43 为例，操作步骤如下：

1）从主菜单中选取"绘图→圆弧→切弧→切一物体"（Create→Arc→Tangent→1 entity）命令。

2）提示区提示"选择与圆弧相切的对象（Select the entity that arc is to be tangent to）"，选取直线 L1。

3）提示区提示"指定切点（Specify the tangent point）"，选取点 P1。

4）提示区提示"输入半径（Enter the radius）"，输入半径值 30，按〈Enter〉键。

5）系统给出图 2-43 所示的两个圆，并提示："选取保留的圆弧（Select an arc）"，选取需要的圆弧 A1 后，系统完成相切圆弧，如图 2-43 的右图所示。

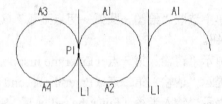

图 2-42 "相切圆弧"的子菜单　　　　图 2-43 绘制相切圆弧示例

6）重复步骤2）～5），可绘制另一相切圆弧，或按〈Esc〉键返回。

2. 切二物体（2 entities）

该选项用于绘制一个与两个几何对象相切的圆，相切的对象可以为直线、圆弧及样条曲线等。以图 2-44 为例，操作步骤如下：

1）从主菜单中选取"绘图→圆弧→切弧→切二物体"（Create→Arc→Tangent→2 entities）命令。

2）提示区提示"请输入半径（Enter the radius）"，输入半径值 20。

3）提示区提示"请选取图素（Select entities）"，选取直线 L1。

4）提示区提示"请选取另一个图素（Select another entity）"，选取直线 L2，系统绘制出相切圆，如图 2-44 所示。

5）重复步骤2）～5），可绘制另一相切圆，或按〈Esc〉键返回。

3. 切三物体（3 ents/pts）

该选项用于绘制与三个几何对象相切的圆弧，相切的对象可以选为直线、圆弧及样条曲线等。圆弧与第一个选取对象的切点为圆弧的起始点，与最后一个选取对象的切点为圆弧的终止点。以图 2-45 为例，操作步骤如下：

1）从主菜单中选取"绘图→圆弧→切弧→切三物体"（Create→Arc→Tangent→3 ents/pts）命令。

2）系统提示选择三个对象，顺序选取直线 L1、L2 和 L3，系统绘制出圆弧，如图 2-45 所示。

3）重复步骤 2），可绘制出另一圆弧，或按〈Esc〉键返回。

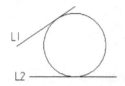
图 2-44　圆弧相切两对象示例

图 2-45　圆弧相切三对象示例

4. 中心线（Center line）

该选项用于绘制圆心在一条指定的直线上且与另一直线相切的圆。以图 2-46 为例，操作步骤如下：

1）从主菜单中选取"绘图→圆弧→切弧→中心线"（Create→Arc→Tangent→Center line）命令。

2）提示区提示"请选取要与圆相切的线（Select the line to be tangent to the circle）"，选取直线 L2。

3）提示区提示"请指定要让圆心经过的线（Select the line to put the center of circle on）"，选取直线 L1。

4）提示区提示"请输入圆的半径（Enter the radius of circle）"，输入半径值为 15，按〈Enter〉键，系统给出两个圆 A1 和 A2，如图 2-46 所示。

5）提示区提示"请选择要保留的圆弧（Select which arc to keep）"，选取保留的圆 A1。

6）重复步骤 2）～5），可绘制另一个相切圆，或按〈Esc〉键返回。

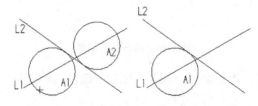
图 2-46　圆心在线上的圆且与直线相切示例

5. 经过一点（Point）

该选项可以绘制一条经过一个特定点并与一个对象（直线或圆弧）相切的圆弧。下面以图 2-47 为例，操作步骤如下：

1）从主菜单中选取"绘图→圆弧→切弧→经过一点"（Create→Arc→Tangent→Point）

命令。

2）提示区提示"选择与圆弧相切的对象（Select an entity that the arc is to be tangent to）"，选取直线 L1。

3）提示区提示"输入圆经过的点（Enter the through point）"，选取点 P。

4）提示区提示"输入半径（Enter the radius）"，输入值 20，按〈Enter〉键，绘出两个圆。

5）提示区提示："选取一个圆弧（Select an arc）"，选取要保留的圆弧 A1，如图 2-47 所示。

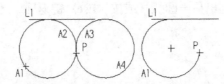

图 2-47　绘制经过一点并与直线相切的圆示例

6）重复步骤 2）～5），可绘制另一圆弧，或按〈Esc〉键返回。

6. 动态绘弧（Dynamic）

该选项可动态地绘制与一几何对象相切于一选定点的圆弧，其圆弧半径可以任意选定，相切对象可以选为直线、圆弧或样条曲线。以图 2-48 为例，操作步骤如下：

1）从主菜单中选取"绘图→圆弧→切弧→动态绘弧"（Create→Arc→Tangent→Dynamic）命令。

2）提示区提示"选择与圆弧相切的对象（Select an entity that the arc is to be tangent to）"，选取直线 L1。

3）提示区提示"移动箭头至相切的位置（Slide arrow to position to be tangent to）"，用鼠标移动箭头在直线上选取 P，作为圆弧与直线的切点。

4）移动鼠标，圆弧的形态随光标的移动而动态地改变，选取一点作为圆弧的终止点，单击鼠标左键，系统完成圆弧，如图 2-48 的右图所示。

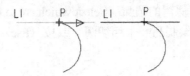

图 2-48　动态画圆示例

5）重复步骤 2）～4），可绘制另一圆弧，或按〈Esc〉键返回。

2.3.5　两点画圆

"两点画圆（Circ 2pts）"命令是通过指定圆直径的两个端点来绘制圆。下面以图 2-49 为例，操作步骤如下：

1）从主菜单中选取"绘图→圆弧→两点画圆"（Create→Arc→Circ 2pts）命令。

2）提示区提示"请输入第一点（Enter the first point）"，选取第一点 P1。

3）提示区提示"请输入第二点（Enter the second point）"，选取第二点 P2 后，系统绘制出一圆，如图 2-49 所示。

4）重复步骤 2）～3）可绘制另一圆，或按〈Esc〉键返回。

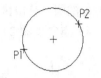

图 2-49　两点画圆示例

2.3.6　三点画圆

"三点画圆（Circ 3pts）"命令是通过指定圆上的三个点来绘制圆。下面以图 2-50 为例，操作步骤如下：

1）从主菜单中选取"绘图→圆弧→三点画圆"（Create→Arc→Circ 3pts）命令。

2）系统提示输入第一点，选取点 P1。

3）系统提示输入第二点，选取点 P2。

4）系统提示输入第三点，选取点 P3，系统完成圆的绘制，如图 2-50 所示。

5）重复步骤 2）～4），可继续绘制圆，或按〈Esc〉键返回。

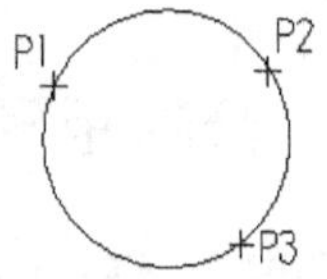

图 2-50　三点画圆示例

2.3.7　指定圆心和半径画圆

"点半径圆（Circ pt+rad）"命令是通过指定圆心和圆的半径来绘制圆。下面以图 2-51 为例，操作步骤如下：

1）从主菜单中选取"绘图→圆弧→点半径圆"（Create→Arc→Circ pt+rad）命令。

2）提示区提示"输入半径（Enter the radius）"，输入半径值 20，按〈Enter〉键。

3）提示区提示"请指定圆心点（Enter the coordinates）"，输入圆心点坐标 P0（-30,40），按〈Enter〉键，系统绘制一圆，如图 2-51 所示。

4）重复步骤 2）和 3），可继续绘制圆，或按〈Esc〉键返回。

图 2-51　给定圆心、
半径画圆示例

2.3.8　指定圆心和直径画圆

"点直径圆（Circ pt+dia）"命令是通过指定圆心和圆的直径来绘制圆。下面以图 2-52 为例，操作步骤如下：

1）从主菜单中选取"绘图→圆弧→点直径圆"（Create→Arc→Circ pt+dia）命令。

2）提示区提示"请输入直径（Enter the diameter）"，输入直径值 40，按〈Enter〉键。

3）提示区提示"请指定圆心点（Enter the coordinates）"，输入圆心点坐标（30,40），或使用鼠标选取点 P0 后，按〈Enter〉键，系统绘制一圆，如图 2-52 所示。

4）重复步骤 2）和 3），可以继续绘制圆，或按〈Esc〉键返回。

2.3.9　指定圆心和圆周上的一点画圆

"点边界圆（Circ pt+edg）"命令是通过指定圆心和圆上的一点来绘制圆。下面以图 2-53 为例，操作步骤如下：

1）从主菜单中选取"绘图→圆弧→点边界圆"（Create→Arc→Circ pt+edg）命令。

2）提示区提示"请指定圆心点（Enter the center point）"，选取点 P0。

3）提示区提示"请指定边界点（Enter the edge point）"，此时绘图区随鼠标移动产生一个变化的圆，单击鼠标左键，确定一个边界点 P1，系统绘制一圆，如图 2-53 所示。

4）重复步骤 2）和 3），可以继续绘制圆，或按〈Esc〉键返回。

图 2-52 给定圆心、直径画圆示例   图 2-53 给定圆心、边界点画圆示例

2.4 绘制矩形

"矩形（Rectangle）"命令可以绘制一个矩形。从主菜单中依次选择"绘图→矩形"（Create→Rectangle）命令，或在工具栏中单击□按钮，显示"绘图之相关设定"子菜单，如图 2-54c 所示。

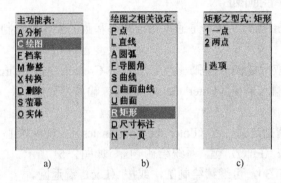

图 2-54 "矩形"子菜单

2.4.1 设置矩形参数

在"矩形之型式"子菜单中选择"选项（Options）"选项，打开如图 2-55 所示的"矩形的选项（Rectangle Options）"对话框，该对话框用于设置绘制矩形的参数。设置选项的含义如下：

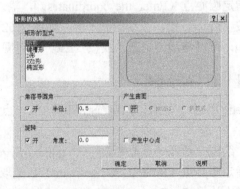

图 2-55 "矩形的选项"对话框

1）"矩形的型式（Rectangular Shape）"栏和图示框：该栏用来设置矩形和其他四种形状，在列表中选择需要的形状，这时在右边的图示框中显示出该形状的预览图。

2）"旋转（Rotation）"栏：用来设置是否旋转矩形，若旋转则选中"开"，输入旋转角度。

3）"角落倒圆角（Corner Fillets）"栏：用来设置倒圆角，若选中"开（On）"复选框，在"半径（Radius）"输入框输入倒圆角半径，则系统在绘制矩形时自动将矩形倒圆角。

4）"产生中心点（Create Center Point）"复选框：选中该复选框，绘制矩形的同时显示矩形的中心点。

5）"产生曲面（Surface Creation）"栏：若选中该栏的"开（On）"复选框，绘制的矩形为曲面。

2.4.2 一点法绘制矩形

"一点（1 point）"命令是通过指定矩形的一个特定点及矩形的长和宽来绘制矩形。以图 2-56 为例，操作步骤如下：

1）从主菜单中选取"绘图→矩形→一点"（Create→Rectangle→1 point）命令。

2）系统打开图 2-57 所示的"绘制矩形：一点（Rectangle:One Point）"对话框。

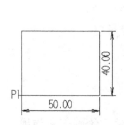

图 2-56　一点法绘矩形示例　　　　　图 2-57　一点法绘矩形对话框

3）在"宽度（Width）"输入框中输入矩形宽度值为 50，在"高度（Height）"输入框中输入高度为值 40，在"点的位置（Point Placement）"栏中选取左下角为矩形的基准点。

4）单击"确定"按钮，系统返回绘图区，选取点 P1 为矩形左下角。

5）系统绘制出如图 2-56 所示的矩形，重复步骤 2）～4），可绘制另一个矩形，或按〈Esc〉键返回。

2.4.3 两点法绘制矩形

"两点（2 points）"命令是通过指定矩形的两个对角点来绘制矩形。下面以图 2-58 为例，操作步骤如下：

1）从主菜单中选"绘图→矩形→两点"（Create→Rectangle →2 points）命令。

2）提示区提示"请指定左下角位置（Enter the lower left corner）"，输入 P1 点。

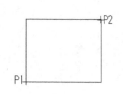

图 2-58　两点法绘矩形示例

3）提示区提示：宽度（Width），高度（Height），输入 P2 点。

4）绘制出如图 2-58 所示的矩形，重复步骤 2）和 3）可以绘制另一矩形。

2.5　绘制椭圆

"椭圆（Ellipse）"命令用于绘制椭圆。以图 2-59 为例，操作步骤如下。

1）从主菜单中选取"绘图→下一页→椭圆"（Create→Next menu→Ellipse）命令，或在工具栏中单击⬭按钮，系统打开"绘制椭圆（Create Ellipse）"对话框，如图 2-60 所示，其中各参数含义如下：

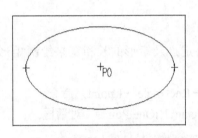

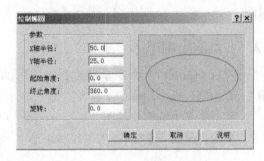

图 2-59　绘制椭圆示例　　　　　　　　图 2-60　"绘制椭圆"对话框

X 轴半径（X Axis Radius）：用来指定椭圆的 X 轴半径长度。

Y 轴半径（Y Axis Radius）：用来指定椭圆的 Y 轴半径长度。

起始角度（Start Angle）：用来指定椭圆的起始角度。

终止角度（End Angle）：用来指定椭圆的终止角。

旋转（Rotation）：用来指定椭圆的旋转角度。

注意：当起始角度选择大于 0° 或终止角度小于 360° 时，绘制部分椭圆。

2）按如图 2-60 所示设置参数后，单击"确定"按钮。

3）系统绘制出椭圆如图 2-59 所示，并提示继续指定中心点绘制另一椭圆，或按〈Esc〉键返回。

2.6　绘制正多边形

"多边形"命令用于绘制正多边形。下面以图 2-61 为例，操作步骤如下：

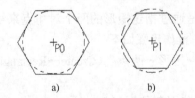

a)　　　　　　　　　b)

图 2-61　绘制多边形示例图

1）从主菜单中选取"绘图→下一页→多边形"（Create→Next menu→Polygon）命令。打开如图 2-62 所示的"绘制多边形（Create Polygon）"对话框，其中各选项功能和含义如下。

边数（Number of Sides）：用于指定多边形的边数。

半径（Radius）：用于指定多边形内切圆或外接圆的半径。

旋转（Rotation）：用于指定多边形的旋转角度。

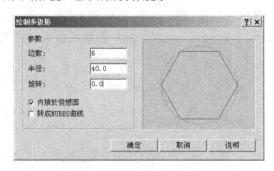

图 2-62 "绘制多边形"对话框

内接于假想圆（Measure radius to corner）：用于设置绘制方式，当选中该复选框时，采用多边形外接圆方式，未选中则采用多边形内切圆的方式。

"转成 NURBS 曲线（Create NURBS）"复选框：用于设置绘制的多边形的形式，当未选中该复选框时，绘制由直线组成的多边形，当选中时，绘制的多边形为一条 NURBS 曲线。

2）按图 2-62 所示设置参数后，单击"确定"按钮。

3）在绘图区选取点 P0 为多边形中心点，系统即绘制出多边形，如图 2-61 所示。图 2-61a 为内切圆半径绘制的多边形；图 2-61b 为外接圆半径绘制的多边形。

4）按〈Esc〉键返回。

2.7 绘制样条曲线

"曲线（Spline）"命令可以绘制样条曲线。在主菜单中依次选择"绘图→曲线"（Create→Spline）命令，或在工具栏中单击 按钮，可以打开"绘制曲线"子菜单，如图 2-63 所示。

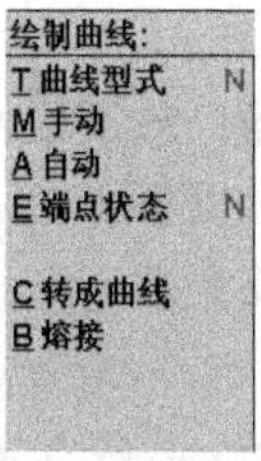

2.7.1 设置样条曲线类型

在 Mastercam 中的样条曲线，有参数式 Spline 曲线和 NURBS 两种。Spline 曲线是由二维和三维空间曲线用一套系数定义的，NURBS（Non-Uniform Rational B-Spline）曲线是由二维和三维空间曲线以节点和控制点定义的，一般 NURBS 曲线比参数式 Spline 曲线要光滑且易于编辑。

图 2-63 "绘制曲线"子菜单

从主菜单中选择"绘图→曲线"命令，在"绘制曲线"子菜单中用鼠标单击"曲线型式（Type）"选项，即可以在 P 和 N 之间切换，如图 2-63 所示。

"曲线型式"选项设置为 P 时，绘制的为参数式 Spline 曲线；当设置为 N 时，绘制的为 NURBS 曲线。

2.7.2　手动绘制样条曲线

从主菜单中选取"绘图→曲线→手动"（Create→Spline→Manual）命令，即可进行手动绘制样条曲线状态。

提示区提示"选点，选取完后按〈Esc〉键（Select points Press<Esc>When done）"，在绘图区定义样条曲线经过的点（P0～PN），按〈Esc〉键选点结束，完成样条曲线，如图 2-64 所示。

图 2-64　手动绘制样条曲线示例图

2.7.3　自动绘制样条曲线

从主菜单中选取"绘图→曲线→自动"（Create→Spline→Automatic）命令，即进入自动绘制样条曲线状态。

系统将顺序提示选取第一点 P0，第二点 P1 和最后一点 P2，如图 2-65 所示的上图。选取 3 点后，系统自动选取其他的点绘制出样条曲线，如图 2-65 所示的下图。

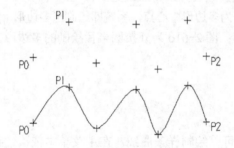

图 2-65　自动绘制样条曲线示例

注意：绘图区内应至少存在 3 个点。在系统自动选取样条曲线经过的点时，系统可能选用所有绘图区内的点，也可能只选用部分点，这取决于绘图区内点的位置及选取的第一点、第二点及最后一点的顺序和位置。

2.7.4　改变样条曲线端点状态

从主菜单中选择"绘图→曲线"命令，在"绘制曲线"子菜单中单击"端点状态（Ends）"选项，可以改变样条曲线端点状态，即在 Y 和 N 选项之间切换，如图 2-66 所示。

当"端点状态"设置为 N 时，选取样条曲线经过的点后，系统自动以"自然状态（Natural）"方式定义端点的切线方向。

当"端点状态"设置为 Y 时，在输入完样条曲线经过的点后（手动输入或自动选取），系统在提示区给出定义样条曲线在两端点处的切线方向，在绘图区用箭头表示两端点处的切线方向，如图 2-66 所示。在主菜单区提供了改变端点处曲线切线方向的子菜单，如图 2-67 所示，其中各选项含义如下。

改变曲线的端点状
P 端点　　　　　　F
3 三点弧
N 自然状态
V 值输入
A 角度
T 另一图素
E 另一端点
F 切换方向

D 执行

图 2-66　曲线端点处切线方向示例　　　图 2-67　曲线端点处切线方向设置菜单

1）端点（Endpoint）：该选项有两个设置值，当"端点"选项设置为 F 时，对样条曲线的第一个点的切线进行操作；当设置为 L 时，对样条曲线的最后一个点的切线进行操作。

2）三点弧（3pt arc）：选择该项时，样条曲线在端点处的切线方向为样条曲线前端的 3 个点（"端点"设置为 F）或最后 3 个点（"端点"设置为 L）定义的圆弧切线方向。

3）自然状态（Natural）：该选项为系统默认配置，其切线方向为系统按最短样条曲线长度优化计算方向。

4）值输入（Values）：该选项通过输入点坐标来定义切线方向，切线方向与坐标原点至输入点的矢量方向一致。

5）角度（Angle）：该选项直接输入切线与 X 轴的夹角来定义切线方向。

6）另一图素（To entity）：选择该项后，系统提示选取另一对象（直线、圆弧或样条曲线），并以选取对象的点位置的切线方向作为样条曲线的端点切线方向。

7）另一端点（To end）：选择该项后，系统提示选取另一对象（直线、圆弧或样条曲线），并以选取的另一对象端点的切线方向作为样条曲线端点的切线方向。

8）切换方向（Flip）：该选项将样条曲线端点的切线方向反向。

9）执行（Do it）：完成端点切线方向的设置后选择该选项，系统按设置绘制样条曲线并返回。

2.7.5　转换为样条曲线

该选项可以将单个几何对象或串联的几何对象转换为样条曲线。

从主菜单中选取"绘图→曲线→转成曲线"（Create→Spline→Curves）命令后，根据提示选取该串联，再选取该串连的起始点，选择"执行"后，串连的几何对象转换为样条曲线。

2.7.6　熔接样条曲线

该选项可以在两个对象（直线、圆弧、曲线）上给定的切点处绘制一条样条曲线。以图 2-68a 为例，操作步骤如下。

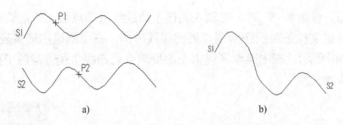

图 2-68 熔接样条曲线选择点的示例

1）从主菜单中选"绘图→曲线→熔接"（Create→Spline→Blend）命令。

2）提示区提示"请选取第一曲线（Select Curves 1）"，选取曲线 S1。

3）提示区提示"移动箭头至熔接位置（Slide arrow to position to blend onto）"，"捕获关闭，键入〈S〉可打开捕获（Snapping is off ,type<s>to turn snapping on）"，用鼠标移动箭头至要求位置 P1 点，如图 2-68 所示。

4）提示区提示选取第二曲线：选取曲线 S2。

5）提示同 3），键入〈S〉，利用捕获功能选取 P2 点。

6）系统显示出按默认设置要生成的样条曲线，如图 2-68 所示。

7）此时"两曲线间自动熔接（Spline Blending Between 2 Curves）"子菜单中有 6 个选项，除最后一项"执行（Doit）"外，其余各选项含义如下。

第一曲线（Curve1）：用来重新设置第一个选取对象及其上的相切点。

第二曲线（Curve2）：用来重新设置第二个选取对象及其上的相切点。

修整方式（Trim crvs）：该选项可以在 B、N、1、2 这 4 个值之间切换，设置为 B 时，绘制样条曲后，同时修整两个被选取的几何对象；设置为 N 时，被选取的几何对象不作修整；设置为 1 时，对第一个选取的几何对象进行修整；设置为 2 时，对第二个选取对象修整。

熔接值一（A mag1）：设置第一个选取对象的熔接值。

熔接值二（G mag2）：设置第二个选取对象的熔接值。

例如：图 2-69 为两几何对象的熔接值均设置为 1 的结果；图 2-70 为两熔接值均设置为 2 的结果。

图 2-69 熔接值为 1 的熔接示例

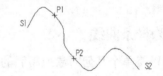

图 2-70 熔接值为 2 的熔接示例

8）设置完成后选择"执行（Do it）"选项，系统完成样条曲线绘制。重复步骤 2）～7）可绘制另一熔接样条曲线，按〈Esc〉键返回。

2.8 绘制文字

若要在工件表面进行文字雕刻，则首先要绘制文字。用 Mastercam 9.1 提供的绘制文字命令绘制的文字是由直线、圆弧、样条曲线等组成的组合体，可以直接生成工具路径。

1. 绘制文字的设置

在主菜单中依次选取"绘图→下一页→文字"（Create→Next menu→Letters）命令，打开"绘制文字（Create Letters）"对话框，如图 2-71 所示，下面分别介绍其中各选项的含义：

图 2-71 "绘制文字"对话框

1）字型（Font）栏：可以在下拉列表框中选择不同的字型。Mastercam 9.1 在此提供了 Drafting、MC9 和 True Type (R)三类字型。Drafting 字型为注释文字，其设置与图形标注相同；MC9 是 Mastercam 提供的字型，共有四种：Block（立方体字）、Box（单线字）、Roman（罗马字）、Slant（斜体字）；True Type 是 Windows 系统提供的字型。

当在"字型"栏中选择 True Type (R)字型后，可以使用"真实字型"按钮打开如图 2-72 所示的"字体"对话框，进一步选择字型。当在"字型"栏中选择 MC9 字型后，"目录（MC Directory）"栏中显示被选字型的文件路径，单击旁边的"预览"按钮可以打开字型文件。

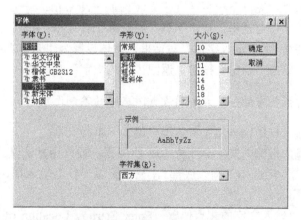

图 2-72 "字体"对话框

2）"文字（Letters）"输入框：用于文字字符的输入。

3）"参数（Parameters）"栏：用于字体高度（Height）、字间距（Spacing）等参数的设置。"尺寸标注整体设定（Drafting Globals）"按钮用于在选择 Drafting 字型后，打开"尺寸标注整体设定"对话框，如图 2-73 所示，可以对其进行设置。

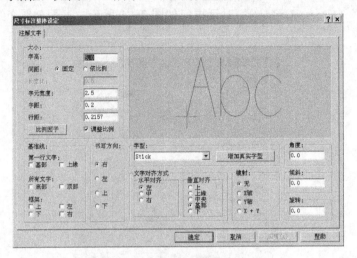

图 2-73 "尺寸标注整体设定"对话框

4）"排列方式（Alignment）"栏：用于设置字体排列的形式，共有四个选项。

水平（Horizontal）：文字水平排列。

垂直（Vertical）：文字垂直排列。

圆弧顶部（Top of arc）：文字为弧形向上排列。

圆弧底部（Bottom of arc）：文字为弧形向下排列。

当选择"圆弧顶部"或"圆弧底部"选项时，可以在"圆弧半径（Arc radius）"输入框输入圆弧半径。

2. 绘制 True Type（R）文字

绘制 True Type（R）文字的操作步骤如下。

1）从主菜单中选"绘图→下一页→文字"（Create→Next menu→Letters）命令。

2）打开"绘制文字"对话框，在"字型"栏选择 True Type 字型。

3）系统显示如图 2-72 所示"字体"对话框，字体设置为"宋体"或"仿宋 GB2312"，字形设置为"常规"。单击"确定"按钮，返回"绘制文字"对话框。

注意："字体"对话框中的字体大小的设置对文字的绘制无效。

4）在"文字"输入框中输入文字，这里只能输入单行文字。

5）在"高度"输入框输入文字高度值 10，字间距一般采用默认值。

6）在"排列方式"栏选择"圆弧底部"，在"圆弧半径"输入框，输入圆弧半径值 40后，单击"确定"按钮。

7）提示区提示："输入文字的起点位置（Enter Starting Location of Letters）"，用鼠标选取文字圆弧的中心定位点后，绘制文字如图 2-74e 所示，可以连续单击鼠标多次绘制相同的文字。

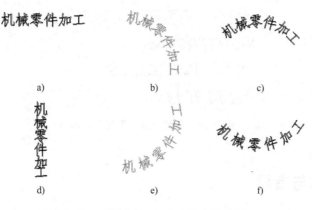

图 2-74　绘制"True Type"字体示例

图 2-74a 是选择文字排列方式"水平"选项时，用鼠标选取文字左下角的定位点后，文字显示排列直行结果；图 2-74b 是选择文字排列方式"圆弧顶部"选项时，用鼠标选取文字的中心定位点后，文字显示排列结果；图 2-74c 是图 2-74b 旋转 45°所得的结果；图 2-74d 是选择文字排列方式"垂直"选项时，用鼠标选取文字上端左上角的定位点后，文字显示排列结果；图 2-74f 是图 2-74e 旋转-45°所得的结果。

3. 绘制 Drafting 文字

绘制 Drafting 文字的操作步骤如下：

1）从主菜单中选"绘图→下一页→文字"（Create→Next menu→Letters）命令。

2）打开"绘制文字"对话框，在"字型"栏选择"Drafting"字型，单击"尺寸标注整体设定（Drafting Globals）"按钮，打开"尺寸标注整体设定"对话框进行设置（具体设置方法将在任务 4 的设置图形标注中介绍）。

3）在"文字"输入框中输入文字，这里只能输入单行文字。

4）在"高度"输入框输入文字高度值 10，单击"确定"按钮。

5）提示区提示"输入字母的起始位置（Enter Starting Location of Letters）"，单击文字左下角的定位点 P1，系统绘制出如图 2-75 所示字体。

P1 MASTERCAM

图 2-75　绘制"Drafting"文字示例

4. 绘制 MC9 文字

绘制 MC9 文字的操作步骤如下：

1）从主菜单中选"绘图→下一页→文字"（Create→Next menu→Letters）命令。

2）在"字型"栏的"MC9"字型中选择其中一种字体，选取"斜体（Slant）"字形。

3）在"文字"输入框中输入文字，这里只能输入单行大写字符。

4）输入文字高度值 10 后，默认文字间距。

5）在"排列方式"栏选择文字排列方式"水平"选项，单击"确定"按钮。

6）输入文字左下角的定位点，即可连续绘制相同的直行文字。图 2-76 所示分别为MC9 字型中的 Block、Box、Roman、Slant 字体。

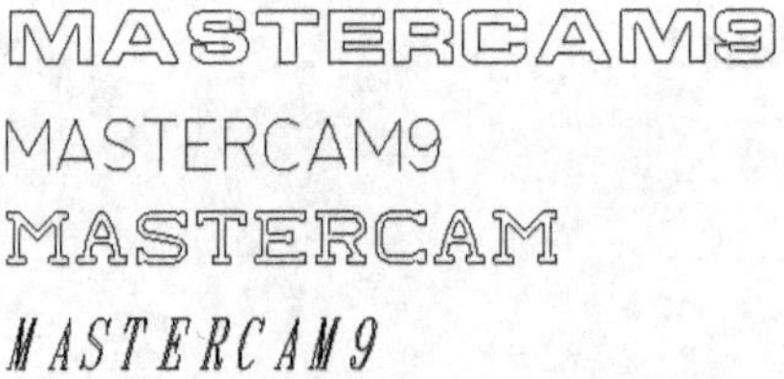

MASTERCAM9
MASTERCAM9
MASTERCAM
MASTERCAM9

图 2-76　绘制“MC9”文字示例

2.9　上机操作与指导

练习一：绘制等分点、栅格点、圆周点等各种点，具体操作步骤查阅 2.1 节。

练习二：绘制水平线、垂直线、任意两点直线、极坐标直线等操作，具体操作步骤查阅 2.2 节。

练习三：绘制图 2-77 中的几何图形。

50
R5
50
20
R15
100
ø12
R30
ø30
45.0
ø15
ø75

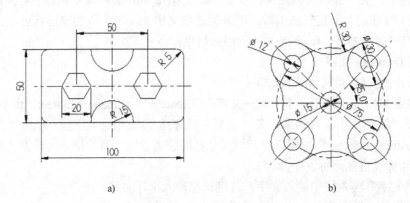

a)　　　　b)

图 2-77　几何图形练习

图 2-77a 的操作指导：

（1）绘制矩形：输入“绘图→矩形”（Create→Rectangle）命令，选择“选项（Options）”选项，设置倒圆角半径值为 5，单击“确定”按钮；选择“一点法（1 point）”选项，分别输入矩形宽度值 100，高度值 50，基准点选择中心，单击“确定”按钮；输入基准点坐标（0,0），按〈Esc〉键，完成矩形绘制。

（2）绘制 R15 圆弧：输入“绘图→圆弧→极坐标→已知圆心”（Create→Arc→Polar→Center pt）命令，捕捉水平线中点后单击鼠标左键；输入圆弧半径值 15，按〈Enter〉键；输入起始角值 0，按〈Enter〉键；输入终止角值 180，按〈Enter〉键。重复上面步骤，分别绘制出上下两半圆弧。

（3）绘制正六边形：选取“绘图→下一页→多边形”（Create→Next menu→Polygon）命令，分别输入边数值 6，外接半径值 10，单击“确定”按钮；输入基准点坐标（-25,0），按〈Enter〉键；输入（25,0），按〈Enter〉键，完成图 2-77a 所示的几何图形。

图 2-77b 的操作指导：

（1）绘制定位点画线：选取“图素属性（Attributes）”命令改变当前线型为点画线；选

取"绘图→直线→水平线"（Create→Line→Horizontal）命令，输入（-50,0）按〈Enter〉键，输入（50,0）按〈Enter〉键，绘出水平线；按〈Esc〉键，选取"垂直线（Vertical）"命令，输入（0,50）按〈Enter〉键，输入（0,-50）按〈Enter〉键，绘出垂直线；按〈Esc〉键，选取"极坐标线（Polar）"命令，输入基准点坐标（0,0），按〈Enter〉键，输入角度值45，按〈Enter〉键，输入长度值 60，按〈Enter〉键；按同样方法，分别绘出角度为 135°、225°、315°的倾斜线；选取"绘图→圆弧→点半径圆"（Create→Arc→Circ pt+rad）命令，输入直径值 75，按〈Enter〉键，基准点（0,0），按〈Enter〉键，绘出 ϕ75 的圆，结果如图 2-78a 所示。

（2）绘制圆：选取"图素属性（Attributes）"命令改变当前线型为实线；选取"绘图→圆弧→点半径圆"命令，捕捉圆心点，分别绘制出 ϕ15 中心圆，4×ϕ12 圆和 4×ϕ30 圆，结果如图 2-78b 所示。

（3）绘制相切弧：选取从主菜单中选取"绘图→圆弧→切弧→切二物体"（Create→Arc→Tangent→2 entities）命令，输入相切弧半径 30，选取相切对象，选择保留圆弧，结果如图 2-78c 所示。

（4）修剪圆弧：选取"修整→修剪延伸→单个物体"（Modify→Trim→1entity）命令，在图 2-78d 中选择要修剪圆弧 P1，再选择边界弧 P2，继续选择要修剪圆弧 P1，和边界弧 P3，修剪结果如图 2-78e 所示。按同样方法，依次完成其他相切弧的修剪，如图 2-78f 所示。修剪后，圆弧如果有断点，可以选取"修整→延伸→指定长度"（Modify→Extend→Length）命令，选取圆弧，使其延伸补断。

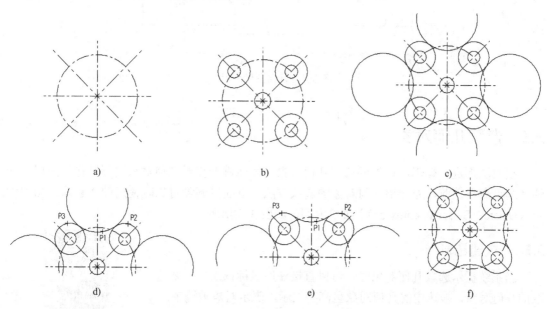

a)   b)   c)

d)   e)   f)

图 2-78　几何图形练习步骤图例

任务3　图形的编辑

像修改草稿一样，Mastercam 9.1 同样也提供了修整（Modify）、转换（Xform）和删除（Delete）等编辑功能。这些编辑命令可以改变现有的几何图形性质，提高绘图效率。本任务中主要讲授图形的编辑知识，完成本任务的学习后，读者应能够独立完成图 3-1 所示图形的绘制。

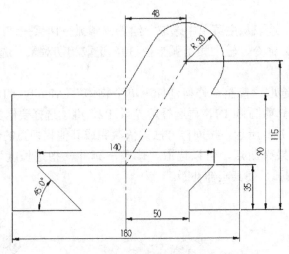

图 3-1　几何图形练习

3.1　选取几何对象

要对图形进行编辑，首先要选取几何对象，才能进一步对几何对象进行操作，所以在介绍各编辑命令之前，先介绍几何对象的选取方法。下面以删除对象时使用的"删除之相关设定（Delete：Select an entity or）"菜单为例，如图 3-2 所示。

3.1.1　快速选取

当系统提示选取几何对象时，可以直接使用鼠标依次单击要选取的几何对象，被选中的几何对象呈高亮显示，表示对象被选中。

3.1.2　串连选取

"删除之相关设定（Delete：Select an eatity or）"子菜单中的"串连（Chain）"选项用来选取一组被串连在一起的几何对象，选定几何对象后，可按〈Esc〉键返回"删除之相关设定"菜单。

图 3-2　"删除之相关设定"菜单

58

如图 3-3 所示，若直接用鼠标选取矩形的上边，则仅能选取这一条直线，如图 3-3a 所示；选择"串连"选项后，用鼠标选取矩形的上边时，同时选取矩形的 4 条边，如图 3-3b 所示。

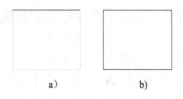

a)　　　　b)

图 3-3　串连选取示例

3.1.3　窗口选取

该选项通过定义一个选取窗口来选取几何对象。在"删除之相关设定"子菜单中选择"窗选（Windows）"选项，系统显示出图 3-4 所示的"窗选"子菜单，其各选项说明如下。

1. 矩形（Rectangle）和多边形（Polygon）选项

这两个选项用来设置窗口的类型。只能且必须选择其中的一项，选择后，该项后面带有"+"号。

矩形（Rectangle）：该项用矩形来定义选择窗口。可以通过在绘图区选取矩形的两个对角点来定义矩形选择窗口。

多边形（Polygon）：该项用多边形来定义选择窗口。可以通过在绘图区顺序选取多边形各顶点来定义多边形选择窗口。选择多边形各顶点后，在主菜单区选择"执行（Done）"选项，选取的几何对象改变颜色以示选中。

```
R 矩形        +
P 多边形

N 视窗内      +
T 范围内
I 相交物
U 范围外
O 视窗外
M 限定图素    N
S 设定
```

图 3-4　"窗选"子菜单

2. 视窗内、范围内、相交物、范围外、视窗外等选项

这 5 个选项用来设置选择窗口的类型。只能且必须选择其中的一项，选择后，该项后面带有"+"号。

视窗内（Inside）：被选取的对象为选择窗口内的所有对象，如图 3-5 中的圆 C1。

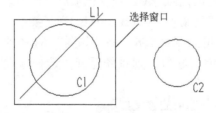

图 3-5　窗口选取示例

范围内（In+intr）：被选取的对象为选择窗口内及与选择窗口相交的所有对象，如图 3-5 中圆 C1 和直线 L1。

相交物（Intersect）：被选取的对象为与选择窗口相交的所有对象，如图 3-5 中的直线 L1。

范围外（Out+intr）：被选取的对象为选择窗口外及与窗口相交的所有对象，如图 3-5 中的圆 C2 和直线 L1。

视窗外（Outside）：被选取的对象为选择窗口外的所有对象，如图 3-5 中的圆 C2。

3. 设定（Set Mask）

该选项用来设置限定几何对象的类型和属性等。选用该项后将打开如图 3-6 所示的"选择的限定（Selection Mask）"对话框，可以通过该对话框中的"图素型式（Entities）"栏来设置限定选取对象的类型。使用鼠标单击选取框可以限定选取单个对象的类型；单击"全选（Select All）"按钮可以限定全部对象的类型；单击"全部清除（Clear All）"按钮可以清除全部对象的类型限定。在"属性（Attributes）"栏中可以设置限定选取对象的颜色、图层、线型及线宽等属性。

图 3-6 "选择的限定"对话框

4. 限定图素（Use Mask）

该选项有两个设置：Y 和 N。当"限定图素"选项设置为 Y 时，仅能选择同时满足限定类型和属性的几何对象；当该选项设置为 N 时，可以选择所有类型和属性的几何对象。

3.1.4 区域选取

"删除之相关设定（Delete：Select an entity or）"子菜单中的"区域（Area）"选项是通过选取封闭区域内的一点来选取几何对象。选择该项后，在主菜单区显示图 3-7 所示的"选择区域或（Select Area or）"子菜单。采用区域选取时，必须在封闭的区域内选择一点，如图 3-8a 中的点 P1；若选取的点不在封闭区域内，则系统返回"选择区域或"子菜单。

图 3-7 "选择区域或"子菜单

"选择区域或"子菜单中各选项的含义如下。

更换模式（Mode）：选择该项后，系统返回"删除之相关设定"子菜单。

选项（Options）：选择该项后，系统打开"串连的选项（Chaining Options）"对话框，如图 3-9 所示。该对话框主要用来设置串连选取时的参数，在这里仅介绍与区域选取有关的"区域内全部串连（Infinite nesting in area chaining）"复选框。

当未选中该复选框时，被选取的对象包括：组成包含选择点在内的最小封闭区域的对象及该封闭区域内的对象。但若该封闭区域内还有封闭的区域（岛域），则被选取的对象不包括岛屿内的对象，如图3-8b所示。

当选中该复选框时，被选取的对象包括：组成包含选择点在内的最小封闭区域的对象及该封闭区域内的所有对象（包括岛屿内的对象），如图3-8c所示。

执行（Done）：选取对象后选择该项，确认选择并返回"删除之相关设定"子菜单。

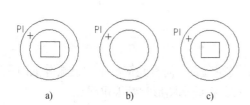

图3-8　区域选取示例

图3-9　"串连的选项"对话框

3.1.5　单一选取

"删除之相关设定（Delete：Select an entity or）"子菜单中的"仅某图素（Only）"选项用来选择已经定义的一个或一组对象。选取该选项后，系统显示图3-10所示的"仅对…作用"（Only）"子菜单。

通过分别选择对应的选项来选取对象。例如，若要选择直线，可选用"直线（Lines）"选项，再用鼠标选取直线上任意一点即可选取该直线。

当选用"颜色（Color）"选项时，系统打开"颜色"对话框，可以在该对话框中选择相应的颜色，确认后，则只能选取设定颜色的对象。

图3-10　"单一选取"子菜单

当选用"图层（Level）"选项时，系统打开"图层"对话框，可以在该对话框中选择相应的图层，确认后，则只能选取设定图层上的对象。

当选用"限定（Mask）"选项，系统打开图3-6所示的"选择的限定"对话框，可以在该对话框设定要选取对象的种类和属性。

3.1.6　全部选取

"删除之相关设定（Delete：Select an entity or）"子菜单中的"所有的（All）"选项可以选择所有某一特定类型或属性的几何对象。选择该选项，系统显示出"所有的"子菜单，该菜单功能和"仅对…作用（Only）"子菜单功能相同，还可以选择"图素（Entities）"选项来选取绘图区中所有的几何对象。

3.1.7 选取群组

"删除之相关设定（Delete：Select an entity or）"子菜单中的"群组（Group）"选项用来选取当前设定为群组的对象。可以在"群组（Group）"对话框中选取群组列表中的一个或多个群组，单击"确定"按钮，系统即可选取一个或多个群组包含的对象。由于系统直接将最近一次转换操作的结果（Current system RESULT）及该操作中选取的对象（Current system GROUP）也作为群组，所以可以使用该选取方式很方便地选取上一次操作中选取或生成的对象。

当要选取转换操作的结果时，除了使用"群组"选项外，也可以选择 Result 选项来直接选取。但需注意的是，当使用"清除颜色（Clr colors）"命令清除对象的颜色时，系统将自动取消最近一次转换操作的结果及该操作中选取对象的两个群组设置（参阅 1.7.1 节）。

3.2 删除与恢复

在对图形进行编辑时，很多情况下都需要删除对象，而有些情况下，被删除的对象有可能又要被恢复，因此删除对象和恢复被删除的对象在编辑图形时都很重要。

3.2.1 删除几何对象

"删除（Delete）"选项的功能是用于从屏幕和系统的资料库中删除一个或一组几何对象。操作步骤如下：

1）从主菜单中选取"删除（Delete）"命令，或在工具栏中单击█按钮，也可以按〈F5〉功能键，输入命令后，显示"删除"子菜单。

2）在"删除"子菜单，用鼠标根据选项定义选取几何对象。

3）所选对象即被删除，若所选对象不被系统确认，系统会提示再试一次。

"删除之相关设定（Delete：Select an entity or）"子菜单中各选项的含义，前面几项在3.1 节"选取几何对象"中已经介绍，这里不再重复。当选择"重复图素（Duplicate）"选项时，系统在主菜单区显示"所有的（All）"子菜单，提示输入要删除的重叠几何对象的类型或属性，确认后，系统将删除选定的重叠对象，并在提示区显示被删除对象的类型和数量。

如果删除的对象中具有关联的尺寸标注，系统将打开如图 3-11 所示的"警告"对话框。

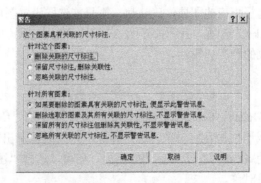

图 3-11 "警告"对话框

在"针对这个图素（For this entity）"栏中，分别为删除、保留、忽略关联的尺寸标注选项。在"针对所有图素（For the entire drawing）"栏中，第一条选项的含义是：如果要删除的对象具有关联的尺寸标注，便显示警告信息，其余各选项与上栏含义相同。选择后，单击"确定"按钮，完成删除。

3.2.2 恢复删除

"回复删除（Undelete）[⊖]"选项可以按照被删除的次序，重新生成已删除的对象。操作时，从主菜单中选"删除→回复删除"（Delete→Undelete）命令，显示"回复删除（Undelete）"子菜单，如图 3-12 所示。

菜单中的各选项含义如下。

单一图素（Single）：选择该项与单击工具栏中的  按钮作用一样，单击一次，恢复最近一次被删除的单一对象。

指定数量（Number）：选择该项后，系统提示输入要恢复被删除对象的数目，在输入框中输入相应数目后按〈Enter〉键，系统按照被删除的次序，重新生成相应数目的被删除对象。

图 3-12 "回复删除"子菜单

所有图素（All）：选择该项可以在显示的"所有的（All）"菜单中选择、定义对象的形式（直线、弧、点）和属性（图层、颜色）后，恢复以前所有被删除的某种对象或全部对象。

3.3 转换几何对象

主菜单中的"转换（Xform）"命令主要用来改变几何对象的位置、方向和大小尺寸等。选择该项后，在主菜单区显示"转换之相关设定（Xform）"子菜单，如图 3-13 所示。下面对"转换之相关设定"子菜单中的各选项分别进行介绍。

3.3.1 镜像

"镜射"[⊖]选项用来产生被选取对象的镜像，它适用于绘制那些具有轴对称特征的对象。下面以图 3-14 为例说明镜像操作步骤：

图 3-13 "转换之相关
设定"子菜单

1）在主菜单中选"转换→镜射"（Xform→Mirror）命令，或在工具栏中单击 按钮。

2）系统提示选择要镜像的几何对象，选择几何对象 P1 后选择"执行（Done）"。

3）系统提示选择镜像参考轴并显示"镜射"子菜单，如图 3-15 所示，各选项含义如下。

X 轴（X axis）：以 X 轴为镜像参考轴。

Y 轴（Y axis）：以 Y 轴为镜像参考轴。

⊖ Mastercam 9.1 软件中的"回复删除"即为恢复删除的意思。
⊖ Mastercam 9.1 软件中的"镜射"即为镜像的意思。

任意线（Line）：以任意选定的线为镜像参考轴。

两点（2 Points）：以任意两点的连线为镜像参考轴。

在此选择"Y 轴"选项。

4）系统打开"镜射"对话框，如图 3-16 所示，其各选项含义如下。

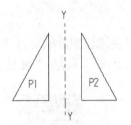

图 3-14 绘制镜像示例   图 3-15 "镜射"子菜单   图 3-16 "镜射"对话框

"操作（Operation）"栏有三个单选按钮。

移动（Move）：在生成镜像的同时，删除原选择对象。

复制（Copy）：在生成镜像的同时，保留原选择对象。

连接（Join）：在生成镜像的同时，保留原选择对象，且在原对象和生成对象的端点连接直线。

"使用构图属性（Use construction attributes）"复选框：该选项用来设置镜像操作生成的几何对象的属性。未选中时，所生成的对象与原对象属性相同；选中该复选框，则生成的对象与当前设置的对象属性相同。

"镜射标签及注解文字（Mirror label and note text）"复选框：该选项仅在对图形注释进行镜像操作时才有效。当选中该复选框，注释文本及指引线均进行镜像操作；未选中时，生成的注释文本及指引线不做镜像操作。

5）按图 3-16 设置确定后，单击"确定"按钮或选择菜单中"执行（Done）"选项。

6）系统绘制出图 3-14 所示的镜像，P1 为原对象，P2 为生成对象。重复步骤 2）～5），可继续绘制镜像，或按〈Esc〉键返回。

3.3.2 旋转

"旋转"选项将选择的对象绕任意选取点进行旋转。以图 3-17 为例，操作步骤如下。

1）在主菜单中选取"转换→旋转"（Xform→Rotate）命令，或在工具栏中单击 🔄 按钮。

2）系统提示选取要旋转的对象，选取矩形后，再选择"执行（Done）"。

3）系统显示"点输入"菜单，选取旋转点 P1。

4）系统打开"旋转（Rotate）"对话框，如图 3-18 所示，其中各选项内容基本与"镜像"对话框相同。不同选项说明如下。

"连接（Join）"单选钮：选该项时，保留原选取对象，生成旋转后的对象并在原对象与生成对象的各端点连接以旋转点为圆心的圆弧。

"次数（Number of steps）"输入框：输入旋转操作的次数 2。

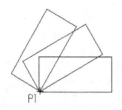

图 3-17 旋转图形绘制示例　　　　　　　图 3-18 "旋转"对话框

"旋转角度（Rotation angle）"输入框：输入每次旋转的角度 30。

5）设置后，单击"确定"按钮，系统即绘制出旋转后的矩形，如图 3-17 所示。

6）重复步骤 2）～5），可以旋转其他图形，或按〈Esc〉键返回。

3.3.3 比例缩放

"比例缩放（Scale）"选项可将选取对象按指定的比例系数缩小或放大。下面以图 3-19 为例，操作步骤如下：

1）在主菜单中选"修整→比例缩放"（Xform→Scale）命令，或在工具栏中单击 ▦ 按钮。

2）选取要缩放的对象矩形后，选择"执行"选项。

3）选择缩放的基点，选取 P1。

4）系统打开图 3-20 所示的"缩放比例"对话框，在"模式（Scaling）"栏中有"等比例（Uniform）"和"不等比例（XYZ）"两个选项，选择"等比例"选项，在"次数"输入框中输入 2，在"缩放的比例（Scale faction）"输入框中输入比例因子 1.2。

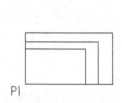

图 3-19 等比例缩放绘制示例　　　　图 3-20 "缩放比例"对话框中选择"等比例"

5）单击"确定"按钮，系统即绘制出缩放后的矩形，如图 3-19 所示。

6）如果在步骤 4）中，选择"模式（Scaling）"栏中"不等比例（XYZ）"选项，打开图 3-21 所示的"不等比例"对话框。与"等比例"对话框不同的是给出了 X、Y、Z 三个方向的"比例因子（Scale factor）"输入框，分别输入 X 为 2，Y 为 1.5，Z 为 1，"次数（Number of steps）"输入 1。

7）单击"确定"按钮，系统绘制出矩形 R2，如图 3-22 所示。

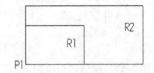

图 3-21 "缩放比例"对话框中选择"不等比例"　　图 3-22 不等比例缩放示例

8）重复步骤 2）～5），可继续绘制比例缩放图形，或按〈Esc〉键返回。

3.3.4　挤压

"压扁（Squash）⊖"选项可以将选取对象根据定义的深度进行挤压，挤压后生成的图形平面与选取对象的构图平面平行，平行距离为深度。以图 3-23 为例，操作步骤如下：

1）在主菜单中选取"转换→压扁"（Xform→Squash）命令，显示"选取"子菜单。

2）选取挤压对象样条曲线后，选择"执行"选项，显示"压扁（Squash）"对话框，如图 3-24 所示。其中"作图深度（Constructing Depth）"复选框用于设置选取对象的深度，未选中该选项时，可以设置深度；当选中该选项则不能设置深度。如果同时选中"使用构图属性（Use construction attributes）"和"作图深度（Constructing Depth）"选项，挤压生成的对象和原对象将重叠而没有深度。

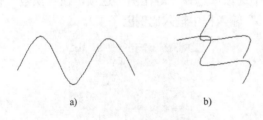

图 3-23　挤压绘制示例

图 3-24　"压扁"对话框

3）按图 3-24 设置，输入深度 20，单击"确定"按钮。

4）系统完成挤压绘制，如图 3-23 所示。图 3-23a 为挤压生成后的前视图，图 3-23b 为等角视图观看效果。

3.3.5　平移

"平移（Translate）"选项是将选择几何对象移动或复制到新的位置。下面以图 3-25 为例进行说明。操作步骤如下。

1）在主菜单中选"转换→平移"（Xform→Translate）命令，或单击工具栏中█按钮。

2）选择要平移的几何对象，选取矩形 R1 后，选择"执行"选项，显示"平移的方向"子菜单，如图 3-26 所示。

⊖ Mastercam 9.1 软件中的"压扁"即为挤压的意思。

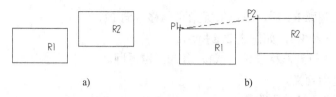

图 3-25　平移图形绘制示例　　　　　　图 3-26　"平移的方向"子菜单

3）选择指定平移向量的方式，共有 4 个选项：直角坐标（Rectang）、极坐标（Polar）、两点间（Between pts）、两视角间（Between vws）。这里选用 Rectang 选项。

4）输入平移的向量，在输入框输入"25，50"后，按〈Enter〉键。

5）打开"平移"对话框，其各选项和"比例"对话框含义一样。设置后，单击"确定"按钮，系统即绘制出图 3-25a 所示的矩形 R2。

6）重复步骤 2）～5），可继续绘制平移图形，或按〈Esc〉键返回。

平移向量的几何方式介绍。

直角坐标（Rectang）：该选项是通过直角坐标的形式来表示平移的向量。选该项后，在输入框中分别输入 X、Y、Z 方向的平移量，中间用"，"隔开，在单方向移动时，可只输入 X 或 Y 值。

极坐标（Polar）：选该项是通过极坐标的形式来表示平移的向量。选该项后，先输入距离，再输入平移角度。

两点间（Between pts）：该选项通过两点来定义平移的向量。选该项后输入平移的起点和终点，如图 3-25b 所示，矩形 R2 以 P1 为起点，P2 为终点的平移结果。

两视角间（Between vws）：该选项可以在两个视角间平移几何对象。选该项后，先指定原几何对象所在视角及目标几何对象所在视角，然后选取平移的起点和终点。

3.3.6　偏移

"单体补正（Offset）$^{\ominus}$"选项的功能为按指定的距离和方向移动或复制一个几何对象，几何对象只能是直线、圆弧、曲线。下面以图 3-27 为例，操作步骤如下：

1）在主菜单中选"转换→单体补正"（Xform→Offset）命令，或在工具栏中单击⊞按钮。

2）打开如图 3-28 所示的"补正"对话框，按图设置后单击"确定"按钮。

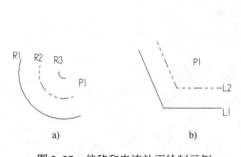

图 3-27　偏移和串连补正绘制示例

图 3-28　"补正"对话框

⊖ Mastercam 9.1 软件中的"补正"即为偏移的意思。

3）选择要偏移的对象，选取圆弧 R1 后，单击鼠标指定偏移方向 P1。

4）系统绘制出偏移的圆弧 R2 和 R3，如图 3-27a 所示。

5）重复步骤 2）～4），可继续得到偏移线条，或按〈Esc〉键返回。

"补正（Offset）"对话框各选项含义。

次数（Number of steps）：偏移几何对象数量。

补正的距离（Offset distance）：原几何对象与偏移对象间的距离。

曲线打断成线段的误差（Linearization）：用于控制各样条曲线偏移误差。

最大的深度差（Maximum depth）：控制三维样条曲线的连接线精密程度显示。

折角（Break angle）：控制样条曲线偏移的角度。

注意：当偏移距离设置为负值时，则实际的偏移方向与选择的偏移方向相反。

3.3.7 串连偏移

"串连补正（Ofs ctour）"选项可以按给定的距离、方向及方式移动或复制串连在一起的几何对象。该功能与偏移命令的功能类似。以图 3-27b 为例，操作步骤如下：

1）在主菜单中选 "转换→串连补正"（Xform→Ofs ctour）命令。

2）选择要偏移的串连对象，选取串连对象 L1 后，选择"执行"选项。

3）系统打开图 3-29 所示的"串连补正"对话框。该对话框的选项与切削路径中的外形铣削功能相似，具体含义将在任务 8 "凸台实体造型与加工"中详细介绍。

4）按图 3-29 设置后，单击"确定"按钮。

5）系统绘制出图 3-27b 所示的串连补正图形，重复步骤 2）～4）可继续绘制串连补正图形，或按〈Esc〉键返回。

图 3-29 "串连补正"对话框

3.3.8 拉伸

"牵移（Stretch）⊖"选项用来对选取的对象按设定的平移向量进行拉伸或平移。以图 3-30

⊖ Mastercam 9.1 软件中的"牵移"即为拉伸的意思

为例，操作步骤如下：

1）在主菜单中选"转换→牵移"（Xform→Stretch）命令。

2）系统在主菜单区显示"牵移"子菜单，选"窗选（Windows）"或选"多边形（Polygon）"，这里选"窗选"选项，然后选取图 3-30 中除直线 L 外的几何对象。

3）主菜单区提示定义平移的方向（四个选项与平移命令中的选项含义相同），选择"两点间（Between pts）"选项，用鼠标顺序选取点 P1 和 P2。

4）系统打开"牵移"对话框，如图 3-31 所示。

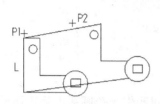

图 3-30　牵移图形绘制示例

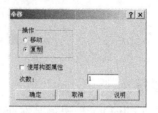

图 3-31　"牵移"对话框

5）设置后，单击"确定"按钮，系统绘制出拉伸图形，如图 3-30 所示。

6）重复步骤 2）～5），可继续进行拉伸操作，或按〈Esc〉键返回。

3.3.9　缠绕

"缠绕（Rou）"选项可以将直线、圆弧和样条曲线绕圆筒进行缠绕或展开。例如，可将直线缠绕成螺旋线或将螺旋线展成直线。下面以图 3-32 为例，操作步骤如下：

1）在主菜单中选 "转换→缠绕"（Xform→Roll）命令。

2）根据系统提示采用串连方式选取对象，选取直线。

3）系统打开图 3-33 所示的"缠绕"对话框。

4）按图 3-33 设置后单击"确定"按钮。图 3-32 为在等角视图中显示的缠绕图形结果。

图 3-32　缠绕图形绘制示例

图 3-33　"缠绕"对话框

3.4　修整几何对象

修整功能可以改变现有几何对象的性质。在主菜单中选择"修整（Modify）"选项，可显示"修整"子菜单，如图 3-34 所示。修整子菜单包含 10 个选项：倒（导）圆角、修剪延伸、打断、连接、正向切换、控制点、转成 NURBS、延伸、动态位移及曲线变弧。

图 3-34 "修整"子菜单

3.4.1 倒圆角

"导圆角（Fillet）[⊖]"选项是在两个几何对象之间产生一个圆弧，且正切于两对象。在"绘图"子菜单中也有该选项，两者功能相同。下面以图 3-35 为例，操作步骤如下：

1）在主菜单中选 "修整→导圆角（Modify→Fillet）"命令，显示"导圆角"子菜单，如图 3-36 所示。

2）根据系统的提示，设置倒圆角半径、角度和修剪参数。

3）选择两个几何对象（直线、圆弧、曲线）。

4）按〈Esc〉键，退出该功能。

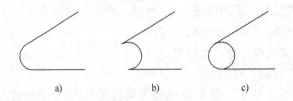

图 3-35 角度值设置不同的倒圆角　　　　图 3-36 "导圆角"子菜单

"导圆角"子菜单各选项含义如下。

圆角半径（Radius）：用来设置倒圆角的半径值，选该项，可在提示区输入框输入圆角半径，输入数值后按〈Enter〉键。

圆角角度（Angle）：用来改变绘制的圆角角度，有 3 个值，S、L 和 F。设置为 S 时，圆角的角度小于 180°，如图 3-35a 所示；设置为 L 时，圆角的角度大于 180°，如图 3-35b 所示；设置为 F 时，绘制的圆角为圆，如图 3-35c 所示。

修整方式（Trim）：该选项有两个值，Y 和 N，当设置为 Y 时，系统自动将选择对象的端点修剪或延伸至与倒角圆相切；当设置为 N 时，系统仅绘制出倒圆角，对被选对象不做任何修改。如图 3-37 所示，图 3-37a 和图 3-37b 分别为修整方式不同设置时所绘制的结果。

连续导圆（Chain）：该选项用串连选择方式选择串连在一起的多个对象，一次对多组相连的对象进行倒圆角。如图 3-38 就是采用"连续导圆"选项的结果。

⊖ Mastercam 9.1 软件中的"导圆角"即为倒圆角的意思

图 3-37　修整方式设置不同时的倒圆角　　　　图 3-38　串连方式的倒圆角

串连方式（CW/CCW）：用来设置倒圆角生成圆角的方向，有三个值，A、P 和 N。设置为 A 时，对所有的转角倒圆角；设置为 P 时，生成倒圆角的方向按顺时针方向进行；设置为 N 时，生成倒圆角的方向按逆时针方向进行。

清角圆（Clearance）：用来设置对倒圆角是否进行清角操作，有 N 和 Y 两个值。当设置为 N 时，倒圆角结果如图 3-39a 所示；当设置为 Y 时，倒圆角结果如图 3-39b 所示。

图 3-39　不同设置的清角圆示例

3.4.2　修剪

"修剪（Trim）"选项用来修剪或延伸几何对象至指定边界。"修剪/延伸"（Trim）子菜单如图 3-40 所示，其中共有 8 个选项。

1．单一对象（单一物体，1 entity）

该选项可以对单个几何对象进行修剪或延伸。下面以图 3-41 为例，操作步骤如下：

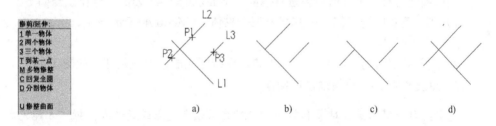

图 3-40　"修剪延伸"子菜单　　　　　　　图 3-41　修剪单一对象示例

1）在主菜单中选"修整→修剪延伸→单一物体"（Modify→Trim→1 entity）命令，或在工具栏中单击██按钮。

2）选取要修剪的直线 L2。

3）选取修剪边界 L1，系统完成修剪，如图 3-41b 所示。

4）重复步骤 2）～3），可继续修剪操作。

注意：

1）在不同点选取要修剪的对象得到的修剪结果不同，选择点一端应为保留部分，如

图 3-41b 为选取 P1 点的结果；图 3-41c 为选取 P2 点的结果。

2）如果选取的修剪直线和边界不相交，选取后，修剪直线将延伸至修剪边界，如图 3-41d 为选取 P3 点的结果。

2. 两个对象（两个物体，2 entities）

该选项可以同时修剪或延伸两个相交的几何对象。下面以图 3-42 为例。操作步骤如下：

1）在主菜单中选取"修整→修剪→两个物体"（Modify→Trim→2 entities）命令，或在工具栏中单击⊠按钮。

2）选取要修剪的直线 L1 和 L2，系统即完成修剪或延伸。

3）重复步骤 2），可继续修剪操作。

注意：

1）要修剪的两直线必须有交点或延伸交点。

2）选择点一端为保留部分，如图 3-42 所示。

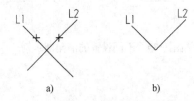

图 3-42　修剪两个相交对象的示例

3）未到交点的直线，选取后，直线修剪或延伸至交点。

3. 三个对象（三个物体，3 entities）

该选项同时对 3 个几何对象进行修剪。下面以图 3-43 为例。操作步骤如下：

1）在主菜单中选"修整→修剪→三个物体"（Modify→Trim→3 entities）命令，或在工具栏中单击⊠按钮。

2）选取要修剪的直线 L1、L2 和 R1，系统即完成修剪或延伸，如图 3-43 所示。

3）重复步骤 2），可继续修剪操作。

注意：要修剪的第三对象和第一、二对象必须有交点或延伸点，操作才能完成。

4. 至某一点（To point）

该选项修剪或延伸选取的几何对象至由选取点确定的位置。下面以图 3-44 为例，操作步骤如下：

1）在主菜单中选"修整→修剪延伸→至某一点"（Modify→Trim→To point）命令。

2）选取一个圆弧，如图 3-44 所示，系统显示"点输入"菜单。

3）输入要修剪的一点 P1 或点 P2，系统完成修剪。

4）重复步骤 2）和 3），继续修剪操作。

注意：该选项与前面 3 个修剪选项类似，通过选取点的几何对象法线，即为修剪的边界，如图 3-44 中的 P1 点所示。

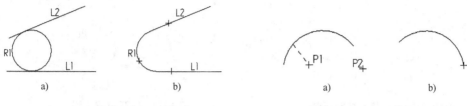

图 3-43　修剪三个对象示例　　　　图 3-44　修剪或延伸某对象示例

5. 多个对象（多物修整，Many）

该选项以一个几何对象为边界同时修剪或延伸多个几何对象。下面以图 3-45 为例，操作步骤如下：

1）在主菜单中选"修整→修剪延伸→多物修整"（Modify→Trim→Many）命令。

2）选取要修剪的所有几何对象后，选择"执行"选项。

3）选取修剪边界线。

4）选择要保留的部分，用鼠标单击 P1 点。

5）系统完成修剪如图 3-45b 所示，图 3-45c 为选择保留部分时单击 P2 点的结果。

6）重复步骤 2）～5），可继续修剪操作，或按〈Esc〉键返回。

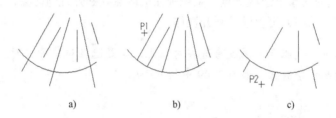

图 3-45　多个对象修剪示例

6. 修复成圆（回复全圆，Close arc）

该选项将任意圆弧修复为一个完整的圆。下面以图 3-46 为例。操作步骤如下：

1）在主菜单中选"修整→修剪延伸→回复全圆"（Modify→Trim→Close arc）命令。

2）选取圆弧，系统即将其修复成圆，如图 3-46 所示。

3）重复步骤 2）可继续修复成圆。

7. 分割对象（分割物体，Divide）

该选项用来剪除某一几何对象（直线或圆弧）落在两边界中的部分。下面以图 3-47 为例。操作步骤如下：

1）在主菜单中选"修整→修剪延伸→分割物体"（Modify→Trim→Divide）命令，或在工具栏中单击▨按钮。

2）选取要断开的对象圆弧 C1。

3）选取第一边界直线 L1。

4）选取第二边界直线 L2。

5）系统剪除两直线 L1 和 L2 间的圆弧部分，如图 3-47 所示。

6）重复步骤2）～5），可继续断开操作，或按〈Esc〉键返回。

图 3-46 修复成圆示例   图 3-47 断开修剪示例

3.4.3 打断

该选项是将一个几何对象分割打段生成多个对象。在主菜单中选"修整→打断"（Modify→Break）选项，或在工具栏中单击 按钮，可以打开"打断（Break）"子菜单，如图 3-48 所示，共有 9 个选项，其含义和使用方法如下。

1. 打成两段（2 pieces）

该选项可以将直线、圆弧或样条曲线分割成两段。以图 3-49 为例，操作步骤如下：

1）在主菜单中选"修整→打断→打成两段"（Modify→Break→2 pieces）命令。

2）选取几何对象（圆弧），显示"点输入"菜单。

3）在所要分割的对象上选取一点。系统则在选取点处断开几何对象，如图 3-49 所示。

4）重复步骤2）和3）可以继续断开操作。

注意：在操作中，选取点如果没有选在对象上，而是选在对象旁边时，以选取对象上距选取点距离最近的点为分割点，如图 3-49 中的 P2 点。

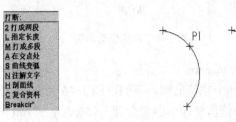

图 3-48 "分割"子菜单   图 3-49 分成两段示例

2. 指定长度（At length）

该选项根据指定长度将直线、圆弧或样条曲线分为两段。操作步骤如下：

1）在主菜单中选"修整→打断→指定长度"（Modify→Break→At length）命令。

2）选取要分割的几何对象，靠近一端点选取。

3）输入长度值，按〈Enter〉键，系统即分割线段。

4）重复步骤2）和3）可以继续进行定长分割操作。

注意：输入长度值必须小于被选对象的长度，否则不能进行断开操作，并提示重新输入长度值。计算长度的端点为靠近选取对象时选择点一侧的端点。

3. 打成多段（Mny pieces）

该选项将几何对象分割打断成若干线段或弧段。以图 3-50 为例，操作步骤如下：

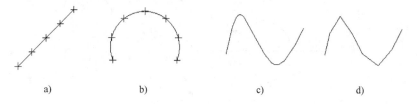

图 3-50　多段分割绘制示例

1）从主菜单中选"修整→打断→打成多段"（Modify→Break→Mny pieces）命令。

2）选取要分割的对象（线、弧、曲线）。

3）根据所选取的对象，系统显示不同的"多段"子菜单，如图 3-51 所示，进行设置。

4）完成设置后，选择"执行"选项，系统会分割所选对象。

直线（Line）的"打成多段"子菜单，如图 3-51a 所示。其选项含义如下。

① 指定段数（Mum seg）：该选项可以输入需要分割的段数，改变设定每段长度。

② 指定段长（Seg length）：该选项可以输入每段长度，改变设定段数。

③ 执行（Do it）：根据现输入的段数和段长通知系统完成已选直线的分割。

圆弧（Arc）的"打成多段"子菜单，如图 3-51b 所示。其选项含义如下。

保留圆弧（Arc）：该选项有 Y 和 N 两个值。选 Y，选取的圆弧分割后为圆弧段；选 N，则选取的圆弧分割后为直线段。

其他选项同直线选项。

样条曲线（Spline）的"打成多段"子菜单，如图 3-51c 所示。其选项含义如下。

① 依据弦差（by Error）：根据给定的误差值对选取样条曲线分段。

② 依据长度（by Length）：根据给定的长度或段数对选取的样条曲线分段，该选项的子菜单和"直线（Line）"子菜单相同。

图 3-50 分别绘出了直线、圆弧、曲线的多段分割图例，图 3-50c 为样条曲线分段前图形；图 3-50d 为样条曲线分段后结果。操作结束时，分段处并不明显，可以使用鼠标在线段上移动，各段依次高亮显示，说明绘制成功。

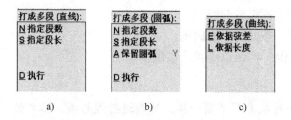

图 3-51　"打成多段"子菜单

4. 在交点处打断（At Inters）

该选项可以将两个对象（线、圆弧、样条曲线）在其交点处同时打断。操作步骤如下：

1）从主菜单选取"修整→打断→在交点处"（Modify→Break→At Inters）命令。

2）选取两个几何对象后选择"执行"选项。系统完成在交点处的分割，如图 3-52 所示。

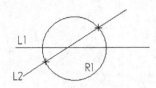

图 3-52　在交点处打断示例

注意：被选的两个对象必须有真实的交点才能进行此操作，延伸交点的对象不能操作。

5. 曲线打断成圆弧（曲线变弧，Spl to arcs）

该选项可以将样条曲线打断成弧段和线段。

6. 打断标注和引线（注解文字，Draft/line）

该选项可以将尺寸标注中的注释、文字、尺寸界线、引线分割成线、圆弧和曲线。操作步骤如下：

1）从主菜单中选取"修整"→"打断"→"注解文字"（Modify→Break→Draft/line）命令。

2）选取一个或多个图素，系统完成分割打断。

7. 打断剖面线/线（Hatch/line）

该选项将剖面线分割成线段，用直线代替剖面线。

8. 打断数据/线（复合资料，Cdata/line）

该选项将复合线分割成点或线段。

9. 打断圆（Breakcir*）

该选项将所有的圆均匀分割成设定的段数。

3.4.4　连接几何对象

"连接（Join）"选项可以将两个几何对象连接为一个几何对象。操作步骤如下：

1）从主菜单中选取"修整→连接"（Modify→Join）命令。

2）选取一条直线、圆弧或曲线。

3）选取一条与前一条同类型的线条。

4）重复步骤 2）和 3），可以继续连接操作。

注意：

1）所选取的两个对象类型必须一样。只能进行线与线、弧与弧、样条曲线与样条曲线之间的操作。

2）所选取的两个对象必须是相容的，即两直线必须共线，两圆弧必须同心同半径，两样条曲线必须来自同一原始样条曲线。

3）当两个对象属性不相同时，以第一个选取的对象属性为连接后的对象属性。

3.4.5 修整控制点

"修整控制点（Cpts NURBS）"选项用来改变 NURBS 曲线或曲面的控制点，以生成新的 NURBS 曲线或曲面。下面以图 3-53 为例，操作步骤如下：

1）在主菜单中选取"修整→控制点"（Modify→Cpts NURBS）命令。

2）选取 NURBS 曲线或曲面，系统自动显示各控制点，如图 3-53a 所示。

3）根据提示，选取要改变的控制点 P1。

4）系统显示两种新控制点位置的方法：

选"动态修整（Dynamic）"选项：使用鼠标移动控制点，至合适位置单击鼠标左键，如图 3-53b 中的 P2 点。

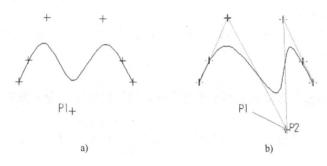

图 3-53　修整 NURBS 曲线控制点示例

选"坐标位置（Point entry）"选项：输入一个点的新值。

5）系统完成控制点修整，如图 3-53 所示。重复步骤 2）～4），可以继续修整控制点，或按〈Esc〉键返回。

3.4.6 转换成 NURBS 曲线

"转成 NURBS（X to NURBS）"选项可以将圆弧、直线、样条曲线和曲面转换成 NURBS 格式。操作步骤如下：

1）在主菜单中选取"修整→转成 NURBS"（Modify→X to NURBS）命令。

2）选取需要转换的对象后，在主菜单中选择"执行"选项。

3.4.7 延伸几何对象

"延伸（Extend）"选项可以将直线、圆弧或样条曲线在选定端延伸一定的长度。

在主菜单中顺序选取"修整→延伸"（Modify→Extend）命令，或在工具栏中单击▨按钮。显示图 3-54 所示的"延伸"子菜单，其中有两个选项：指定长度（Length）和曲面（Surface）。

1. 指定长度（Length）

该选项是用给定的长度来延伸直线、圆弧和样条曲线。操作步骤如下：

1）从主菜单中选取"修整→延伸→长度"（Modify→Extend→Length）命令。

2）输入延伸长度数值，按〈Enter〉键。

3）选取要延伸的对象，选取点应靠近要延伸的端点。

4）系统完成延伸操作，如图 3-55 所示。重复步骤 3）可继续延伸其他几何对象，或按
〈Esc〉键返回。

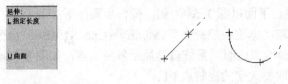

图 3-54 "延伸"子菜单　　　　　　　图 3-55 绘制延伸示例

注意：当输入的延伸长度为负值时，对象缩短相应的单位。

2. 曲面（Surface）

该选项用来延伸曲面的长度，选项功能与"构建曲面"中"修剪/延伸"相同。

3.4.8 动态移位

"动态移位（Drag）"选项可以动态地对选取对象进行平移、旋转和位伸等操作。操作步骤如下：

1）在主菜单中选"修整→动态移位"（Modify→Drag）命令后，显示"选取对象"菜单。

2）选取要拖动的对象后，单击"执行"选项。

3）打开"动态移位"对话框，如图 3-56 所示。

4）在"操作（Operation）"栏选择"移动（Move）"或"复制（Copy）"选项来确定原对象是否保留。

5）在"转换（Xform）"栏可以选择"平移（Translate）"选项进行平移操作，或选择"旋转（Rotate）"选项进行旋转操作，如果选取的对象不完整时将进行"拉伸（Stretch）"操作。

6）"步进参数（Step Parameters）"栏：用于输入快捷操作时的参数，在"角度（Angle）"输入框可以输入每次旋转的角度；在"XY"输入框输入在 X 或 Y 方向的每次移动距离。

7）按图 3-56 设置后，单击"确定"按钮。

图 3-56 "动态移位"对话框

8）在选取的对象上选择基准点，即可用鼠标拖动基准点根据设置进行操作。此时，屏

幕上方显示提示菜单，如图 3-57 所示，选择提示菜单中的命令，可以进行快捷切换操作。操作类型的不同，提示菜单也有区别，主要提示命令的功能和含义介绍如下：

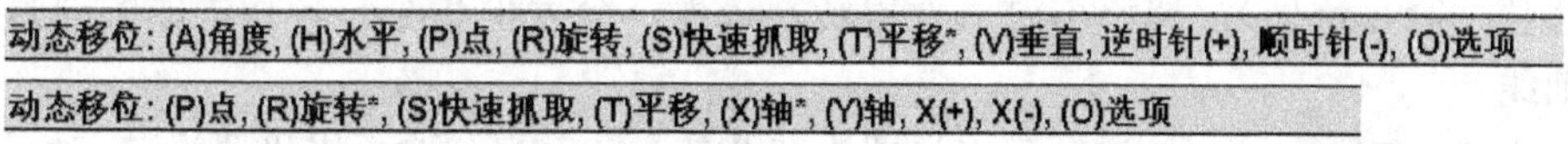
动态移位: (A)角度, (H)水平, (P)点, (R)旋转, (S)快速抓取, (T)平移*, (V)垂直, 逆时针(+), 顺时针(-), (O)选项
动态移位: (P)点, (R)旋转*, (S)快速抓取, (T)平移, (X)轴*, (Y)轴, X(+), X(-), (O)选项

图 3-57 “移动和旋转的快捷拖动”提示菜单

点(P)oint：按〈P〉键，在绘图区选取一点，拖动的对象即快速移动到选取点。

角度(A)ngle：按〈A〉键，在输入框中输入角度，按〈Enter〉键，拖动对象旋转相应角度。

水平(H)orizontal：按〈H〉键，拖动对象只能水平移动。

旋转(R)otate：按〈R〉键，拖动对象只能旋转。

快速抓取(S)nap：按〈S〉键，可以利用捕捉功能，确认捕捉位置后，单击鼠标，拖动对象即移动到捕捉位置。

平移(T)ranslate：按〈T〉键，可以平行拖动对象。

垂直(V)ertical：按〈V〉键，拖动对象只能垂直移动。

逆时针 CCW(+)：在移动状态时，按〈+〉键，拖动对象可以同时沿逆时针方向旋转，旋转角度为“动态移位（Drag）”对话框中设置的角度值。

顺时针 CW(−)：在移动状态时，按〈−〉键，拖动对象可以同时沿顺时针方向旋转，旋转角度为“动态移位”对话框中设置的角度值。

X 轴(X)axis：在旋转状态时，按〈X〉键，允许拖动对象沿 X 轴方向移动。此时按〈+〉键，拖动对象将沿 X 轴正方向移动；如果按〈−〉键，拖动对象可沿 X 轴负方向移动，每次移动的距离为“动态移位”对话框中设置的 XY 值。

Y 轴(Y)axis：在旋转状态时，按〈Y〉键，允许拖动对象沿 Y 轴方向移动。此时按〈+〉键，拖动对象将沿 Y 轴正方向移动；如果按〈−〉键，拖动对象可沿 Y 轴负方向移动，每次移动的距离为“动态移位”对话框中设置的 XY 值。

提示命令的右上角带有“*”号的为当前使用命令，再次单击该命令键，可取消命令。

9）按上述命令操作后，按〈Esc〉键返回。

3.4.9 曲线转换为圆弧

“曲线变弧（Cnv to arcs）”选项用于将圆弧形的样条曲线转换为圆弧。操作步骤如下：

1）在主菜单中选“修整→曲线变弧”（Modify→Cnv to arcs）命令。

2）选取一条样条曲线后，选择“执行”选项。

3）在主菜单区显示“转换圆弧”子菜单，如图 3-58 所示，可选择其中一项。

修整: 将趋近圆形
C 选取曲线
T 误差值
S 处理方式 D
D 执行

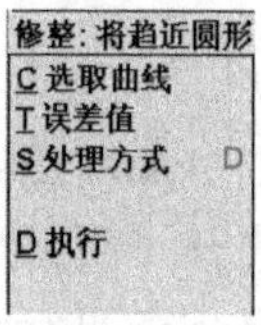

图 3-58 “曲线变弧”子菜单

选取曲线（Curves）：选该项时，取消原有样条曲线的选择，重新进行样条曲线的选择。

误差值（Tolerance）：选该项时，设置转换公差，公差值越小，转换生成的圆弧越接近原样条曲线。

处理方式（Dispose）：该选项可以设置为三个值：K、D 和 B。当设置为 K 时，保留原样条曲线；当设置为 D 时，删除原样条曲线；当设置为 B 时，隐藏原样条曲线。

4）选择"执行（Do it）"选项，系统会把样条曲线转换为圆弧。

3.5　上机操作与指导

练习一：选取对象进行镜像、旋转、缩放、平移、偏移（补正）、拉伸等项操作。

练习二：选取对象进行修剪、分割、连接、延伸、倒圆角、动态移位等项操作。

练习三：绘制图 3-59 所示的几何图形。

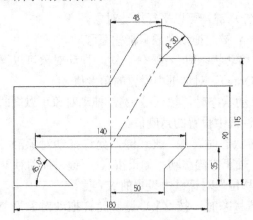

图 3-59　几何图形练习

操作指导：

1）绘制中心点画线：在辅助菜单选取"属性（Attributes）"命令，改变当前线型为点画线；选取"绘图→直线→垂直线"（Create→Line→Vertical）命令，输入垂直线端点坐标值（0,60），按〈Enter〉键，输入值（0,-60），按〈Enter〉键，绘出垂直线；按〈Esc〉键，选取"两点画线（Endpoints）"命令，输入倾斜线端点坐标值（0,-10），按〈Enter〉键，输入值（48,70），按〈Enter〉键，绘出倾斜线。

2）绘制矩形：选取"属性（Attributes）"命令，改变当前线型为实线；选取"绘图→矩形→一点法"（Create→Rectangle→1 point）命令，输入宽度值 180，高度值 90，基准点坐标（0,0）。

3）绘制圆弧：选取"绘图→圆弧→点直径圆"（Create→Arc→Circ pt+dia）命令，输入半径值 30，输入圆心坐标值（48,70），按〈Esc〉键。

4）绘制平行线：选取"绘图→直线→平行线→与圆相切"（Create→Line→Parallel→Arc）命令，选择点画线，选择圆弧，选择保留平行线；重复操作一次，绘出两条平行线。

5）绘制燕尾槽：选取"绘图→直线→水平线"（Create→Line→Horizontal）命令，输入水平线坐标值（0,-10），按〈Enter〉键，输入值（-70,-10），按〈Enter〉键；选取"绘图→直线→极坐标线"（Create→Line→Polar）命令，输入极坐标角度值-45，长度值 60；选取"转换→镜像"（Xform→Mirror）命令，选择镜像对象，选择 Y 轴为镜像轴，选择"复制（Copy）"选项，单击"确定"按钮。

6）绘制切割线：选取"绘图→直线→平行线→方向/距离"（Create→Line→Parallel→Side/dist）命令，选取中心点画线，并单击点画线右侧，输入距离值 50，按〈Enter〉键，结果如图 3-60a 所示。

7）修整几何图形：选取"修整→修剪→分割物体"（Modify→Trim→Divide）命令，断开矩形的上下水平线；选取"修整→修剪→单一物体"（Modify→Trim→1 entity）命令，修剪其他线条，结果如图 3-60b 所示。

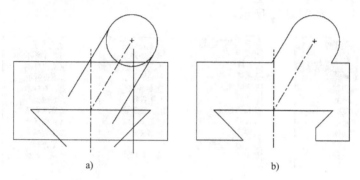

a)   b)

图 3-60　几何图形练习步骤图例

任务4 图形的标注

本任务中主要讲授图形标注，主要包括尺寸、注释文本及剖面线等，以表示尺寸大小、设计材料或设计说明等信息。完成本任务的学习后，读者应能够独立完成任务2操作练习中图2-77、任务3操作练习中图3-59所示几何图形的尺寸标注。

在主菜单中顺序选择"绘图→尺寸标注"（Create→Drafting）选项可打开"尺寸标注（Drafting）"子菜单，如图4-1c所示。

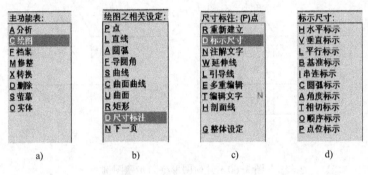

图4-1 "图形标注"子菜单

4.1 尺寸标注

该选项可以准确地对绘制的图形进行尺寸标注，包括水平标注、垂直标注以及角度、直径、半径等标注。在主菜单中顺序选择"绘图→尺寸标注→标示尺寸"（Create→Drafting→Dimension）选项或在工具栏中单击 按钮，在主菜单区显示如图4-1d所示的"标示尺寸"子菜单，其中共有10项命令，下面分别介绍各命令的使用方法。

4.1.1 水平标注

"水平标注（示）"命令用来标注两点间的水平距离。这两点可以是选取的两个点，也可以是直线的两端点。以图4-2为例，操作步骤如下：

1）在主菜单中顺序选取"绘图→尺寸标注→标示尺寸→水平标示"（Create→Drafting→Dimension→Horizontal）命令。

2）选取点P1。

3）选取点P2。

4）上下移动鼠标，使标注到达合适位置后单击左键，系统完成水平标注。

5）系统继续提示选取下一点，将光标移到直线L1附近，当直

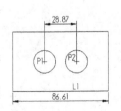

图4-2 水平标注示例

线呈高亮显示时，单击鼠标选取直线。

6）移动鼠标使标注处于合适位置，单击鼠标左键，系统完成直线的水平标注，如图 4-2 所示。

7）标注完成后，按〈Esc〉键返回"尺寸标注"子菜单。

4.1.2 垂直标注

"垂直标注（示）"命令用来标注两点间的垂直距离。下面以图 4-3 为例。操作步骤如下：

1）在主菜单中选取"绘图→尺寸标注→标示尺寸→垂直标示"（Create→Drafting→Dimension→Vertical）命令。

2）选取点 P1。

3）选取点 P2。

4）左右移动鼠标使标注至合适位置，单击左键，系统完成两点水平标注，如图 4-3 所示。直线的垂直标注操作与水平标注操作基本相同。

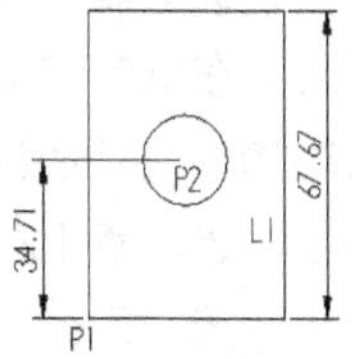

图 4-3　垂直标注示例

4.1.3 平行标注

"平行标注（示）"命令用于标注两点间的距离。下面以图 4-4 为例。操作步骤如下：

1）在主菜单中选取"绘图→尺寸标注→标示尺寸→平行标示"（Create→Drafting→Dimension→Parallel）命令。

2）选取点 P1。

3）选取点 P2。

4）通过移动鼠标使标注至合适位置，单击鼠标左键，系统完成两点间距离标注，如图 4-4 所示。直线的平行标注操作与水平操作基本相同。

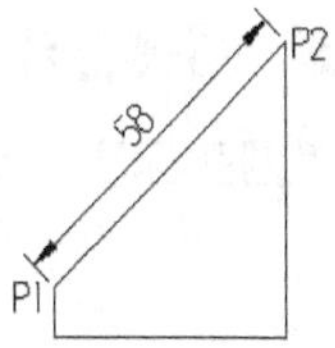

图 4-4　平行标注示例

4.1.4 基准标注

"基准标注（示）"命令以已有的线性标注（水平、垂直或平行标注）为基准对一系列点进行线性标注，标注的特点是各尺寸为并联形式。下面以图 4-5 为例，操作步骤如下：

1）从主菜单中选取"绘图→尺寸标注→标示尺寸→基准标示"（Create→Drafting→Dimension→Baseline）命令。

2）选取已有的尺寸标注"26"。

3）选取第二个尺寸标注端点 P1，因为 P1 与 A1 的距离大于 P1 与 A2 的距离，点 A1 即作为尺寸标注的基准。系统自动完成 A1 与 P1 间的水平标注。

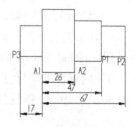

4）依次选取点 P2、P3 可绘制出相应的水平标注，如图 4-5 所示。

图 4-5　基准标注示例

5）单击〈Esc〉键返回。

4.1.5 串连标注

"串连标注（示）"命令也是以已有的线性标注为基准对一系列点进行线性标注，标注的特点是各尺寸表现为串连形式。下面以图4-6为例，操作步骤如下：

1）从主菜单中选取"绘图→尺寸标注→标示尺寸→串连标示"（Create→Drafting→Dimension→Chained）命令。

2）选取已有的尺寸标注"26"。

3）选取第二个尺寸端点P1。

4）在A2和P1间按水平标注方法，移动鼠标至合适位置单击左键，系统绘制出标注。

5）选取点P2可绘制出相应的串连水平标注。

6）按〈Esc〉键返回。

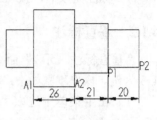

图4-6 串连标注示例

注意：

1）基准标注的基准点只有一个，那就是点A1。

2）串连标注的基准点有两个，当向右侧标注时基准点为A2点；当向左侧标注时，基准点为A1。

3）当基准标注完成选取点后，系统可以自动确定标注位置；而串连标注在完成选取点后，还需要用移动鼠标方法来确定标注位置。

4.1.6 圆弧标注

"圆弧标注（示）"命令用来对圆或圆弧进行标注。下面以图4-7为例，操作步骤如下：

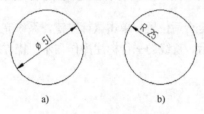

图4-7 圆弧标注示例

1）从主菜单中选取"绘图→尺寸标注→标示尺寸→圆弧标示"（Create→Drafting→Dimension→Circular）命令。

2）选取圆或圆弧，此时可以选择直径标注或半径标注。在绘图区上方有一排提示命令，当显示为直径标注时，其中包含(R)ad项，这时输入〈R〉改为半径标注；当显示为半径标注时，(R)ad项由(D)ia项代替，这时输入〈D〉后则改为直径标注。

3）用鼠标拖动标注至合适位置后单击鼠标左键，完成圆弧标注。

4）按〈Esc〉键返回。

4.1.7 角度标注

"角度标注（示）"命令用来标注两条不平行直线的夹角。下面以图4-8为例，操作步骤如下：

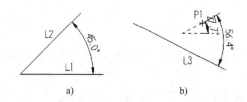

图 4-8　角度标注示例

1）从主菜单中选取"绘图→尺寸标注→标示尺寸→角度标示"（Create→Drafting→Dimension→Angular）命令。

2）选取直线 L1。

3）选取直线 L2（或"相对"选项）。

4）用鼠标拖动标注至合适位置后单击鼠标左键，完成角度标注，如图 4-8a 所示。

5）系统继续提示选取第一条直线，选取直线 L3。

6）选取"相对（Relative）"选项，选择点 P1。

7）输入点 P1 处尺寸界线与 X 轴的夹角 27°（0~180°）。

8）系统显示角度尺寸，用鼠标拖动尺寸至合适位置后单击鼠标左键，完成角度标注，如图 4-8b 所示。

4.1.8　相切标注

"相切标注（示）"命令用来标注圆弧与点、直线或圆弧等分点间水平或垂直方向的距离。下面以图 4-9 为例，操作步骤如下：

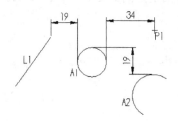

图 4-9　相切标注示例

1）从主菜单中选取"绘图→尺寸标注→标示尺寸→相切标示"（Create→Drafting→Dimension→Tangent）命令。

2）选取直线 L1。

3）选取圆 A1。

4）用鼠标拖动标注至合适位置，单击鼠标左键，完成相切标注"19"。

5）继续选取直线、圆弧或点，可完成如图 4-9 所示的相切标注"19"和"34"，标注完成后按〈Esc〉键返回。

在圆弧上的端点为圆弧所在圆的 4 个等分点之一（水平相切标注为 0°或 180°四等分点，垂直相切标注为 90°或 270°四等分点）。相切标注在直线上的端点为直线的一个端点。

对于点，选取点即为相切标注的一个端点。

4.1.9 顺序标注

"顺序标注（示）"命令以选取的一个点为基准，可以标注出一系列点与基准点的相对距离。

在"标注尺寸"子菜单中选取"顺序标示（Ordinate）"命令，打开如图 4-10 所示的"顺序标示（Ordinate）"子菜单，其中有 6 个选项。

图 4-10 "顺序标示"子菜单

1. "水平（Horizontal）"

该选项绘制各点与基准点在水平方向的距离，以图 4-11a 为例，操作步骤如下：

1）在"标注尺寸"子菜单中选取"顺序标示→水平"（Ordinate→Horizontal）命令。

2）选取基准点 P1，移动该点的基准标注至合适位置，单击鼠标左键。

3）依次选取顺序标注点 P2、P3 点，移动标注至合适位置后，单击鼠标左键确定。

4）完成标注后，按〈Esc〉键返回。

2. "垂直（Vertical）"

该选项绘制各点与基准点在垂直方向的距离，如图 4-11a 所示。操作步骤如下：

在"标注尺寸"子菜单中选取"顺序标示→垂直"（Ordinate→Vertical）命令后，其他操作与"水平"选项操作相同。

3. "平行（Parallel）"

该选项绘制各点到基准点在指定方向的距离。如图 4-11b 所示，操作步骤如下：

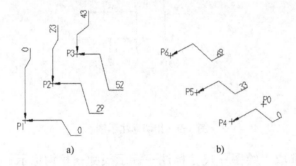

a)   b)

图 4-11 平行、垂直和指定方向的顺序标注示例

1）在"标注尺寸"子菜单中选取"顺序标示→平行"（Ordinate→Parallel）命令。

2）选取基准点 P4。

3）选取定位点 P0，显示出基准点 P4 的基准标注，移动至合适位置，确定该标注。

4）依次顺序选取点 P5、P6，移动各点的顺序标注至合适位置确定。

5）完成标注后，单击〈Esc〉键返回。

4. "现有的（Existing）"

该选项通过选取一个已有的顺序标注的基准标注，来定义顺序标注的类型及基准点，顺序标注的类型为选取的顺序标注类型，基准点为该顺序尺寸标注的基准点。

5. "自动标注（Window）"

该选项可以自动地绘制出多点至基准点的水平和垂直顺序标注。以图 4-12 为例，操作步骤如下：

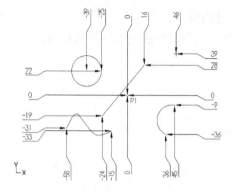

图 4-12　自动顺序标注示例

图 4-13　"自动标注"对话框

1）在"标注尺寸"子菜单中选取"顺序标示→自动"（Ordinate→Window）命令。

2）系统打开"自动标注（Automatic）"对话框，如图 4-13 所示。单击"选择（Select）"按钮回到绘图区，选取图 4-12 中的 P1 作为基准点，系统返回"自动标注"对话框。

3）按图 4-13 所示的"自动标注"对话框进行设置后，单击"确定"按钮，返回绘图区。

4）选取所有要进行顺序标注的对象后，选择"执行"选项。

5）系统按设置完成各点的顺序标注，如图 4-12 所示。

"自动标注"对话框各选项的含义如下。

"原点（Origin）"栏：该栏用来设置基准点的位置。可以在输入框中输入基准点坐标或用鼠标选取基准点。

"点（Points）"栏：该栏用来设置顺序标注点的类型，4 个复选框的含义如下：

"圆弧的圆心点（Center points(arcs)）"复选框：顺序标注点包括选取的圆弧的圆心点。

"只针对全圆（360 degree only）"复选框：顺序标注点仅包括圆的圆心点。

"圆弧的端点（End points(arcs)）"复选框：顺序标注点包括圆弧的端点。

"端点（Endpoints）"复选框：顺序标注点包括选取的直线和样条曲线的端点。

"选项（Options）"栏：该栏用于顺序标注的格式。各复选框的作用如下：

"显示负号（Negative signs）"复选框：顺序标注点在基准点左下方时，标注的尺寸前加有"–"号。

"小数点前加'0'"（Leading zeroe）复选框：顺序标注的尺寸小于 1 时，在小数点前加 0。

"显示箭头（Arrow heads）"复选框：顺序标注的尺寸线带有箭头。

"边缘间隔（Margin）"输入框：用于输入尺寸线的长度。

"建立（Create）"栏：该栏用于标注出选取点的坐标。

4.1.10 点标注

该命令用于标注出选取点的坐标。操作步骤如下：

1）在"标注尺寸（Dimension）"子菜单中选取"点位标示（Point）"命令。

2）选取一个点，系统显示该点坐标。

3）用鼠标拖动坐标至合适位置，单击鼠标左键确定。

4）完成点标注。图 4-14 为不同形式的点标注，其设置方法见本任务 4.7.2 节。

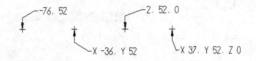

图 4-14　不同形式的点标注

4.2　图形注释

几何图形中，除了尺寸标注外，还可以采用图形注释对图形进行说明。

4.2.1　输入注释文字步骤

输入注释文字的操作步骤：

1）从主菜单中选择"绘图→尺寸标注→注解文字"（Create→Drafting→Note）命令。

2）系统打开图 4-15 所示的"注解文字（Note Dialog）"对话框，从中选择图形注释的类型，并设置相应的参数。

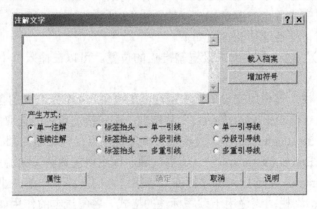

图 4-15　"注解文字"对话框

3）在"注解文字"文本框中输入注释文字。

4）单击"确定"按钮，在绘图区拖动图形注释至指定位置后单击鼠标左键，即可按设置的类型绘制图形注释。

4.2.2　输入注释文字方法

在"注解文字（Note Dialog）"对话框中，有三种输入注释文字的方法：

直接输入：将鼠标移至"注解文字"文本框中，直接输入注释文字。

导入文字：单击"载入档案（Load File）"按钮，选取一个文字文件后，单击"打开"按钮，即可将该文字文件中的文字导入到"注解文字"编辑框中。

添加符号：单击"增加符号（Add Symbol）"按钮，打开"选择符号"对话框如图 4-16 所示，用鼠标选择需要的符号，即可将该符号添加到"注解文字"文本框中。

图 4-16 "选择符号"对话框

4.2.3 设置图形注释

在图 4-15 的"注解文字（Note Dialog）"对话框中，给出了 8 种图形注释的类型。

"单一注解（Single Note）"：仅可一次注释文字。输入注释文字后，单击"确定"按钮退出"注解文字"对话框，在绘图区选取注释文字的位置，系统在选取位置绘制出注释文字并返回"标注"子菜单。

"连续注解（Multiple Note）"：可以连续注释文字。输入注释文字后，单击"确定"按钮退出"注解文字"对话框，在绘图区选取注释文字的位置，系统在选取位置绘制出注释文字并继续提示选取注释文字位置，可以多次选取位置绘制出多个相同的注释文字。按〈Esc〉键返回"标注"子菜单。

"单一引线（Label with Single Leader）"：可以绘制带单根引线的注释文本。输入注释文字后单击"确定"按钮退出"注解文字"对话框，首先选取引线箭头的位置，接着选取注释文字的位置，系统即可完成图形注释并返回"标注"子菜单。

"分段引线（Label with Segmented Leader）"：可以绘制带折线引线的注释文字。输入注释文字后单击"确定"按钮退出"注解文字"对话框，首先选取引线箭头的位置，接着选取多个点来定义引线，按〈Esc〉键后，选取注释文字位置，系统即可完成注释并返回"标注"子菜单。

"多重引线（Label with Multiple Leaders）"：绘制带多根引线的注释文字。输入注释文字后，单击"确定"按钮，退出"注解文字"对话框，首先选取各引线箭头的位置，按〈Esc〉键后选取注释文字的位置，系统即完成图形注释并返回"标注"子菜单。

"单一引导线（Single Leader）"：只可以绘制引线。单击"确定"按钮退出"注解文字"对话框，首先选取引线箭头的位置，接着选取引线尾线端点的位置，系统绘制出单根引线。

"分段引导线（Segmented Leaders）"：只可以绘制折线。使用方法与"分段引线"选项相似，只是不需要输入注释文字和选取文字位置。

"多重引导线（Multiple Leaders）"：只可以绘制多根引线。使用方法与"多重引线"选项相似，只是不需要输入注释文字和选取文字位置。

图 4-17 给出了不同类型的图形注释示例。

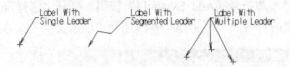

图 4-17 单线、折线、多线注释的示例

4.3 快捷尺寸标注

Mastercam 9.1 在图形标注命令中的一个主要功能是可以使用快捷方式进行尺寸标注和编辑尺寸标注。

4.3.1 快捷尺寸标注

快捷方式可以进行除基准标注、串联标注和顺序标注外的所有尺寸标注。操作步骤如下：

1）从主菜单中选取"绘图→尺寸标注"（Create→Drafting）命令。

2）选取点、直线、圆弧、被选对象高亮显示。

3）用鼠标将标注移动至合适位置，单击左键即完成标注。

在进行快捷方式尺寸标注时，选取的几何对象不同，尺寸标注类型也随之变化。例如选取直线时，标注为线性尺寸；选取圆或圆弧时，标注为直径或半径；当选取直线和圆时，标注为相切尺寸。表 4-1 为选取不同几何对象时的尺寸标注类型。

表 4-1 选取不同几何对象时尺寸标注的类型

选择对象顺序	标注类型
点→点	水平、垂直或平行的线性尺寸标注
直线	
点→直线	正交线性标注（标注对象间的垂直距离）
直线→点	
点→点→平行线	
两条平行线	
点→点→点（三点不共线）	角度尺寸标注
点→点→不平行直线	
两条非平行线	
一个圆或一条圆弧	圆尺寸标注（半径或直径）
点→圆弧（圆弧→点）	相切尺寸标注
直线→圆弧（圆弧→直线）	
圆弧→圆弧	
点	点标注

注意：只有选中了"尺寸标注整体设定（Drafting Globals）"对话框中的"尺寸标注（Dimension Text）"选项卡中"以自动模式显示（Display in Smart Mode）"复选框时才能进行"点"的快捷标注。另外，在选取点时，除第一个点可任意选取外，其他的点必须在出现点选择框时（鼠标在选取对象上稍停）才能选取，否则是定义尺寸标注起始点的位置。

4.3.2 编辑尺寸

在快捷尺寸标注时，屏幕上部的提示区显示一个提示菜单，如图 4-18 所示，自上而下分别为线性标注、圆标注和角度标注时所显示的提示菜单，选择不同的选项可以改变尺寸标注的属性。主要选项功能如下：

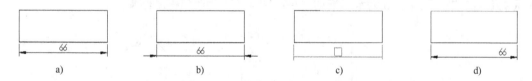

尺寸标注: (A)箭头, (B)方块, (C)对中, (D)直径, (F)字型, (G)整体设定, (H)字高, (L)解除, (N)小数位数, (O)方位, (R)半径, (S)游标, (T)文字, (U)更新

尺寸标注: (A)箭头, (B)方块, (C)对中, (D)直径, (F)字型, (G)整体设定, (H)字高, (L)锁住, (N)小数位数, (S)游标, (T)文字, (U)更新参数

尺寸标注: (A)箭头, (B)方块, (C)对中, (E)角度, (F)字型, (G)整体设定, (H)字高, (L)锁住, (N)小数位数, (T)文字, (U)更新参数, (W)延伸线

图 4-18　线性标注、圆标注和角度标注时所分别显示的提示菜单

1. 箭头(A)rrows

该选项用来改变尺寸标注的箭头位置。当按〈A〉键后，尺寸界线之内的箭头将移至尺寸界线之外，如图 4-19b 所示；再次输入〈A〉，箭头将移至尺寸界线之内。

2. 方块(B)ox

按〈B〉键后，该选项用一个临时的方框来代替尺寸标注文字，从而增大移动尺寸的速度，当尺寸标注的位置确定后将恢复实际的尺寸标注文字。当再次输入〈B〉，则恢复尺寸标注文字的显示。如图 4-19c 所示。

3. 对中(C)tr

该选项用来控制标注尺寸文字的对中位置。默认状态尺寸标注文字居于尺寸线中部，按〈C〉键后，则尺寸文字随光标移动，可在合适位置处单击鼠标左键确定位置；再次输入〈C〉，尺寸文字返回尺寸线中部。如图 4-19d 所示。

图 4-19　箭头位置、显示方块、文字位置编辑示例

4. 直径和半径(D)ia 和(R)ad

该选项用来改变直径或半径的标注形式。对于圆标注，按〈D〉键后，尺寸标注转换为直径标注，按〈R〉键后，尺寸标注转换为半径标注。

对于线性标注，输入〈D〉或〈R〉后，则分别在尺寸文字前增加或取消直径"Φ"和半径"R"标记，如图 4-20 所示。

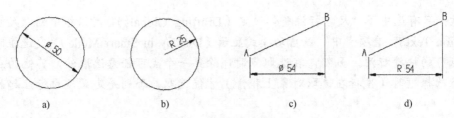

图 4-20　直径和半径标注示例

5. 字型(F)ont

当拖动一个尺寸标注、注释或标签时，按〈F〉键后，打开图 4-21 所示的"编辑字型（Edit Font）"对话框，在下拉列表框中选择不同字体可以改变尺寸标注、注释或标签文字的字体，右边图框显示所选字体的范例。

6. 高度(H)eight

该选项用来改变尺寸标注文字的高度。按〈H〉键后，打开图 4-22 所示的"字体高度"对话框，可以在输入框中输入新的文字高度后，单击"确定"按钮。当选中"调整箭头及公差的高度（Adjust arrowhead and tolerance height）"复选框，则同时改变箭头和公差文字的高度。

图 4-21　"编辑字型"对话框

图 4-22　"高度"对话框

7. 解除锁定/锁定 un(L)ock / (L)ock

这两个选项用来改变尺寸标注的类型（水平标注、垂直标注或平行标注）和位置。而且只会出现其中一个选项，按〈L〉键可以进行切换。

当标注处于开放状态（提示菜单中有"解除锁定（unlock）"选项）时，可以通过拖动标注来改变线性、角度和圆标注的类型；当标注处于固定状态（提示菜单中有"锁定（Lock）"选项）时，仅能改变标注的位置。图 4-23 以拖动线性标注改变类型为例，图 4-23a 为垂直拖动结果；图 4-23b 为水平拖动结果；图 4-23c 为倾斜拖动结果。

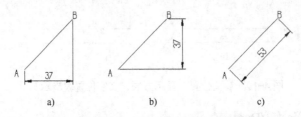

图 4-23　拖动标注来改变位置和类型示例

8. 水平和垂直 hor(l)z 和(V)ert

在拖动编辑线性标注（包括相切标注）时，选择 hor(l)z 选项可将线性标注的类型固定为水平标注，选择(V)ert 选项时，可将线性标注的类型固定为垂直标注。

9. 角度 angl(E)

该选项用来改变角度标注的范围。在拖动角度尺寸标注时，可以按〈E〉键改变角度尺寸范围是大于 180° 还是小于 180°。如图 4-24 所示，图 4-24a 为小于 180° 角度标注，图 4-24b 为输入〈E〉后，角度标注的变化。

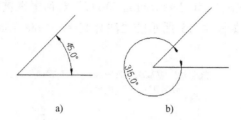

图 4-24 改变角度取值范围示例

10. 小数位数(N)um

该选项用来改变数值的小数位数。在拖动尺寸标注时，按〈N〉键后，在提示区输入新的数值，按〈Enter〉键，即可改变当前数值的小数位数，如图 4-25 所示。图 4-25a 为小数位数设置为"2"的结果，图 4-25b 为小数位数设置为"1"的结果。

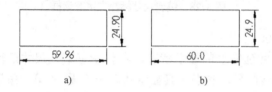

图 4-25 改变小数位数示例

11. 方位(O)rientation

该选项用于尺寸标注的定位角度(-90°～+90°)。图 4-26b 所示为按〈O〉键后，输入角度分别为 15° 和-75° 后的结果。

12. 点(P)oint

在拖动线性标注或圆标注时，按〈P〉键，再选取一个点，将会发生以下变化：

1）两点间的线性尺寸标注将变为角度尺寸标注。

2）一条直线的线性尺寸标注将变为正交尺寸标注。

3）一条弧或圆的尺寸标注将变为相切标注。

图 4-27a 为 P1 和 P2 两点间的线性尺寸标注，图 4-27b 为拖动线性标注时按下〈P〉键，再选取点 P3 后的尺寸标注结果。

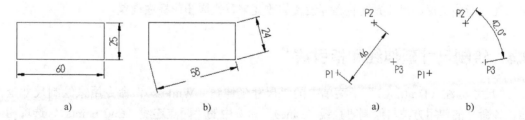

图 4-26 改变尺寸标注的定位角度示例   图 4-27 键入〈P〉的变化示例

13. 文字(T)ext

该选项用于重新编辑尺寸文字。当拖动一个尺寸时，按下〈T〉键，系统打开如图 4-28 所示的"编辑尺寸标注文字（Edit Dimension Text）"对话框来重新编辑尺寸文字。当拖动一个注释或标签时，打开如图 4-15 所示的"注释文字（Note Dialog）"对话框来进行文字编辑。

图 4-28　编辑尺寸标注文字对话框

14. 尺寸延伸线(W)it

该选项用来改变尺寸延伸线的显示状态。默认状态下，尺寸延伸线为两条，按〈W〉键，可以改变尺寸延伸线的显示状态，其显示状态按"无""第一条""第二条""两条"循环变化。图 4-29b、图 4-29c、图 4-29d 为尺寸延伸线依次改变的状态。

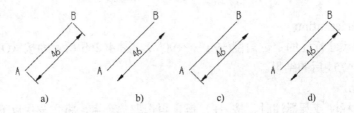

图 4-29　改变尺寸延伸线示例

15. 整体设定和更新参数(G)lobals 和(U)pdate

选择"整体设定（Globals）"选项后，打开"尺寸标注整体设定（Drafting Globals）"对话框，可以通过该对话框来改变图形标注的所有属性。

选择"更新参数（Update）"选项后，系统用当前设置对图形标注进行改变，如尺寸文字高度、箭头位置、尺寸界线状态等设置的改变来替代原图形标注设置。

4.4　绘制尺寸延伸线和指引线

"尺寸标注（Drafting）"子菜单中的"尺寸延伸线（Witness）"命令用来绘制尺寸延伸线，该命令的使用方法与绘制"直线（Line）"命令中的"两点连线（End points）"选项相同（可参阅任务 2 内容）。但"尺寸延伸线（Witness）"命令绘制的是尺寸延伸线而不是直线，用户可以使用"修整（Modify）"子菜单中的"打断（Break）"命令中的"标注和引线

（Draft/Line）"选项将尺寸延伸线转换为直线（可参阅任务 3 内容）。

"尺寸标注"子菜单中的"引导线（Leader）"命令用来绘制指引线，其功能和使用方法与在"注释（Note）"命令中选择"仅分段引线（Segmented Leaders）"选项相同，这里不再介绍（可参阅 4.3 内容）。

4.5　剖面线

该命令可以在选择的封闭区域内绘制指定图案、间距及旋转角的剖面线。以图 4-30 为例，操作步骤如下：

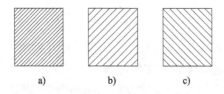

图 4-30　设置不同的剖面线示例

1）从主菜单中选择"绘图→尺寸标注→剖面线"（Create→Drafting→Hatch）命令，显示如图 4-31 所示"剖面线（Hatch）"对话框。如果按下"使用的剖面线图样（Use defined hatch patterns）"按钮，打开"自设的剖面线图样"对话框，如图 4-32 所示，可以编辑剖面线。

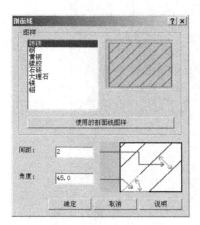

图 4-31　"剖面线"对话框

图 4-32　"自设的剖面线图样"对话框

2）设置"使用的剖面线图样"对话框。

图样（Pattern）：选取"铸铁（Iron）"。

间距（Spacing）：选择（1～3）。

角度（Angle）：选取 45°或 135°。

3）选取要进行填充的封闭边界（可以选取多个封闭边界）后，选取起始点。

4）选择"执行"选项，系统完成剖面线的绘制。图 4-30 为填充示例，图 4-30a 和图 4-30b 的剖面线间距不同；图 4-30b 和图 4-30c 的剖面线角度不同。

如果剖面线边界没有封闭，系统打开"警告"对话框，如图 4-33 所示。单击"确定"按钮，可以重新选择或编辑边界。

图 4-33　边界未封闭"警告"对话框

4.6　编辑图形标注

编辑图形标注的方法共有 3 种，前面介绍的快捷标注编辑方式是很重要的一种方法，另外还有两种编辑方式：多项选择编辑和文字编辑。

多项选择编辑是利用"尺寸标注整体设定（Globals）"对话框来编辑选择的一个或多个图形标注。选择主菜单中的"绘图→标注→多重编辑"（Create→Drafting→Multi edit）选项，选取需要编辑的一个或多个图形标注后，选择"执行"选项，系统打开"尺寸标注整体设定（Drafting Globals）"对话框，如图 4-34 所示，可以通过改变图形标注的设置来更新选择的图形标注。这与快捷方式中的"整体设定"选项功能相同。

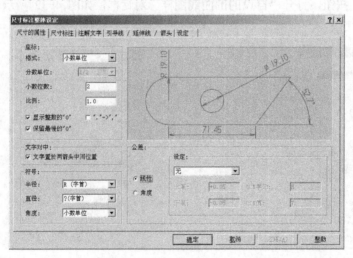

图 4-34　"尺寸标注整体设定"对话框

编辑文字选项用来编辑尺寸标注、注释和标签中文字的内容。选择主菜单区中的"绘图→标注→编辑文字"（Create→Drafting→Edit text）命令，将"编辑文字"选项设置为 Y，选取一个尺寸标注、注释或标签后，系统打开"编辑尺寸标注的文字"对话框（图 4-28）或"编辑字型"对话框（图 4-21）来进行文字编辑，这与快捷编辑方式中的"文字"选项功能相同。将"编辑文字"选项设置为 N，选取任何一个图形标注（图形填充、单个箭头和单个尺寸界线除外），系统即可直接进入快捷方式对图形标注进行编辑。

4.7 设置图形标注

在进行图形标注时，可以采用系统的默认设置，也可以在标注前或标注过程中对其进行设置。设置图形标注有两个途径，选择"尺寸标注（Drafting）"子菜单中的"整体设定（Globals）"选项或在快捷标注中选择"（G）整体设定"选项。选择"尺寸标注"子菜单中的"整体设定"选项，可以打开"尺寸标注整体设定"对话框进行设置，图形标注设置对此后的所有标注操作有效；在快捷标注中选择"（G）整体设定"选项，打开"尺寸标注整体设定"对话框进行设置后，图形标注设置仅对当前的标注有效。也可以选择"（U）更新参数"，改变此后的所有标注设置。在设置图形标注之前，可以在图 4-35 中先了解尺寸标注各参数的定义。

图 4-35　尺寸标注各参数的定义

4.7.1 设置尺寸标注的属性

"尺寸标注整体设定（Drafting Globals）"对话框中的"尺寸的属性（Dimension Attributes）"选项卡，如图 4-34 所示，用来设置尺寸标注的属性，其各选项的功能和含义如下。

1．坐标（Coordinate）栏

"坐标"栏用来设置长度尺寸文本的格式。

"格式（Format）"下拉列表：用来设置长度的表示方式。系统提供了 5 种格式：小数单位（Decimal）、科学计数法（Scientific）、工程单位（Engineering）、分数单位（Fractional）和建筑单位（Architectural）。

"分数单位（Fractional）"下拉列表：当选择分数单位或建筑单位时，用来设置分数的最小单位。

"小数位数（Decimal Places）"输入框：当选择小数单位、科学计数法或工程单位时，用来设置小数点后保留的位数。

"比例（Scale）"输入框：用来指定标注尺寸与绘图尺寸间的比例。

"显示整数的'0'（Leading zeroes）"复选框：当标注尺寸小于 1 时，若选中该复选框，标注尺寸在小数点前加 0，例如"0.125"；否则标注尺寸在小数点前不加 0，例如".125"。

"保留最后的'0'（Trailing zeroes）"复选框：选中该复选框可以保留小数最后的 0。例如："20.10"，否则为"20.1"。

"'.'→','（Use Comma）"复选框：若选中该复选框，小数点用","代替。

2．文字对中（Auto Center）栏

当选中"文字置于两箭头中间位置（Center text between arrowheads）"复选框，系统自动将尺寸文字放置在尺寸界线的中间，否则可以移动尺寸文字的位置，此功能与快捷标注中的"(C)tr 对中"项意义相同，如图 4-19d 所示。

3. 符号（Symbols）栏

该栏用来设置"半径（Radius）""直径（Diameter）"及"角度（Angular）"的尺寸文字格式。

4. 公差（Tolerance）栏

该栏用来分别设置"线性（Linear）"及"角度（Angular）"的公差格式。用"设定（Settings）"下拉列表框选择公差的表示形式："无（None）"、+/-、"上下限（Limit）"或DIN。当选中"+/-"或"上下限"选项时，"上限（Positive）"输入框用于指定上偏差，"下限（Negative）"输入框用于指定尺寸的下偏差。当选中了 DIN 选项时，"DIN 字元（DIN character）"输入框用于设置 DIN 的字符（基本偏差符号），"DIN 值（DIN Value）"输入框用于设置 DIN 值（公差等级），取值范围为 1～255。图 4-36 为公差形式不同的尺寸标注。

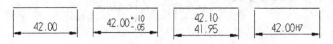

图 4-36　公差标注设置的不同形式

4.7.2　设置尺寸文字

"尺寸标注整体设定（Drafting Globals）"对话框中的"尺寸标注（Dimension Text）"选项卡，如图 4-37 所示，用来设置尺寸文字的属性。该选项卡中各选项含义如下。

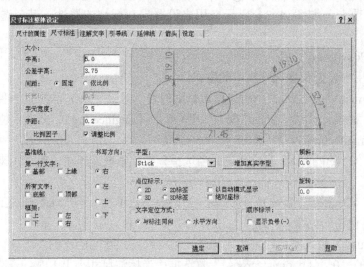

图 4-37　"尺寸标注"选项卡

"大小（Size）"栏：用来设置尺寸文字大小的规格。可以直接输入"字高（Text Height）""公差字高（Tolerance Height）""字元宽度（Character Width）"和"字距（Extra Char Spacing）"等，"间距（Spacing）"一般选择"固定（Fixed）"。当选中"调整比例（Use Factors）"复选框，单击"比例因子（Factors）"按钮，可以打开"比例因子"对话框，如

图 4-38 所示，可以从中设置公差的字高、箭头的长度（Height）和宽度（Width）、尺寸延伸线的间隙（Witness Line Gap）及尺寸延伸线的延伸量（Witness Line）等。

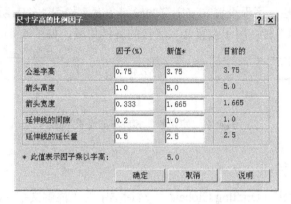

图 4-38 "尺寸字高的比例因子"对话框

"基准线（Lines）"栏：用于设置在字符上添加基准线的方式。"第一行文字（First Line of）"：在第一行字符的底部或顶部加上一条基准线；"所有文字（All Lines of）"：在每一行的底部或顶部加上一条基准线；"框架（Text Box Lines）"：在全部字符的上边或下边、左侧或右侧加上一条基准线。

"书写方向（Path）"栏：用于设置不同的字符排列方向。选择"右（Right）"，文字则向右排列；选择"左（Left）"，文字则向左排列；选择"上（Up）"，文字则向上排列；选择"下（Down）"，文字则向下排列，如图 4-39 所示。除"右"项外，其他项在尺寸文字中使用较少，主要在注释文字中应用。

"字型（Font）"栏：用于设置尺寸文字的字体，其设置方法与快捷方式标注中的"(F)字型"选项相同。

"点位标注（Point Dimensions）"栏中的 4 个单选钮用来设置点坐标的标注格式，如图 4-14 所示。

"以自动模式显示（Display in Smart Mode）"复选框用来设置在快捷尺寸标注时是否进行点标注。"绝对坐标（Absolute）"复选框用来设置标注的点坐标的类型，当选中该复选框时，坐标为该点在世界坐标系下的坐标，未选中该复选框时，坐标为该点在当前坐标系下的坐标。

"文字定位方向（Text Orientation）"栏：用于设置尺寸文字的位置方向。当选择"与标注同向（Aligned）"单选钮时，尺寸文字顺尺寸线方向放置，如图 4-40a 所示；当选中"水平方向（Unidirectional）"单选钮时，尺寸文字水平放置，如图 4-40b 所示。

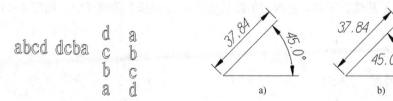

图 4-39 文字的排列方向示例　　　　　图 4-40 文字的位置方向示例

"顺序标注（Ordinate Dimensions）"栏中的"显示负号（Display Negative Sign）"复选框用来设置顺序标注时尺寸文字前面是否带有"－"号。

"倾斜（Slant）"栏：用于设置文字字符的倾斜角度，如图4-41b所示。

"旋转（Rotation）"栏：用于设置文字字符的旋转角度，如图4-41c所示。

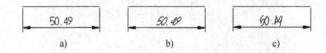

图4-41　字符倾斜和旋转的设置示例

4.7.3　设置注释文字

"尺寸标注整体设定（Drafting Globals）"对话框中的"注解文字（Note Text）"选项卡，如图4-42所示，用来设置注释文字的属性。

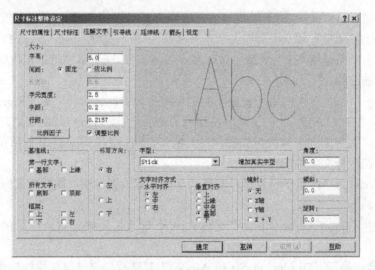

图4-42　"注解文字"选项卡

"注解文字（Note Text）"选项卡中的选项及含义与"尺寸标注"选项卡中的选项及含义基本相同，不同的是增加了下面几个选项。

在"大小（Size）"栏中增加了"行距（Extra Line Spacing）"的设置。

"文字对齐方式（Alignment）"栏：用来设置注释文字相对于指定基准点的位置，其中"水平对齐（Horiz）"分为三项：左侧、中部、右侧；"垂直对齐（Vert）"分为五项：上部、接近上部、中央、基部、下部，基准点的默认值由中央和基部两项确定，如图4-43所示。

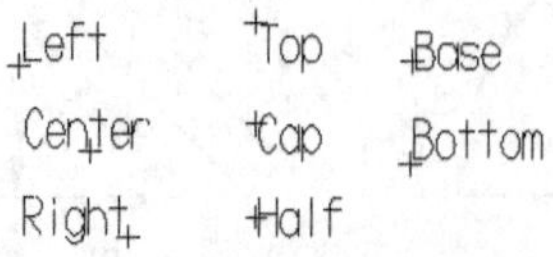

图4-43　文字的指定点设置示例 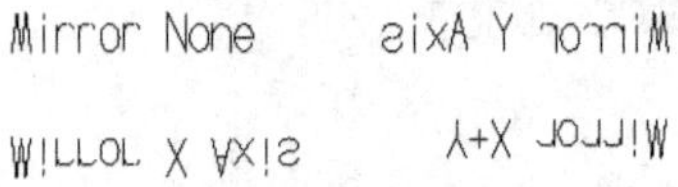　　　　图4-44　镜像文字的示例

"镜射（Mirror）"栏：用来设置注释文字的镜像效果，其中有四项：无镜像、镜像轴平行 X 轴、镜像轴平行 Y 轴、镜像轴平行 X 和 Y 轴，如图 4-44 所示。

"角度（Angle）""倾斜（Slant）"和"旋转（Rotation）"输入框分别用来设置整个注释文字的旋转角度、倾斜角度和文字的旋转角度，如图 4-45 所示。

图 4-45　注释文字的旋转、倾斜设置示例

在选择了不同的选项后，在注释文字的示例框中会显示出注释文字效果及与基准点的相对位置。

4.7.4　设置尺寸线、尺寸延伸线和箭头

"尺寸标注整体设定（Drafting Globals）"对话框中的"引导线/延伸线/箭头（Leaders/Witness/Arrows）"选项卡，如图 4-46 所示，用来设置尺寸线、尺寸界线及箭头的格式。选项卡的各项含义如下。

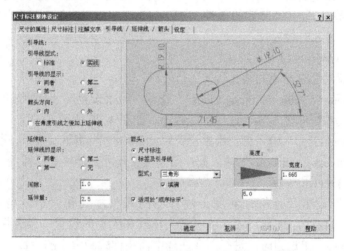

图 4-46　"引导线/延伸线/箭头"的设置选项卡

1．**"引导线（Leaders）"栏**

该栏用来设置尺寸标注的尺寸线及箭头的格式。

"引导线型式（Leader Style）"选项：用来设置尺寸线的样式。当选择"标准（Standard）"单选钮时，尺寸线由两条尺寸线组成，如图 4-47a 所示；当选择"实线（Solid）"单选钮时，尺寸线由一条尺寸线组成，如图 4-47b 所示。

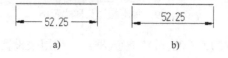

图 4-47　尺寸线的样式示例

"引导线的显示（Visible Leaders）"选项：用来设置尺寸线的显示方式。当选择"两者（Both）"单选钮时，显示两条尺寸线；当选择"第二（Second）"单选钮时，显示第二条尺寸线；当选择"第一（First）"单选钮时，显示第一条尺寸线；当选择"无（None）"单选钮时，不显示尺寸线。图 4-48 上方为选择"标准"时不同设置的尺寸线显示结果；图 4-48 下方为选择"实线"时不同设置的尺寸线显示结果。

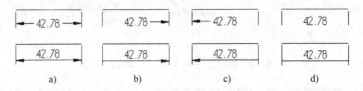

图 4-48　尺寸线的显示方式示例

"箭头方向（Arrow Direction）"选项：用来设置箭头的位置。当选择"内（Inside）"单选钮时，箭头的位置在尺寸界线之内，当选择"外（Outside）"单选钮时，箭头的位置在尺寸界线之外。此功能与快捷标注中的"(A)rrows 箭头"项意义相同，如图 4-19b 所示。

"在角度引线之后加上延伸线（All tail to angular leaders）"复选框被选中时，角度标注尺寸文字位于尺寸界线之外时，尺寸文字与尺寸界线有连线；否则，尺寸文字与尺寸界线无连线。该复选框仅在未选中"尺寸的属性（Dimension Attributes）"选项卡中的"文字对中（Auto Center）"栏时才有效。

2. "延伸线（Witness Lines）"栏

该栏用来设置尺寸延伸线的格式。

"延伸线的显示（Visible Witness Lines）"选项：用来设置尺寸延伸线的显示方式，与快捷标注菜单的"尺寸延伸线(W)it"选项功能相同，如图 4-29 所示。

"间隙（Witness Gap）"输入框：用来设置尺寸延伸线的间隙。

"延伸量（Witness Extension）"输入框：用来设置尺寸延伸线的延伸量。

3. "箭头（Arrows）"栏

该栏用于分别设置尺寸标注和图形注释中的箭头样式和大小。当选择"尺寸标注（Dimension）"单选钮时，进行尺寸标注中箭头样式和大小的设置；当选择"标签及引导线（Labels and Leaders）"单选钮时，进行图形注释中箭头样式和大小的设置。

"型式（Style）"下拉列表框：用来选择箭头的样式，如果箭头的外形是封闭的，可以选择"填满（Filled）"复选框来设置是否对箭头进行填充。图 4-49 所示为一些常用的箭头样式。

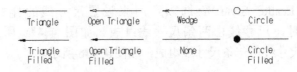

图 4-49　常用的箭头样式示例

"高度（Height）"和"宽度（Width）"输入框：分别用来设置箭头的高度和宽度。

"适用于顺序标注（Apply to Ordinate Dimension）"复选框：用于进行顺序标注时尺寸线

是否带有箭头。

4.7.5　其他设置

"尺寸标注整体设定（Drafting Globals）"对话框中的"设定（Settings）"选项卡，如图 4-50 所示，用来设置图形标注中的其他参数。其各选项的功能和含义如下。

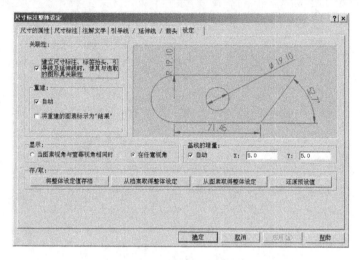

图 4-50　设置图形标注的"设定"选项卡

"关联性（Associativity）"选项栏：用来设置图形标注的关联属性。

"显示（Display）"选项栏：用来设置图形标注的显示方式。

"基线的增量（Baseline Increments）"选项栏：用来设置在基准标注时标注尺寸的位置。当选中"自动（Automatic）"复选框时，系统自动确定基准标注的位置，该栏的 X 和 Y 输入框中的数值，分别为基准标注的各尺寸线在 X 或 Y 方向的距离，输入的数值应大于尺寸文字高度 2mm，如果未选中该框，则手动确定基准标注的尺寸位置。

"存/取（Save/Get）"选项栏：用来进行有关设置文件的操作：

"将整体设定值存档（Save globals to disk file）"按钮：可将当前的标注设置存储为一个文件。

"从档案取得整体设定（Get globals from disk file）"按钮：可打开一个设置文件并将其设置作为当前的标注设置。

"从图素取得整体设定（Get globals from entity）"按钮：可将选取的图形标注设置作为当前标注设置。

"还原预设值（Get default globals）"按钮：可使系统取消标注设置的所有改变，恢复系统的默认设置。

4.8　上机操作与指导

练习一：进行尺寸标注设置，选取"绘图→标注→整体设定"（Create→Drafting→Globals）命令，在"尺寸的属性（Dimension Attributes）"选项卡的"小数位数（Decimal

Places)" 输入框中输入 "0"；在 "引导线/延伸线/箭头（Leaders/Witness/Arrows）" 选项卡的 "箭头（Arrows）" 栏中，选择 "三角形（Triangle）" 箭头样式和 "填满（Filled）" 复选框。

练习二：对任务 2 操作练习中图 2-77 所示的几何图形进行尺寸标注。

练习三：对任务 3 操作练习中图 3-59 所示的几何图形进行尺寸标注。

练习四：进行文字注释练习及其设置，具体方法和步骤可查阅 4.2 节和 4.7.3 小节。

任务 5　曲面和曲线的构建

本任务中主要讲授三维曲面和曲线的构建方法，以及三维造型的基本概念。完成本任务的学习后，读者应能够独立完成图 5-1 所示图形的绘制。

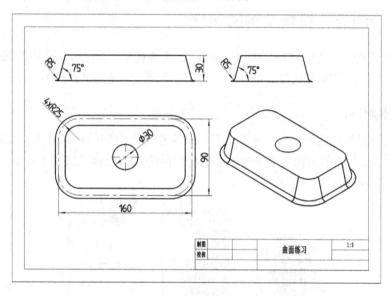

图 5-1　曲面造型

5.1　三维造型概述

Mastercam 9.1 中的三维造型可以分为线架造型、曲面造型以及实体造型三种，这三种造型生成的模型从不同角度来描述一个物体。它们各有侧重，各具特色。图 5-2 显示了同一种物体的三种不同模型，其中图 5-2a 为线架模型，图 5-2b 为曲面模型，图 5-2c 为实体模型。

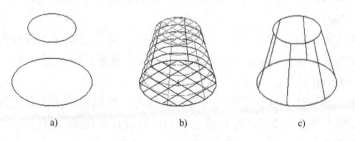

a)　　　　　　　　　　　b)　　　　　　　　　　　c)

图 5-2　三维造型示例

线架模型用来描述三维对象的轮廓及断面特征，它主要由点、直线、曲线等组成，不具有面和体的特征，但线架模型是曲面造型的基础。

曲面模型用来描述曲面的形状，一般是对线架模型经过进一步处理得到的。曲面模型不仅可以显示出曲面的轮廓，而且可以显示出曲面的真实形状。各种曲面是由许许多多的曲面片组成，而这些曲面片又通过多边形网络来定义。

实体模型具有体的特征，它由一系列表面包围，这些表面可以是普通的平面也可以是复杂的曲面，实体模型中除包含二维图形数据外，还包括相当多的工程数据，如体积、边界面和边等。

5.2　设置构图面、视角及构图深度

进行三维造型时，需要对构图面（Cplane）、荧幕视角（Gview）及构图深度（Z）进行设置后，才能准确地绘制和观察三维图形，这三个选项均可在辅助菜单中选择。

5.2.1　设置构图面

构图面是绘制各类图形的二维平面，可以定义在三维空间的任何位置。从辅助菜单选取"构图面（Cplane）"选项，在主菜单分别显示构图面的第一页和第二页子菜单，如图 5-3b、图 5-3c 所示，其各选项的功能和含义如下。

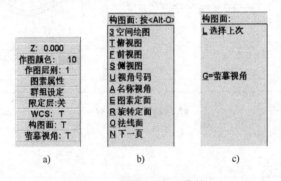

图 5-3　"构图面"子菜单

1．三维空间绘图（3D）

在子菜单中选择该选项或在工具栏中单击⬡按钮，可以将构图面设置为三维构图模式，用于三维曲面、实体模型绘制。这种绘图模式下可以确定一个点的"X、Y、Z"坐标值。

2．俯视图（Top）

在子菜单中选择该选项或在工具栏中单击⬡按钮，可以将构图面设置为俯视平面图。这时选取点时，仅能确定该点的 X、Y 坐标值，Z 坐标为设置后的构图深度值。

3．前视图（Front）

在子菜单中选择该选项或在工具栏中单击⬡按钮，可以将构图面设置为前视平面。这时选取点时，仅能确定该点的 X、Z 坐标值，Y 坐标为设置的构图深度值。

4．侧视图（Side）

在子菜单中选择或在工具栏中单击⬡按钮，可以将构图面设置为右视平面。这时选取点，仅能确定该点的 Y、Z 坐标值，X 坐标为设置的构图深度值。

106

5. 视角号码（Number）

选择该选项，可以在提示区输入定义平面的编号，如图 5-4 所示，系统将该编号对应的构图面作为当前构图面，其中 1～8 是系统默认的构图面号码：1—俯视平面（Top）；2—前视平面（Front）；3—后视平面（Back）；4—仰视平面（Bottom）；5—右视平面（Right Side）；

6—左视平面（Left Side）；7—等轴测平面（Isometric）；8—轴测平面（Axonometric），当设置了 8 号以外的构图时，系统会自动地顺序分配一个对应的数字。

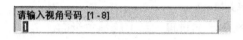

图 5-4 "构图面号码"输入框

6. 名称视角（Named）

选择该选项，系统将打开"视角管理员（View Manager）"对话框，如图 5-5 所示。对话框在"视角清单（View List）"列表框中列出了当前对象的所有构图面编号和名称，直接选取构图面的编号或名称，单击"确定"按钮，即可将该构图面置为当前构图面。"系统视角的显示（System Views Display）"栏可以确定"视角清单"列表框的显示范围："无（None）"选项不显示构图面；"全部（All）"选项显示全部构图面；"视角 1-8（Views1-8）"选项显示系统默认的 1～8 号构图面。

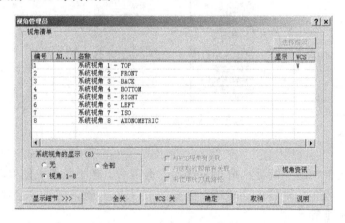

图 5-5 "视角管理员"对话框

7. 图素定面（Entity）

选择该选项，可以通过绘图区已存在的几何对象来设置新的构图面。可以选择实体的一个面或几个面的几何对象来定义构图面，也可以选取相交（或延伸相交）的两条直线或 3 个点来定义构图面。

8. 旋转定面（Rotate）

选择该选项，可以通过旋转当前构图面来创建新的构图面。当选择 Rotate 选项时，主菜单区显示如图 5-6 所示的"视角旋转"子菜单，同时在绘图区显示一个三维坐标轴来代表当前构图面，旋转子菜单各选项的含义如下。

图 5-6 "视角旋转"子菜单

X+上升（X+up）：先将构图面设置在 XZ 平面上，再将该平面绕 Y 轴旋转指定角度。

Y+上升（Y+up）：先将构图面设置在 YZ 平面上，再将该平面绕 X 轴旋转指定角度。

针对 Z（About Z）：先将构图面设置在 XY 平面上，再将该平面绕 Z 轴旋转指定角度。

存档（Save）：保存旋转后新建的构图面，并指定新的构图面编号。

9. 法线面（Normal）

选择该选项，可以通过设置构图面的法线来定义构图面。选取三维空间的一条直线后，新的构图面垂直于该直线。

10. 等于荧幕视角（=Gview）

选择该选项，可以将构图平面设置为当前的视角平面。

5.2.2 设置视角

视角就是观察几何图形的角度，通过设置不同的视角来观察所绘制的几何图形，随时查看绘图效果，以便及时进行修改和调整。

从辅助菜单中选择"荧幕视角（Gview）"选项，分别显示出第一页和第二页"荧幕视角（Graphics View）"子菜单，如图 5-7 所示，该子菜单与设置构图面的子菜单大部分选项名称和含义都相同，下面介绍不相同的选项含义：

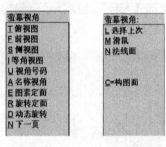

图 5-7 "荧幕视角"子菜单

1. 自动旋转

在选择辅助菜单中的"荧幕视角（Gview）"选项后，按下键盘上的〈End〉键，绘图区中的几何图形和三维坐标轴将自动转动，直至按下〈Esc〉键，转动才会停止，系统将此时的视角设置为当前视角。

2. 俯视图（Top）

在子菜单中选择该选项或单击工具栏中的 按钮，系统将当前视角设置为俯视图。

3. 前视图（Front）

在子菜单中选择该选项或单击工具栏中的 按钮，系统将当前视角设置为前视图。

4. 侧视图（Side）

在子菜单中选择该选项或单击工具栏中的 按钮，系统将当前视角设置为侧视图。

5. 等角视图（Isometric）

在子菜单中选择该选项或单击工具栏中的 按钮，系统将当前视角设置为等角视图。

6. 动态视角（动态旋转，Dynamic）

在子菜单中选择该选项或单击工具栏中的 按钮，可以动态改变当前视角。操作步骤如下。

1）从辅助菜单中选取"荧幕视角→动态旋转"（Gview→Dynamic）命令。

2）主菜单区显示"抓点方式（Point Entry）"菜单，输入要旋转的图形中心点。

3）系统提示："单击鼠标左键结束，或由键盘输入 D 动态旋转，Z 缩放，或 P 平键"。

● 输入〈D〉后，移动鼠标，图形将随鼠标的移动而自由动态旋转。

● 输入〈Z〉后，图形随鼠标移动变化，向上移动，图形放大；向下移动，图形缩小。

● 输入〈P〉后，图形将随鼠标的移动而平移。

4）当得到需要的视角后，单击鼠标左键，图形将静止不动。

7. 鼠标（滑鼠，Mouse）

该选项的功能与"动态视角（Dynamic）"选项功能相同。所不同的是选"动态视角"选项时，在动态改变视角的过程中，图形也随其动态改变；若选"鼠标"选项时，在动态改变视角的过程中，只是一个三维坐标轴随视角变化而改变，图形只在动态改变终了时显示变化。

8. 等于构图面（=Cplane）

选择该选项，系统将当前构图平面设置为当前的视角。

5.2.3 设置构图深度

选择辅助菜单中的"Z：0.000"选项，可用来改变当前的构图深度。单击辅助菜单"Z"选项后，提示栏显示"请指定新的作图深度位置（Select point for new construction depth）"。这时在主菜单区显示出"抓点方式（Point Entry）"菜单，在绘图区选取一点，系统利用该点来定义当前的构图深度，即当前的构图面为平行于原构图面且通过该点的平面。

选择辅助菜单中的"Z"选项后，也可以使用键盘直接输入数值来定义构图深度，这时当前构图面与过原点的构图面的距离为输入值（沿构图法线方向为正）。

5.3 线架模型

通常构建曲面时，先要绘制线架模型，线架模型是构建曲面模型的基础。下面将通过几个练习说明线架模型的绘制方法：

练习一：绘制如图 5-8a 所示的线架模型图，图 5-8b 为此线架模型构建的举升曲面。

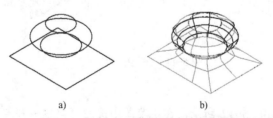

a)　　　　　　　　　　b)

图 5-8　线架模型练习一

操作步骤如下。

1）绘制矩形，如图 5-9 所示，在主菜单中选取"档案→开启新档"（File→New）命令。其设置如下。

荧幕视角（Gview）：俯视图（Top）；构面图（Cplane）自动设置为俯视图（Top）；构图深度Z：0。

2）在主菜单中选取"绘图→矩形→一点法"（Create→Rectangle→1Point）命令。然后键盘输入：矩形宽度（Width）：80；矩形高度（Height）：66；选取矩形中心点：0,0；系统绘制出如图5-9所示的图形。

3）绘制三个圆。如图5-10所示，在主菜单区依次选取"绘图→圆弧→点直径圆"（Create→arc→Circ pt+dia）命令。

绘制圆C1：深度Z为25；圆心为0,0；直径为60。

绘制圆C2：深度Z为15；圆心为0,0；直径为40。

绘制圆C3：深度Z为40；圆心为0,0；直径为30。

4）系统绘制出图5-10所示图形，图5-8a为等角视图时查看效果。在主菜单中选取"档案→存档"（File→Save）命令，指定图名："线架练习01"，单击"保存（Save）"按钮，保存图形。

图5-9　绘制矩形示例

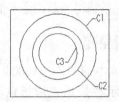

图5-10　绘制三个圆示例

练习二：绘制如图5-11a所示的线架模型图，图5-11b为此线架模型构建的曲面模型。

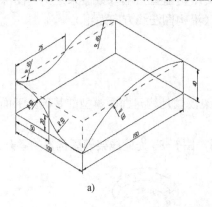

a)

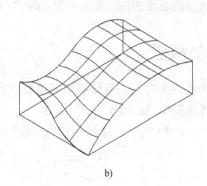

b)

图5-11　线架模型练习二

操作步骤如下。

1）绘制两矩形，如图5-12所示，在主菜单中选取"档案→开启新档"（File→New）命令，其设置：视角为俯视图；构图面为俯视图；构图深度"Z"为20。

2）在主菜单中选取"绘图→矩形→一点法"（Create→Rectangle→1Point）命令。打开"绘制矩形一点法"对话框，设置如下：

绘制矩形P1：矩形中心点为0,0；宽度（Width）为100；高度（Height）为150。

绘制矩形 P2：构图深度为-20；矩形中心点为 0,0；宽度为 100；高度为 150。系统绘制出图 5-12 所示图形，此图为等角视图查看效果。

3）绘制四棱柱，如图 5-13 所示。设置构图面（Plane）为三维构图平面（3D），在主菜单中选取"绘图→直线→两点画线"（Create→Line→Endpoints）命令，捕捉绘图区中的 P1，P2 点，连接这两个端点，使用同样方法连接其他对应端点，结果如图 5-13 所示。

4）绘制左侧面小圆弧。设置构图面（Cplane）为侧视图（Side）。选择"构图深度 Z"选项，然后单击图 5-14 中的 P4 点，"构图深度 Z"应为-50。将构图平面设置在与当前构图平面平行，且通过 P1 点的平面上。在主菜单中选取"绘图→圆弧→两点画弧"（Create→Arc→Endpoints）命令，然后单击 P3 和 P4 点（其中 P3 是 P2P4 线段的中点），并输入半径 65，选取所需要的圆弧，结果如图 5-14 所示。用同样方法绘制出 P2P3 段圆弧，结果如图 5-15a 所示。

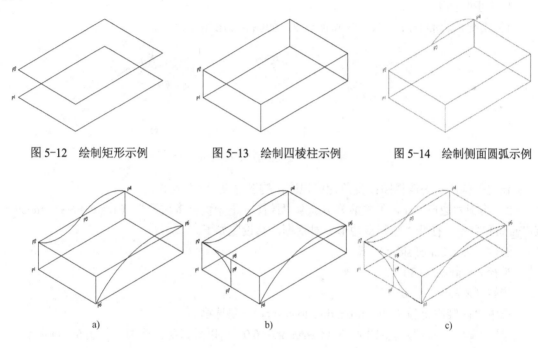

图 5-12　绘制矩形示例　　　图 5-13　绘制四棱柱示例　　　图 5-14　绘制侧面圆弧示例

a)　　　　　　　　　　　b)　　　　　　　　　　　c)

图 5-15　绘制其他圆弧示例

5）绘制右侧面大圆弧。单击"构图深度 Z"选项，然后单击 P5 点，此时"构图深度 Z"为 50，在主菜单中选取"绘图→圆弧→两点画弧"（Create→Arc→Endpoint）命令，分别捕捉绘图区中 P5，P6 点，并输入半径 130，选取所需要的圆弧部分，结果如图 5-15a 所示。

6）绘制前面圆弧。改变构图平面，将构图平面（Cplane）设置为前视图（Front）选择"构图深度 Z"，单击 P7 点（直线 P1P6 的中点），"Z"值显示为 75。在主菜单中选取"绘图→直线→两点画线"（Create→Line→Endpoints）命令，绘制出图 5-15b 中的直线 P7P8。

然后在主菜单中选取"绘图→圆弧→两点画弧"（Create→Arc→Endpoint）命令。单击 P2 和 P9 点（其中 P9 是直线 P7P8 的中点），并输入半径 50，选取所需要的圆弧，结果如图 5-15b 所示。

7）同样方法绘制 P9、P6 段圆弧，结果如图 5-15c 所示。

8）删除图中的辅助线，结果如图 5-11a 所示。

9）选取"档案→存档"（File→Save）命令，指定文件名："线架练习 02"，保存文件。

练习三：绘制图 5-16a 所示的线架模型图，图 5-16b 为由此线架模型图生成的昆氏曲线。

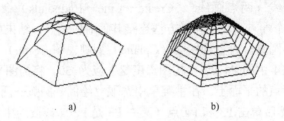

a)   b)

图 5-16　线架模型练习三

操作步骤如下。

1）绘制六边形 D1、D2、D3 和顶点 P，如图 5-17a 所示。

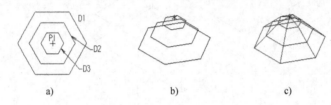

a)   b)   c)

图 5-17　线架模型练习三示例

设置：构图面为俯视图；视角为俯视图；构图深度"Z"为 0。

2）绘制六边形 D1。在主菜单中选取"绘图→下一页→多边形"（Create→Next menu→Polygon）命令。打开"绘制多边形"对话框，其设置如下。

边数（Number of sides）：6

半径（Radius）：30

旋转（Rotation）：0

选中"内接假想圆（Measure radius to corner）"复选框。

单击"确定"按钮，选取中心点（Center pt）：0,0。可以得到六边形 D1，如图 5-17a 所示。

3）绘制六边形 D2，改变的设置。

"构图深度 Z"：10；半径（Radius）：20；输入中心点(0,0)。

4）绘制六边形 D3，改变的设置。

"构图深度 Z"：20；半径：10；输入中心点(0,0)。

5）绘制顶点 P1。

在主菜单中选取"绘图→点→指定位置"（Create→Point→Position）命令。

构图深度"Z"：25；输入点坐标(0,0)；绘制结果如图 5-17a 所示，图 5-17b 为等角视图。

6）连接各六边形角点。设置如下。

构图面（Cplane）：三维空间（3D）；视角（Gview）：俯视图（Top）。

在主菜单中选取"绘图→直线→两点画线"（Create→Line→Endpoints）命令。依次连接各角顶点连线，连接后如图 5-17c 所示。

7）选取"档案→存档"（File→Save）命令，指定文件名："线架练习03"，保存文件。

练习四：绘制图5-18b中牵引曲面的线架模型，如图5-18a所示。

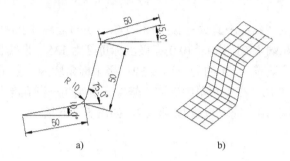

图5-18　线架模型练习四

操作步骤如下。

1）设置：视角为侧视图、构图面自动设置为侧视图。

2）在主菜单中选取"绘图→直线→极坐标"（Create→Line→Polar）命令。选择原点为直线的一个端点，角度为10，长度为50，系统绘制出图5-19a中的直线L1。

3）选取直线L1端点P1为端点，指定角度为75，长度为50，系统绘制出图5-19a中的直线L2。

4）选取直线L2端点P2为端点，指定角度为15，长度为50，系统绘制出图5-19a中的直线L3。按〈Esc〉键返回"直线（Line）"子菜单。

5）在主菜单中选取"修整→倒圆角"（Modify→Fillet）命令，半径值设置为10。

6）分别选取直线L1和L2，L2和L3后，倒圆角的结果如图5-19b所示。

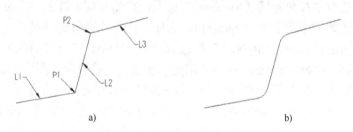

图5-19　线架模型练习四示例

7）选取"档案→存档"（File→Save）命令，指定文件名："线架练习04"，保存文件。

练习五：绘制图5-20b中扫描曲面的线架模型，如图5-20a所示。

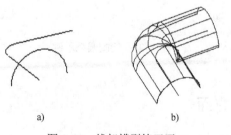

图5-20　线架模型练习五

操作步骤如下。

1）绘制直线 L1 和 L2，如图 5-21a 所示，设置如下：构图面为俯视图；视角为俯视图；构图深度"Z"为 0。

2）在主菜单中选取"绘图→直线→极坐标"（Create→Line→Polar）命令。

绘制直线 L1：直线端点 P1 坐标为(0,0)；极坐标角度为 135；直线长度为 40。

绘制直线 L2：直线端点为 L1 的另一端点 P2；极坐标角度为 45；直线长度为 40。

3）修整相切圆弧 R10。在主菜单中选取"修整→倒圆角→圆角半径"（Modify→Fillet→Radius）命令，输入半径 10，选取直线 L1 和 L2，如图 5-21b 所示。

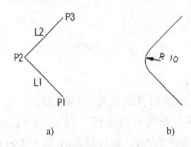

a)　　　　　　　　b)

图 5-21　绘制直线和相切弧示例

4）构建经过 P1 点且以直线为法线的构图平面。在辅助菜单选取"构图面（Cplane）"命令，在主菜单中选取"法线面（Normal）"选项，靠近 P1 点选取直线 L1，可以在主菜单中选取 Next 选项，来改变绘图区显示的坐标系正方向，在主菜单中选取"存档（Save）"选项，辅助菜单显示为"构图面（Cplane）"：9，构图平面 9 完成。

5）将构图平面 9 设置为当前构图平面。在辅助菜单选取"荧幕视角（Gview）"命令后，在主菜单中选取"视角号码（Number）"选项，在输入框中键入 9，按〈Enter〉键；也可以在主菜单中选取"名称视角（Named）"选项，打开"视角管理员"对话框，在"系统视角的显示（System Views Display）"栏选择"全部（All）"单选按钮，在"视角清单（View list）"栏选取 9 号构图平面，单击"确定"按钮，完成设置如图 5-22a 所示。

6）绘制圆弧 A。在主菜单中选取"绘图→圆弧→极坐标→已知圆心"（Create→Arc→Polar→Center pt）命令，输入圆心坐标为 0,0；圆半径为 15；起始角度（Initial angle）为 0；终止角度（Final angle）为 180，完成线架模型，如图 5-22b，图 5-22c 为等角视图。指定文件名："线架练习 05"，保存文件。

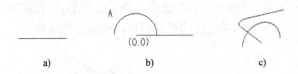

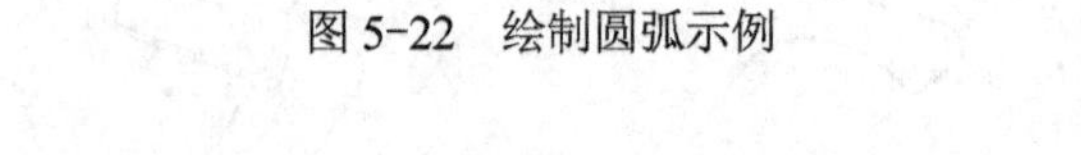

a)　　　　　　　　b)　　　　　　　　c)

图 5-22　绘制圆弧示例

5.4　构建基本实体曲面

在主菜单中选取"绘图→曲面→下一页"（Create→Surface→Next menu）命令，或单击

工具栏 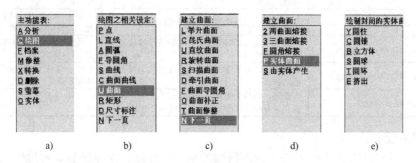 的按钮,可以打开第一页和第二页的"建立曲面"子菜单,如图 5-23c、图 5-23d 所示。在"曲面"子菜单中选取"实体曲面(Primitive)"命令,显示"绘制实体曲面"子菜单如图 5-23e 所示。

图 5-23 绘制"实体曲面"子菜单

在构建基本曲面之前,先来了解一些曲面的基本概念。

5.4.1 曲面的基本概念

曲面广泛地应用于工程对象中,如轮船、飞机、汽车的外形设计,铸造使用的模具,叶片的外形等,所谓曲面是以数学方程式来表达物体的形状。通常一个曲面包含许多横截面(Sections)和缀面(Patches),将两者熔接在一起形成一个完整的曲面。由于计算机运算能力的提高,以及新曲面模型技术的开发,现已能精确地完整描述复杂工件的外形。另外,也可以在较复杂的工件外形上看出多个曲面是相互结合而构成的,此种曲面模型称为"复合曲面"。所有的曲面都可以用数学方程式计算而得到,如昆氏曲面(Coons Surface)、Bezier 曲面、B-Spline 曲面、NURBS 曲面。

曲面的形式可以分为以下三类。

1. 几何图形曲面

固定几何形状,如球面、圆锥面、圆柱面等以及牵引曲面、旋转曲面等都属于几何图形曲面,几何图形曲面是用直线、圆弧、平滑曲线等图素所组成的。Mastercam 提供了两种曲面技术可以用于构建几何图形曲面:牵引曲面和旋转曲面。这两种曲面的特性及应用见表 5-1。

表 5-1 牵引曲面、旋转曲面的技术说明

曲面形式	说　明	应　用
牵引曲面(Draft Surface)	横截面形状沿直线垂直挤出而形成的曲面	用于构建圆锥、圆柱等
旋转曲面(Revolved Surface)	横截面形状绕着轴或某一直线旋转而形成的曲面	用于具有对称的圆形或圆弧横截面的工件

2. 自由成形曲面

自由成形曲面并不是特定形状的几何图形,通常是根据直线和曲线来决定其形状的,这些曲面需要的是更复杂而难度更高的曲面技术,如昆氏曲面、Bezier 曲面、B-Spline 曲面及 NURBS 曲面等。自由成形曲面形式的特性及应用见表 5-2。

表 5-2 自由成形曲面形式的特性及应用

曲 面 形 式	说 明	应 用
直纹曲面（Ruled Surface）	在两个或更多的线段或曲线之间笔直地拉出相连的直线	用于曲面要填满两个或更多的曲线之间时
举升曲面（Lofted Surface）	通过一组的横截面轮廓而形成的曲面	用于当曲面必须通过两条以上曲线，以抛物线形式来熔结时
2D 扫描曲面（2D Swept Surface）	把横截面外形沿着一条导引曲线平移或旋转而形成的曲面	用于当曲面的横截面上的任何一点都保持固定时
3D 扫描曲面（3D Swept Surface）	横截面外形沿着一条或两条导引线平移而形成的曲面	用于当曲面的横截面上的任何一段都不是固定的形状时
昆氏曲面（Coons Surface）	把某一数目的缀面熔接而形成的曲面，嵌片是由 4 条相连接的曲线所形成的封闭区域	用于当曲面是由一组缀面所形成时

3. 编辑曲面

编辑曲面是对已有的曲面进行编辑而得到的另一种曲面，常见的有 4 种编辑曲面。

1）曲面偏移：由某一曲面为基准，依指定的距离，沿曲面的法线方向而平行偏移产生另一曲面。

2）修剪曲面：用指定的曲面来修剪另一曲面而得到的新曲面。

3）曲面倒角：在两曲面间绘制相切的倒圆角。

4）曲面接合：熔接两曲面而形成一个与其相切的曲面。

5.4.2 构建圆柱面

在主菜单中选取"绘图→曲面→下一页→实体曲面→圆柱"（Create→Surface→Next menu→Primitive→Cylinder）命令，可以构建圆柱面。在主菜单区显示圆柱体子菜单，如图 5-24 所示，图 5-24a 为"实体曲面（Primitive）"子菜单；图 5-24b 为"圆柱曲面（Cylinder）"子菜单。

"圆柱曲面"子菜单各选项含义如下。

高度（Height）：用于指定圆柱面的高度。

半径（Radius）：用于指定圆柱的底面半径。

轴向（Axis）：用于指定圆柱的中心轴，选该项后，系统打开"轴向（Axis）"子菜单，如图 5-25 所示，当选择 X（Y、Z）轴选项时，以+X（Y、Z）轴作为中心轴方向；当选择"两点（2 Pts）"选项时，以选取的两点连线作为中心轴方向；选择"换向（Flip）"选项时，将中心轴方向反向。

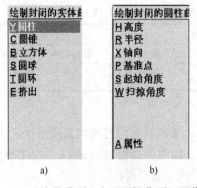

a)　　　　　　b)

图 5-24 "实体曲面"和"圆柱曲面"子菜单

图 5-25 "选择轴向"子菜单

基准点（Base point）：用于指定圆柱的基准点（底圆的圆心）。

起始角度（Start angle）：用于指定圆柱面的起始角度。

扫掠角度（Sweep angle）：用于指定圆柱面的扫掠角度。当指定的扫掠角度小于 360°时，构建的曲面包括圆柱表面、上下底面和两个轴切面，如图 5-26a 所示；当扫掠角等于 360°时，构建的曲面没有轴切面。如图 5-26b 所示。

属性（Attributes）：用于指定圆柱面的颜色和图层属性。

设置相应参数后，按〈Enter〉键，系统完成圆柱体曲面的绘制，如图 5-26 所示。

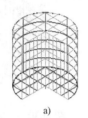

a)　　　　　　　　　b)

图 5-26　圆柱体曲面绘制示例

5.4.3　构建圆锥面

在"实体曲面（Primitive）"子菜单中选取"圆锥（Cone）"选项，显示"圆锥曲面（Cone）"子菜单如图 5-27 所示。

可以按"圆锥曲面"子菜单提供的选项来设置定义圆锥面的参数。"圆锥曲面"子菜单的选项含义和"圆柱曲面"子菜单的选项含义基本相同，不同的选项如下。

顶部半径（Top radius）：用于指定圆锥顶面的半径。当顶面半径设置为零时，构建的曲面没有上顶面。

锥度角（Taper angle）：用于指定圆锥面的锥角。锥角与顶面半径是相关的，改变其中一个参数，另一个随其变化。图 5-28 为圆锥曲面构建示例。

图 5-27　"圆锥曲面"子菜单　　　　　图 5-28　圆锥曲面绘制示例

5.4.4　构建立方体面

在"实体曲面（Primitive）"子菜单中选取"立方体（Block）"选项，可以构建立方体面。在主菜单区显示"立方体曲面"子菜单，如图 5-29 所示，其中的各选项含义如下。

高度（Height）：用于指定立方体的高度。

长度（Length）：用于指定立方体的长度。

宽度（Width）：用于指定立方体的宽度。

对角（Corners）：通过选取立方体的两个对角点来定义其高度、长度和宽度。

锥度角（Taper angle）：用于指定立方体的锥角。

轴向（高）（Axis(H)）：用于指定立方体的长度方向的轴线。

基准点（Base point）：用于指定立方体的基点（底面的中心点）。

属性（Attributes）：用于指定表面的颜色和图层属性。

图 5-30 为立方体面构建示例。

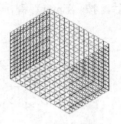

图 5-29 "立方体曲面"子菜单   图 5-30 立方体面绘制示例

5.4.5 构建球面

在"实体曲面（Primitive）"子菜单中选取"圆球（Sphere）"选项，可以构建球体，在主菜单区显示"圆球曲面"子菜单，如图 5-31 所示，其子菜单中的各选项含义如下。

半径（Radius）：用于指定球面的半径。

轴向（Axis）：用于指定球面的中心轴。

基准点（Base point）：用于指定球面的基点。

起始角度（Start angle）：用于指定球面的起始角度。

扫掠角度（Sweep angle）：用于指定球面的扫掠角度。

属性（Attributes）：用于指定球面颜色和图层属性。

图 5-32 为球面构建示例。

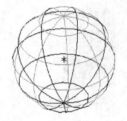

图 5-31 "球面"子菜单   图 5-32 球面绘制示例

5.4.6 构建圆环面

在"实体曲面（Primitive）"子菜单中选取"圆环（Torus）"选项可以构建圆环面，在主菜单区显示"圆环曲面"子菜单，如图 5-33 所示。其子菜单中的各选项含义如下。

圆环半径（Maj radius）：用于指定圆环截面中心线的半径。

圆管半径（Min radius）：用于指定圆环截面的半径。

轴向（Axis）：用于指定圆环的中心轴。

基准点（Base point）：用于指定圆环的基点（圆环截面中心线圆心）。

起始角度（Start angle）：用于指定圆环的起始角度。

扫掠角度（Sweep angle）：用于指定圆环的扫掠角度，当扫掠角度小于 360° 时，构建的曲面包括圆环表面和两个截面；当扫掠角等于 360° 时，构建完整圆环面，如图 5-34 所示。

 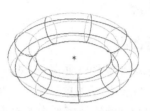

图 5-33 "圆环曲面"子菜单　　　　图 5-34 构建圆环面示例

5.4.7 构建挤出面

在"实体曲面（Primitive）"子菜单中选取"挤出（Extrusion）"选项可以构建挤出曲面。

在设置参数前还需选取定义截面外形的串连。选取的串连可以开口串连，也可为封闭串连，当选取开口串连时，系统自动连接串连的两个端点将串连封闭，但当串连仅为一条样条曲线时则必须为封闭的样条曲线。选取串连后，系统在主菜单区显示"挤出曲面（Extrusion）"子菜单如图 5-35 所示。

"挤出曲面"子菜单中各选项含义如下。

高度（Height）：用于指定挤出高度。

比例（Scale）：用于指定挤出串连与选取串连的比例，默认设置为1。

旋转角度（Rotate）：用于指定挤出曲面的旋转角度。

补正距离（Offset）：用于指定串连与选取串连的偏移距离，可以选择向内（Smaller）或向外（Larger）偏移，默认设置为0。

锥度角（Taper angle）：用于指定挤出的倾角。

轴向（Axis）：用于指定挤出轴的方向。

基准点（Base point）：用于指定挤出曲面的基点。

图 5-36 为挤出面构建示例，左图为挤出前的曲线，右图为挤出后的结果。

图 5-35 "挤出曲面"子菜单　　　　图 5-36 构建"挤出面"示例

5.5 构建举升曲面和直纹曲面

举升曲面是通过提供一组横断面曲线作为线型框架，然后沿纵向利用参数化最小光滑熔接方式形成的一个平滑曲面。举升曲面至少需要多于两个截面外形才能显示出它的特殊效果，如果外形数为 2，则得到的举升曲面和直纹曲面是一样的。当外形数目超过 2 时则产生一个"抛物式"的顺接曲面，而直纹曲面则产生一个"线性式"的顺接曲面，因此举升曲面比直纹曲面更加光滑。

5.5.1 构建举升曲面

在主菜单中选取"绘图→曲面→举升曲面"（Create→Surface→Loft）命令，在主菜单区显示"举升曲面（Loft）"子菜单，用于构建举升曲面。如图 5-37 所示。下面以 5.3 节"线架模型"练习一中绘制的线架模型为例来说明构建举升曲面的方法。

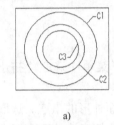

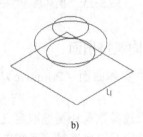

a)   b)

图 5-37 "举升曲面"子菜单   图 5-38 举升曲面的线架模型

步骤一：打开线架模型文件

1）在主菜单中选取"档案→取档"（File→Get）命令。

2）输入文件名：线架练习 01.MC9。

3）单击"开启"按钮，在绘图区显示线架模型，如图 5-38 所示。图 5-38a 为俯视图；图 5-38b 为等角视图。

步骤二：在直线 L1 的中点分割打断（为了使各截面起始点对齐）。设置等角视图

1）在主菜单中选取"修整→打断→打成两段"（Modify→Break→2 Pieces）命令。

2）选取直线 L1 的中点分割打断。

3）按〈Esc〉键退出分割打断命令。

步骤三：选取截面外形进行串联

1）在主菜单中选取"绘图→曲面→举升曲面"（Create→Surface→Loft）命令。

2）选取"单体（Single）"串连方式依次串接矩形、圆 C2、圆 C1、和圆 C3，串接的起点和方向，如图 5-39a 所示，如果方向不一致时，可选择"换向（Reverse）"选项将串联方向反向。

3）选取"执行"选项，显示"举升参数"设置子菜单。

步骤四：设置举升参数 绘制举升曲面

1）误差值（Tolerance）：选取该项，输入允差值 0.01。

2）曲面形式（Type）：选取该项设置为 N。

3）选取"执行"选项，系统提示：忽略矩形直角，按〈Enter〉键执行。按〈Enter〉键后，完成操作，如图 5-39b 所示。

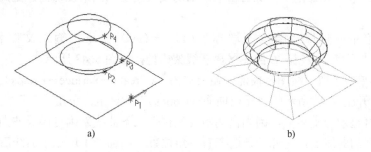

a)   b)

图 5-39 举升曲面绘制示例

步骤五：保存文件。

在主菜单中选取"档案→存档"（File→Save）命令，文件名：举升曲面 01.MC9。

5.5.2 构建直纹曲面

在主菜单中选取"绘图→曲面→直纹曲面"（Create→Surface→Ruled）命令，可以构建直纹曲面。

构建直纹曲面的方法与构建举升曲面的方法相似，两个操作的不同之处是系统在熔接外形时所采用的方式不同，如图 5-40a 所示。

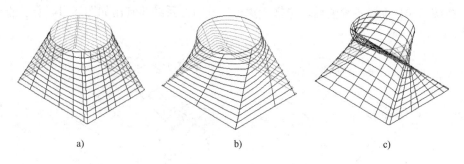

a)   b)   c)

图 5-40 直纹曲面绘制示例

在构建直纹曲面或举升曲面时均应注意：

1）所有曲线串连的起始点都应对齐，否则生成扭曲曲面，如图 5-40b 所示。

2）曲线串连的方向应相同，否则也生成扭曲曲面，如图 5-40c 所示。

3）串连的选取次序不同，形成的曲面也不相同。

5.6 构建昆氏曲面

在主菜单中选取"绘图→曲面→昆氏曲面"（Create→Surface→Coons）命令，可以构建昆氏曲面。

选取昆氏曲面片的边界曲线串连有两种方法：自动串连和手动串连。

5.6.1 自动串连

下面以 5.3 节"线架模型"练习二中绘制的线架模型为例来说明构建昆氏曲面的方法。操作步骤如下。

1）在主菜单中选取"档案→取档"（File→Get）命令，输入文件名：线架练习02.MC9，单击"开启"按钮，在绘图区显示线架模型，如图 5-43 所示。

2）在主菜单中选取"绘图→曲面→昆氏曲面"（Create→Surface→Coons）命令。

3）系统打开图 5-41 所示的"昆氏曲面（Coons）"对话框。单击"是"按钮。

在主菜单区显示分支角度。因为自动串连是根据三条曲线来确定昆氏曲面的，其中两条选在左上角相交的曲线上，另外一条选在右下角位置。当选择了这三条曲线后，系统自动串连。当在串连中两直线小于设置的角度时（默认值为 30°），串连失败，如果分支较多也会串连失败。

4）根据系统提示分别选取左上角 P1、P2 点和右下角 P3 点，如图 5-43 所示。系统在主菜单显示如图 5-42 所示"昆氏曲面"子菜单。

图 5-41 "昆氏曲面"对话框

图 5-42 "昆氏曲面"子菜单

5）按图 5-41 设置各参数后，选择"执行"选项，系统绘制出如图 5-44 所示的昆氏曲面。

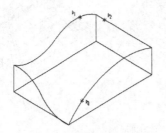
图 5-43 线架模型

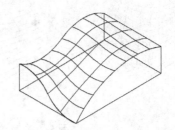
图 5-44 昆氏曲面绘制示例

"昆氏曲面"子菜单中的各选项含义如下。

误差值（Tolerance）：用于设置曲面的误差值。

曲面形式（Type）：用于设置曲面种类。当设置为"P"时，构建参数式曲面；当设置为"N"时，构建 NURBS 曲面；当设置为"B"时，构建熔接式曲面。

熔接方式（Blending）：用于设置熔接方式。有下列熔接方式。

C：立方熔接。用于有较大曲率的表面。

L：线性熔接。产生的曲面路径接近直线，用于较平坦的曲面。

P：抛物线熔接。比较平滑，用于大曲率表面。

S：随曲面斜率而熔接的曲面。用于在大曲率的表面产生一个平缓的表面，不会在曲面中间产生凹陷现象。

5.6.2 手动串连

下面以 5.3 节"线架模型"练习三绘制的线架模型为例，来说明构建昆氏曲面的方法。操作步骤如下。

1）在主菜单中选取"档案→取档"（File→Get）命令，输入文件名：线架练习 03.MC9，单击"开启"按钮，在绘图区显示如图 5-45 所示。

2）在主菜单中选取"绘图→曲面→昆氏曲面"（Create→Surface→Coons）命令。

3）系统打开如图 5-41 所示"昆氏曲面"对话框，单击"否"按钮。

4）设置曲面片数，如图 5-46 所示。

导引方向的曲面片数（Number of Patches in the along direction）：6。

截形方向的曲面片数（Number of Patches in the across direction）：3。

5）系统提示选取边界串连，将视角设置为俯视图，选择"单体（Single）"串连方式，依次选取图 5-45 中的直线 A1～A18，A19×6（中心点 A19 选取 6 次）；C1～C18，C1～C3 再重复选取一次用来封闭曲面片边界。

6）主菜单中显示"昆氏曲面"子菜单，如图 5-42 所示，设置如下。

误差值（Tolerance）：0.01 或默认值。

曲面形式（Type）：N（NURBS 曲面）。

熔接方式（Blending）：L（线性熔接）。

选择"执行"选项后，系统绘制出昆氏曲面，如图 5-47 所示。

 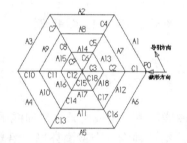 

图 5-45　线架模型　　　图 5-46　曲面片串连的方向和顺序　　　图 5-47　昆氏曲面手动串连法

5.7　构建旋转曲面

旋转曲面是根据一条母线围绕轴线旋转而成的曲面。下面以图 5-48 为例，操作步骤如下。

步骤一：绘制线架模型。

1）在主菜单中选取"档案→开启新档"（File→New）命令。

2）设置视角和构图面均为俯视图。

3）在主菜单中选取"绘图→直线→垂直线"（Create→Line→Vertical）命令，绘制一条垂直轴线。如图 5-49a 所示。

4）在主菜单中选取"绘图→曲线→手动"（Create→Spline→Manual）命令。任意单击 P1、P2、P3、P4、P5 点，绘制线架模型如图 5-49a 所示。

步骤二：绘制旋转曲面。

1）在主菜单中选取"绘图→曲面→旋转曲面"（Create→Surface→Revolve）命令。

2）系统提示"请选择图素（Select the profile entities1）"，选取样条曲线下方点 P1，如图 5-49b 所示，单击"执行"选项。

3）系统提示"请选择旋转轴（Select the axis of rotation）"，选择旋转轴下端，单击"执行"选项。

步骤三：设置旋转曲面参数，绘制旋转曲面。在主菜单显示子菜单如图 5-50 所示。

旋转曲线（Curves）：用于重新选取旋转曲线。

旋转轴（Axis）：用于重新定义旋转轴。

起始角度（Start angle）：用于设置起始角度。

终止角度（End angle）：用于设置终止角度。

曲面形式（Type）：用于设置曲面形式。

设置参数后，单击"执行"选项。系统完成旋转曲面如图 5-48 所示。

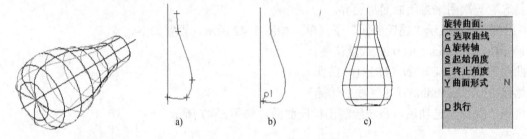

图 5-48　旋转曲面示例　　　　图 5-49　旋转曲面绘制示例　　　　图 5-50　"旋转曲面"子菜单

5.8　构建扫描曲面

扫描曲面是将物体的截面曲线沿着一条或两条引导曲线平移而形成的曲面。Mastercam 提供了三种绘制扫描曲面形式。第一种为一个截面外形，沿着一条引导曲线移动的扫描曲面，如图 5-51a 所示；第二种为一个截面外形沿着两条引导曲线移动的扫描曲面，如图 5-51b 所示；第三种为两个截面外形沿着一条引导曲线移动的扫描曲面，如图 5-51c 所示。

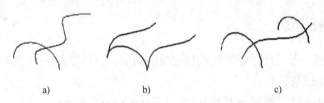

a)　　　　　　　　b)　　　　　　　　c)

图 5-51　扫描曲面的不同形式

下面以 5.3 节"线架模型"练习五中绘制的线架模型为例，来说明构建扫描曲面的方法。操作步骤如下。

1）在主菜单中选取"档案→取档"（File→Get）命令，输入文件名：线架练习 05.MC9，单击"开启"按钮，在绘图区显示线架模型，如图 5-52 所示。

2）设置视角为等角视图。

3）在主菜单中选取"绘图→曲面→扫描曲面"（Create→Surface→Sweep）命令。

4）选择"单体（Single）"选项，选取圆弧后，选择"执行"选项。

5）选择"串连（Chain）"选项，选取直线后，选择"执行"选项。

6）设置参数后，选择"执行"选项，系统完成扫描曲面，如图5-53所示。

图5-52　线架模型　　　　　　　　图5-53　扫描曲面绘制示例

5.9　构建牵引曲面

牵引曲面是将一条外形线沿着一条直线和一个角度构建出一个曲面，或者认为是将外形线垂直拉出一个高度，再输入高度值和角度来定义曲面，此类曲面常用于有斜度的零件。下面以5.3节"线架模型"练习四为例来说明构建牵引曲面的方法。如图5-54，操作步骤如下。

1）在主菜单中选取"档案→取档"（File→Get）命令，输入文件名：线架练习04.MC9，单击"开启"按钮，在绘图区显示，如图5-55所示。

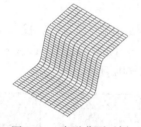 

图5-54　牵引曲面示例　　　　　　　图5-55　线架模型

2）将视图设置为等角视图，如图5-56所示。

3）在主菜单中选取"绘图→曲面→牵引曲面"（Create→Surface→Draft）命令。

4）根据提示：选取曲线串连，串连方向如图5-56a所示，单击"执行"选项，图中一个带尾线的箭头表示默认的牵引方向和距离，如图5-56b所示。

5）显示"牵引曲面"设置子菜单如图5-57所示，其中选项的含义如下。

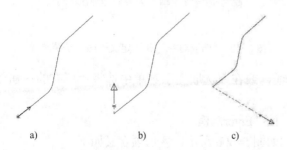 

图5-56　绘制牵引曲面的牵引方向和距离示例　　　图5-57　"牵引曲面"设置子菜单

视角（View）：用于设置牵引角度的参考面。

牵引长度（Length）：用于指定牵引长度。

牵引角度（Angle）：用于指定牵引曲面与参考面的夹角。

曲面形式（Type）：用于选择牵引曲面的曲面类型。

设置长度为 100，角度为 0，选择"视角"选项后，在"选择视角（Select View）"子菜单中选择"侧视图（Side）"选项，在绘图区有一个带尾线的箭头显示出牵引方向和距离，如图 5-56c 所示。

6）单击"执行"选项，结果如图 5-54 所示。

5.10 构建曲面倒圆角

常见的模具零件轮廓都带有倒圆角，曲面倒圆角可以实现面与面的平滑过渡，有增加强度，外形美观，避免伤害等优点。在主菜单中选取"绘图→曲面→曲面导圆角"（Create→Surface→Fillet）命令，可以构建曲面倒圆角。"曲面导圆角"子菜单如图 5-58 所示。Mastercam 提供了三种构建曲面倒圆角的方法：平面与曲面间倒圆角（Plane/surf）；曲线与曲面间倒圆角（Curve/surf）；曲面与曲面间倒圆角（Surf/surf）。

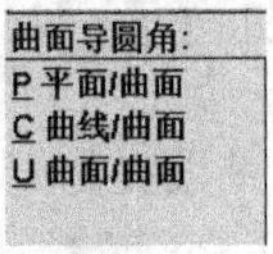

图 5-58 "曲面导圆角"子菜单

5.10.1 平面与曲面倒圆角

下面以图 5-59 中图形为例说明平面对曲面倒圆角的操作方法。操作步骤如下。

1）在主菜单中选取"绘图→曲面→导圆角→平面/曲面"（Create→Surface→Fillet→Plane/surf）命令，显示"选取曲面"子菜单如图 5-60a 所示。

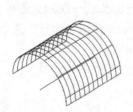

图 5-59 半圆柱曲面

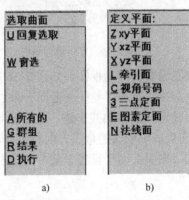

a)   b)

图 5-60 "选取对象"和"定义平面"子菜单

2）根据提示选取曲面，直接单击曲面，或在"选取"子菜单中选择"所有的→曲面"（All→Surface）后，选择"执行"选项。

3）提示区提示输入倒圆角半径"5"，按〈Enter〉键。

4）主菜单显示"定义平面"子菜单，如图 5-60b 所示，各选项含义如下。

XY 平面（Z=Const）：与 XY 平行的平面。

XZ 平面（Y=Const）：与 XZ 平行的平面。

YZ 平面（X=Const）：与 YZ 平行的平面。

牵引面（Line）：由一条牵引线构成的假想平面，该牵引线不能与曲面法线平行。

三点定面（3points）：通过选取三个不共线的点定义一平面。

图素定面（Entity）：选取平面内的曲线，相交直线或三个点来定义平面。

法线面（Normal）：选取直线作为平面的法线，平面且通过该直线一端点。

5）选取"XY 平面"选项，根据提示输入平面的 Z 坐标："0"。这时屏幕上应出现该平面的法向矢量如图 5-63 所示，并显示"矢量"子菜单，有"确定（OK）"和"切换方向（Flip）"两个选项，该矢量必须朝向倒角圆弧中心的方向，否则选"切换方向"选项来改变平面的法线矢量方向。

6）单击"矢量"子菜单中的"确定"选项，出现"平面对曲面倒圆角"子菜单，如图 5-61 所示。

选取曲面（Surfaces）：用于重新选择曲面。

选取平面（Plane）：用于重新选择平面。

圆角半径（Radius）：用于设置倒角半径。

变化半径（Variable）：用于不同位置的半径值设置。

正向切换（Check norms）：改变曲面的法向矢量。

修剪曲面（Trim）：Y 为修剪；N 为不修剪。

选项（Options）：设置误差、倒圆角曲面类型及对原图的保留方式等。

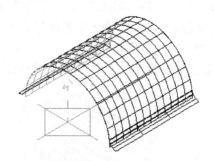

图 5-61 "平面对曲面
导圆角"子菜单

7）单击"选项"选项，打开如图 5-62 所示的"平面对曲面倒圆角"对话框，按图 5-62 设置后，单击"确定"按钮，返回图 5-61 所示"平面/曲面倒圆角"子菜单。

8）单击"执行"选项，结果如图 5-63 所示。

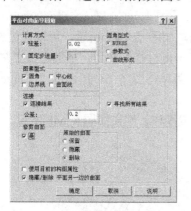

图 5-62 "平面对曲面倒圆角"对话框

图 5-63 平面/曲面倒圆角示例

"平面/曲面导圆角选项"对话框中各选项的功能和含义如下。

"计算方式（Step Method）"栏：用来设置倒圆角操作中定义步长的方法。

弦差法（Chord Height）：用来按设置的弦差高度值来定义倒圆角操作的步长。

固定步进量（Fixed Step）：用来采用设置的固定步长。用较小的步长参数可提高曲面的精确度，但会增加计算时间，并且生成的曲面数据量也会增加。

"圆角型式（Fillet Type）"栏：用来设置生成倒圆角曲面的类型。

"图素型式（Entities）"栏：用来设置生成倒圆角曲线的方式。当选中"圆角（Fillet）"时，生成倒圆角曲面；当选中"中心线（Center）"时，生成倒圆角曲面的圆弧曲线中心线；当选中"边界线（Rails）"，生成倒圆角曲面的边界曲线；当选中"曲面线（Surface curves）"时，在原曲面与倒圆角曲面的相交位置产生一条曲线。

"连线（Join）"栏：当选中"连接结果（Join Results）"复选框时，若生成的倒圆角曲面在设置的误差范围内，则作为单一的一个曲面。

"修剪曲面（Trim Surface）"栏：用来设置修剪曲面及原曲面的有关参数。当选中"是（Yes）"复选框时，可以对构建修整曲面进行剪切；选择"保留（Keep）"时，保留原曲面；选择"隐藏（Blank）"时，隐藏原曲面；选择"删除（Delete）"时，删除原曲面。

"寻找所有结果（Find Multiples）"复选框：设置是否寻找多解。

"使用目前的构图属性（Use Current Construction Attributes）"复选框：用于通知系统使用当前的颜色、图层和线型设置来构建修剪曲面。

"隐藏/删除平面另一边的曲面（Bland/Delete Surfaces on Other Side of Plane）"复选框：用于隐藏或删除所有被选择的曲面，该选项只用于曲线中的片状曲线。

5.10.2　曲线与曲面倒圆角

曲线与曲面的倒角用于在已存在的曲线和曲面之间产生一个倒角圆曲面。以图 5-64 为例，操作步骤如下：

1）选取"绘图→曲面→曲面导圆角→曲线/曲面"命令。

2）选取曲面，选择"执行"选项。

3）输入倒圆角半径值 15 后，按〈Enter〉键（一般情况下，倒圆角半径应大于曲线与曲面间的最大距离，否则会产生间断的倒圆角曲面）。

4）选取曲线。这时系统显示该曲线的串联方向，如图 5-64a 所示，可以通过选择"左侧（Left）"或"右侧（Right）"选项确定在曲线的哪一侧进行倒圆角，本例选择"左侧"。

5）系统显示"曲线/曲面导圆角"子菜单，该子菜单与图 5-61 所示的"平面/曲面倒圆角"子菜单的对应选项含义相同。

6）设置完参数后，选择"执行"选项，系统完成操作，结果如图 5-64b 所示。

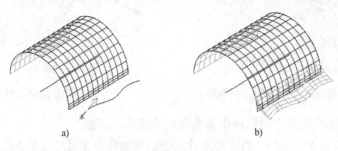

a)　　　　　　　　　　　　　　　　b)

图 5-64　曲线与曲面倒圆角示例

5.10.3 曲面与曲面倒圆角

曲面与曲面的倒角用来在已存在的曲面和曲面之间产生一个倒圆角的曲面。以图 5-65 所示为例，操作步骤如下：

1）在主菜单中选取"绘图→曲面→曲面导圆角→曲面/曲面"（Create→Surface→Fillet→Surf/surf）命令。

2）在绘图区选取曲面 S1，选择"执行"选项。

3）选取曲面 S2，选择"执行"选项。

4）输入倒圆角半径 10 后，按〈Enter〉键。

5）在主菜单显示"曲面/曲面导圆角（Surface/surface Fillet）"子菜单，各选项的含义与"曲线/曲面导圆角"子菜单相似，只是选择"选项（Options）"选项后打开图 5-66 所示的"曲面对曲面导圆角"对话框中的选项有所增加。

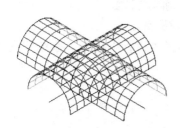

图 5-65 曲面与曲面倒圆角图例

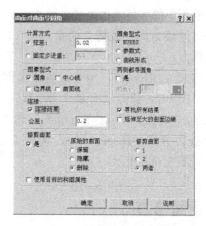

图 5-66 "曲面对曲面导圆角"对话框

6）按默认参数设置后，单击"确定"按钮，选择"执行"选项，倒圆角操作结果如图 5-67a 所示。

7）重复步骤 2）～6），在"曲面对曲面导圆角"对话框的"修剪曲面（Trim Surface）"栏中选择"1"单选按钮后，操作结果如图 5-67b 所示。

8）重复步骤 2）～6），在步骤 6）中选择"2"单选按钮，操作结果如图 5-67c 所示。

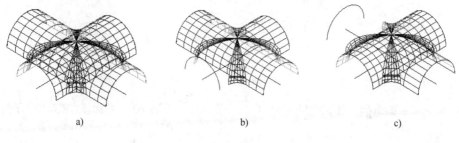

a)   b)   c)

图 5-67 曲面与曲面倒圆角示例

5.11 曲面偏移

曲面偏移是将曲面沿着其法线方向按给定距离移动所得到的新曲面。以图 5-68a 为例，操作步骤如下：

1）在主菜单中选取"绘图→曲面→曲面补正"（Create→Surface→Offset）命令。

2）选取曲面，或单击"所有的→曲面"（All→Surfaces）选项，选择"执行"选项。

3）显示"曲面补正（Offset）"子菜单，各选项含义如下。

选取曲面（Surface(s)）：用于重新选择曲面。

补正距离（Offset dist）：用于指定偏移距离。当输入负的距离值时，曲面沿法线的反方向偏移。

正向切换（Check norms）：用于检查和改变曲面的法线方向。选取"单一（Single）"选项后选取曲面，箭头显示曲面的法线方向，如图 5-68a 所示，单击"确定"选项可以继续选取曲面查看法线方向，或按"切换方向（Flip）"选项改变方向。按〈Esc〉键返回"曲面补正"子菜单。

处理方式（Dispose）：用于设置原曲面的处理方式。当设置为"K"时，保留原曲面；当设置为"B"时，隐藏原曲面；当设置为"D"时，删除原曲面。

4）选取"补正距离（Offset dist）"选项，输入偏移距离 10。

5）"处理方式（Dispose）"设置为"K"时，选择"执行"选项，系统即完成偏移操作，结果如图 5-68b 所示。

5.12 曲面修整

曲面的修整是指将已存在的曲面根据另一个曲面或曲线形成的边界进行修整。Mastercam 提供了八种曲面修剪或延伸的方法。在主菜单中选择"绘图→曲面→曲面修整"（Create→Surface→Trim/extend）命令，显示"曲面修剪或延伸（Trim/extend）"子菜单，如图 5-69 所示。

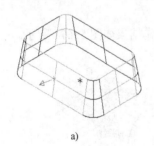

a)   b)

图 5-68　曲面偏移绘制示例　　　　　图 5-69　"曲面修剪或延伸"子菜单

5.12.1 修剪至曲线

该选项是将曲线形成的边界投影到曲面进行修剪。以图 5-70a 为例，操作步骤如下：

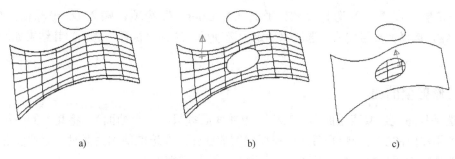

| a) | b) | c) |

图 5-70 修剪到曲线示例

1）在主菜单中选取"绘图→曲面→曲面修整→至曲线"（Create→Surface→Trim/extend →To curves）命令。

2）选取曲面，选择"执行"选项。

3）选取曲线，选择"执行"选项。

4）将"投影方向（View/Norm）"选项设置为"V"后选择"执行"选项，系统提示选择要保留的曲面。

5）选取曲面后将箭头号手动拖至曲线边界之外，结果如图 5-70b 所示。

6）选取曲面后如果将箭头号手动拖至曲线边界之内，结果如图 5-70c 所示。

当"投影方向"设置为"V"时，修剪边界为曲线投影时沿着当前构图平面的法线方向在曲面上的投影；当设置为"N"时，修剪边界为沿着所选曲面的法线方向在曲面上的投影。

5.12.2 修剪至平面

该选项是通过定义一个平面，使用该平面将选取的曲面切开并保留与平面法线方向一致的曲面。以图 5-71a 为例，操作步骤如下：

1）在主菜单中选取"绘图→曲面→曲面修整→至平面"（Create→Surface→Trim/extend →To plane）命令。

2）选取曲面，或单击"所有的→曲面"（All→Surfaces）选项后，选择"执行"选项。

3）选取修剪平面，选择"XY 平面（Z=Const）"选项，输入 Z 坐标值"25"，按〈Enter〉键，这时显示一个平面标志，箭头号表示其法线方向，若选择"切换方向"选项可将箭头号反向。

4）选择箭头号向下，选择"确定（OK）"选项后，选择"执行"选项，结果只保留圆台下部，如图 5-71b 所示；若箭头号向上，选择"执行"选项，结果只保留圆台上部。

| a) | b) | c) |

图 5-71 修剪到平面示例

5）如果在步骤 3）选择"YZ 平面（X=Const）"选项，输入 Z 坐标值"0"，按〈Enter〉键，选择箭头号向后，选取"确定"选项后，选择"执行"选项，其结果如图 5-71c 所示。

5.12.3　修剪至曲面

该选项是通过选取两组曲面（其中一组曲面必须只有一个曲面），将其中的一组或两组曲面在两组曲面的交线处断开后选取需要保留的曲面。在选取剪切曲面时，该曲面必须是被另一组曲面完全断开的曲面。以图 5-72a 为例，操作步骤如下：

1）在主菜单中选取"绘图→曲面→曲面修整→至曲面"（Create→Surface→Trim/extend→to surface）命令。

2）选取第一组曲面，选择"执行"选项。

3）选取第二组曲面，选择"执行"选项。

4）选择"选项（Options）"选项，在"修剪选项"对话框的"原始的曲面（Original Surface）"栏中选择"删除（Delete）"单选按钮，在"修剪曲面（Trim Surfaces）"栏中选择"两者（Both）"单选按钮。

5）单击"确定"按钮后，选择主菜单中"执行"选项，用鼠标选择要保留的曲面，修剪结果如图 5-72b 所示。

6）步骤 4）时，如果在"修剪曲面"栏中选择"1"单选按钮，结果如图 5-72c 所示。

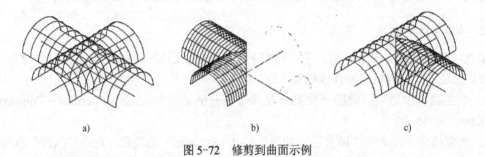

a)　　　　　　　　　　　　b)　　　　　　　　　　　　c)

图 5-72　修剪到曲面示例

5.12.4　绘制边界平面和删除边界

在"曲面修整（Trim/extend）"子菜单中选择"平面修整（Flat bndy）"选项，可以绘制边界平面。绘制平面是用同一平面内的封闭外形来构建一个平面，该外形可以是一个封闭的曲线或者是某个曲面的边界或两个曲面的交线。若外形不封闭，系统提示后可以将其封闭，但完成后无法再恢复。图 5-73b 为选取图 5-73a 中的所有边界后的结果。

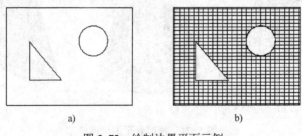

a)　　　　　　　　　　　　b)

图 5-73　绘制边界平面示例

132

在"曲面修整（Trim/extend）"子菜单中选择"回复边界（Remove bndy）"选项可以删除边界。删除边界是选取带孔曲面中的一个边界，系统自动将该圆孔补齐。例如：选取图 5-69b 中的圆孔的边界，系统打开"警告提示（Warning）"对话框如图 5-74 所示，询问是否全部删除边界，单击"否"按钮，执行删除边界命令后，将该圆孔补齐的结果如图 5-75 所示。

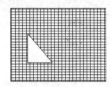

图 5-74 "警告"对话框　　　　　　图 5-75 删除圆孔边界示例

5.12.5 分割曲面

分割曲面是将选取的一个曲面，按指定的位置和方向分割为两个曲面，分割后的曲面在分割处多加了一条分割线。以图 5-76 为例，步骤如下：

在"曲面修整（Trim/extend）"子菜单中选择"曲面分割（Split）"选项后，在绘图区选取曲面，则在曲面上出现一个随鼠标移动的箭头，当箭头移动到需要分割的位置时，单击鼠标左键，此时曲面上箭头方向为分割方向，如图 5-76a 所示，可选"切换方向（Flip）"命令来改变此方向，确认后，选取"确定"选项，完成分割曲面如图 5-76b 所示。

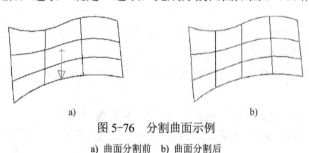

a)　　　　　　　　　　　　　　　b)

图 5-76 分割曲面示例

a) 曲面分割前　b) 曲面分割后

5.12.6 恢复修剪前曲面

在"曲面修整（Trim/extend）"子菜单选择"恢复修整（Untrim）"选项，可恢复修剪前的曲面。在恢复修剪前的曲面时，显示设置恢复方式：当"处理方式（Dispose）"选项设置为"K"时，将保留修剪后曲面；当"处理方式"选项设置为"D"时，将删除修剪后曲面；当"处理方式"选项设置为"B"时，将隐藏修剪后曲面；设置后，选取已修剪曲面，则按设置恢复到修剪前的曲面。

5.12.7 延伸曲面

该命令是将选取的曲面沿着曲面边缘按指定距离延伸。以图 5-77a 为例，操作步骤如下。

1）在主菜单中选取"绘图→曲面→曲面修整→曲面延伸"（Create→Surface→

Trim/extend→Extend）命令。

2）在主菜单区显示"曲面延伸"子菜单，如图 5-78 所示。

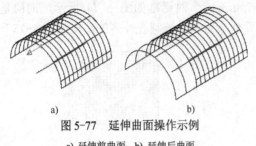

图 5-77　延伸曲面操作示例

a) 延伸前曲面　b) 延伸后曲面

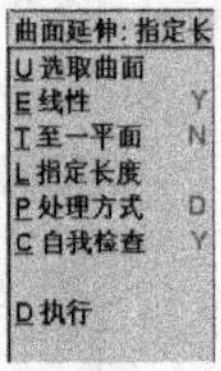

图 5-78　"曲面延伸"子菜单

其各选项含义如下。

选取曲面（Surface）：用来选取曲面。选取曲面后的箭头号方向表示曲面的延伸方向。

线性（Linear）：当设置为"Y"时，线性地延伸曲面，设置为"N"时，按曲面的曲率延伸曲面。

至一平面（To plane）：设置为"N"时，按设置的长度延伸曲面；当设置为"Y"，则为延伸至设置平面。

指定长度（Length）：用于输入延伸距离。

处理方式（Dispose）：有三种设置：选"D"，删除原曲面；选"K"，保留原曲面；选"B"，隐藏原曲面。

自动检查（Self check）：有两种设置：选"Y"，自动检查延伸曲面的法向矢量；选"N"，则非自动检查延伸曲面的法向矢量。

3）按图 5-78 所示设置后，选取延伸曲面，当移动箭头号至被选边界时，单击鼠标左键，如图 5-77a 所示。

4）选取"指定长度（Length）"选项，输入延伸距离"25"。

5）选择"执行（Do it）"选项，完成延伸曲面，如图 5-77b 所示，图 5-77a 为延伸前曲面。

5.13　熔接曲面

曲面熔接生成一个或多个平滑的曲面，这些曲面连接两个或三个曲面，并且分别与这几个曲面相切。有三种曲面熔接方式：两曲面熔接（2 surf blnd）、三曲面熔接（3 surf blnd）和倒圆角曲面熔接（Filled blnd）。

5.13.1　两曲面熔接

两曲面熔接可以在两曲面间产生一个顺接曲面，使两主要表面光滑过渡。以图 5-79 为例，操作步骤如下：

1）在主菜单中选取"绘图→曲线→下一页→两曲面熔接"（Create→Surface→Next menu→2surf blnd）命令。

2）根据提示选取圆柱面，屏幕出现一个箭头。

3）根据提示移动箭头至熔接位置，单击鼠标左键，箭头处出现一个固定的大箭头，如图 5-79 所示，该箭头方向可以通过单击菜单中的"切换方向（Flip）"选项来改变，或沿着曲面的素线方向或垂直于曲面的素线，单击"确定"按钮，系统显示出一条样条曲线，该曲线就是要熔接的曲线。

4）用同样方法确定第二条熔接曲线，重复步骤2）和3）。

5）单击"确定"选项，显示"两曲面熔接"子菜单，如图 5-80 所示，其中各项含义如下。

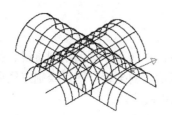

图 5-79 两半圆柱曲面图例

图 5-80 "两曲面熔接"子菜单

第一曲面（Surf1）：用于选取曲面 1，并设置其熔接位置和方向。

第二曲面（Surf2）：用于选取曲面 2，并设置其熔接位置和方向。

起始值（Start mag）：设置起始点弯曲度。

终止值（End mag）：设置终止点弯曲度。

端点位置（End Pts）：改变产生曲面与原曲面连接线端点的位置。

换向（Reverse）：用于产生的曲面扭曲时，来改变曲线的顺接方向。

曲面修整（Trim surfs）：设置"N"时，不修剪；设置"1"时，修剪曲面 1；设置"2"时，修剪曲面 2；设置"B"时，两曲面都修剪。

保留曲线（Keep crvs）：设置"N"时，不保留；设置"1"时，保留曲线 1；设置"2"时，保留曲线 2；设置"B"时，两曲线都保留。

曲面形式（Surf type）：设置"N"时，构建 NURBS 曲面；设置"P"时，构建参数型曲面。

6）按图 5-80 所示的子菜单设置后，单击"执行"选项，结果如图 5-81 所示：图 5-81a 和图 5-81b 为熔接方向均垂直于曲面素线结果，只是选取曲面的顺序不同；图 5-81c 和图 5-81d 的熔接方向均不一致，一个沿曲面的素线方向，一个垂直曲面的素线；另外，图 5-81d 为"曲面修整（Trim surfs）"选项设置"2"时的结果。

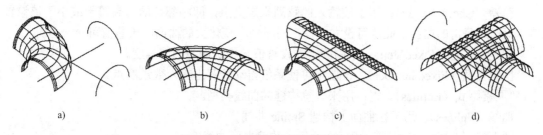

a)　　　　　　b)　　　　　　c)　　　　　　d)

图 5-81 两曲面熔接不同设置的示例

5.13.2 三曲面熔接和倒圆角曲面熔接

三曲面熔接是将三个曲面光滑地熔接起来构建一个或多个曲面。在主菜单中选取"绘图→曲线→下一页→三曲面熔接"（Create→Surface→Next menu→3surf blnd）命令可以构建三曲面熔接，此时，显示的"三曲面熔接（3surf blnd）"子菜单中的选项和含义与"二曲面熔接"的子菜单相同，操作方法也一样。

三个倒圆角曲面熔接与三曲面熔接的功能相似。

5.14 构建曲线

Mastercam 中绘制三维曲线的方法比较简单，在前面介绍的绘制直线、圆弧样条曲线的操作中，选取三维空间的点或采用三维坐标方式输入的坐标，即可绘制三维曲线。下面介绍的构建曲线功能是在曲面上或实体表面上绘制三维曲线。

5.14.1 曲线参数

曲线参数主要集中在各种曲线的对话框中，如图 5-82 所示，下面分别介绍对话框中主要参数的含义。

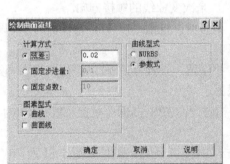
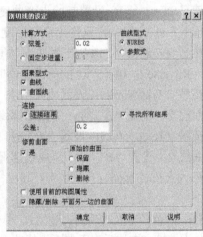

图 5-82 不同形式的曲线对话框

"计算方式（Step Method）"栏：用来设置如何在曲面上定义要生成的曲线所经过的点。

弦差（Chord height）：用于按输入的弦高来定义点，即相邻点的弦高等于或小于该设置值。对于较平滑的曲面，此值可设大一些；对于曲率变化大的曲面，设置值可小一些。

固定步进量（Fixed step）：采用固定的设置值来控制曲线的精确度。

固定点数（Fixed number）：该选项可使系统自动计算出输入数量的点。

"图素型式（Entities）"栏：用来设置构建的曲线类型。

曲线（Splines）：用于在曲面上构建 Spline 曲线。

曲面线（Surface curves）：用于在曲面上构建曲面曲线。

构建的 Spline 曲线一般只有定义的点位于曲面上；而曲面曲线则整条曲线都在曲面上。

"曲线型式（Spline Type）"栏：用来设置要构建的 Spline 曲线的类型。选择"NURBS"单选钮，构建 NURBS 曲线；选择"参数式（Parametric）"单选钮，则构建 spline 参数型曲线。

其他选项与 5.10 节中介绍的曲面修整命令中的对应参数含义相同，不再赘述。

5.14.2　构建指定位置曲线

"指定位置（Const param）"选项可以在一个曲面或两个以上曲面的常数参数方向的任何位置构建一条曲线，标准常数方向是构建曲面的两个方向。下面以图 5-85d 为例来构建指定位置曲线，操作步骤如下：

1）在主菜单中选取"绘图→曲面曲线→指定位置"（Create→Curve→Const param）命令，显示"指定位置"子菜单，如图 5-83b 所示。

2）选择"选项（Options）"选项，如图 5-82 所示，在打开的"绘制指定位置曲线"对话框中设置相应的参数，单击"确定"按钮。

3）在绘图区选取曲面，选取点显示一个箭头，指出该点的法线方向。移动鼠标，将箭头的尾部位置移到点 P1 处后，单击鼠标左键，这时箭头指出选取点处曲面的方向，如图 5-85a 所示。

4）单击"确定"选项，即可绘制出图 5-85b 所示的指定位置曲线。

5）此时显示"方向（Direction）"子菜单如图 5-84 所示，若选择"切换方向（Flip）"选项后，再单击"确定"选项可以绘制出图 5-85c 所示的曲线；若选择"两者（Both）"选项后，再单击"确定"选项可以绘制出图 5-85d 所示的曲线。

6）按〈Esc〉键返回"曲线"子菜单。

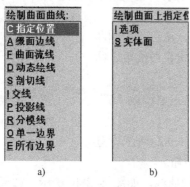

图 5-83　"绘制曲面上指定位置曲线"子菜单　　　　　图 5-84　"方向"子菜单

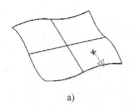
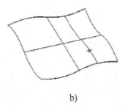
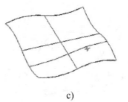
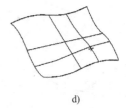

a)　　　　　　　　b)　　　　　　　　c)　　　　　　　　d)

图 5-85　构建指定位置曲线示例

5.14.3　构建曲面轮廓曲线

"缀面边线（Patch bndy）"选项可以绘制选取的"参数型"昆氏曲面的所有缀面轮廓曲线。以图 5-86a 所示为例，操作步骤如下：

1）在主菜单中选取"绘图→曲面曲线→缀面边线"（Create→Curve→Patch bndy）命令。

2）选取"参数型"昆氏曲面。

3）系统即可绘制出曲面片轮廓曲线，如图 5-86b 所示，并提示选取下一个曲面。

4）按〈Esc〉键，返回"曲线"子菜单。

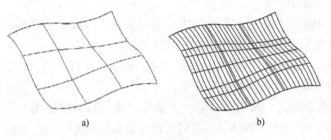

图 5-86　构建曲面轮廓曲线示例

5.14.4　构建曲面的流线

可以沿曲面构建多条曲面的流线（方向曲线）。下面以图 5-88a 为例，操作步骤如下：

1）在主菜单中选取"绘图→曲面曲线→曲面流线"（Create→Curve→Flowline）命令。

2）选取一个曲面，系统用箭头显示出曲面的方向，如图 5-88a 所示，可以选择"切换方向（Flip）"选项改变曲面方向。

3）设置曲面方向后，选择"确定"选项。显示"绘制曲面流线"子菜单，如图 5-87 所示，可以依次设置曲线数、曲线距和公差等。

4）选择"数量（Number）"选项，直接输入曲线数"5"后，按〈Enter〉键。

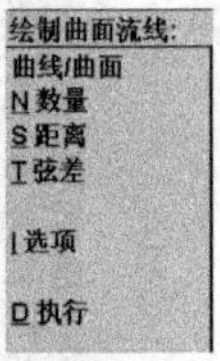

图 5-87　"绘制曲面流线"子菜单

5）选择"选项（Options）"选项，按图 5-82 所示设置"绘制曲面的流线"对话框后，单击"确定"按钮。

6）选择"执行"选项，系统即可完成参数曲线。如图 5-88b 所示；如果在步骤 2）按图 5-88c 所示选择曲面方向，则绘制结果如图 5-88d 所示。

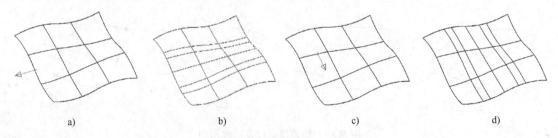

图 5-88　构建曲面的流线示例

138

5.14.5 构建动态曲线

"动态绘线"选项可以在曲面上动态地选取曲线要通过的点（至少两个点），使用这些点和设置的参数来绘制动态曲线。以图 5-89b 绘制动态曲线为例，操作步骤如下：

1）在主菜单中选取"绘图→曲面曲线→动态绘线"（Create→Curve→Dynamic）命令，显示如图 5-90 所示"动态曲线"子菜单。

2）选择"选项"选项，按图 5-82 设置"动态绘制曲线"对话框，单击"确定"按钮。

3）选取曲面，显示一个箭头表示所在位置的法线方向，如图 5-89a 所示。

4）使用鼠标移动箭头的尾部捕捉曲面上的点或任意点（至少两个点），按〈Esc〉键，系统完成动态曲线绘制，如图 5-89b 所示。

5）按〈Esc〉键返回"曲线"子菜单。

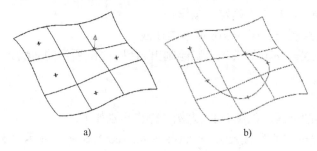

图 5-89　绘制动态曲线示例　　　　图 5-90　"动态绘制曲面曲线"子菜单

5.14.6 构建曲面剖切线

"剖切线（Slice）"选项可以绘制出曲面与平面的交线。下面通过构建图 5-91a 的曲面与过点 P 且平行于 Y、X 和 Z 轴的平面交线来介绍该命令的使用。操作步骤如下：

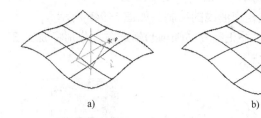
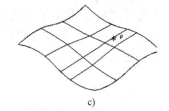

图 5-91　构建切片曲线示例

1）在主菜单中依次选择"绘图→曲面曲线→剖切线"（Create→Curve→Slice）命令，显示"选取曲面（Slice）"子菜单如图 5-92a 所示。

2）选取曲面后，选择"执行"选项。显示出"定义平面"子菜单，如图 5-92b 所示。

3）选择"Y=Const"选项，显示"Y 坐标值"输入框，输入〈Y〉字母后再选取点 P，将点 P 的 Y 坐标设置为平面的 Y 坐标，如图 5-91a 所示。此时，主菜单区显示"绘制剖切线"子菜单，如图 5-93 所示。

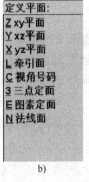
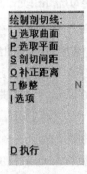

图 5-92 "选取曲面"和"定义平面"子菜单　　　　图 5-93 "绘制剖切线"子菜单

4）选择"选项"选项，按图 5-82 设置"绘制剖切线"对话框时，在"曲线型式（Spline Type）"栏选择"参数型"选项后，单击"确定"按钮。

5）选择"执行"选项，系统即可绘制出如图 5-91b 所示的曲线。

6）若在步骤 3）选择"YZ 平面（X=const）"选项，则绘制出如图 5-91c 所示的曲线。

5.14.7　构建曲面的交线

"交线"选项可以绘制出两曲面间的交线。以图 5-94 为例，操作步骤如下：

1）在主菜单中选取"绘图→曲线→交线"（Create→Curve→Intersect）命令，显示"选取"菜单。

2）选取曲面 S1 后选择"执行（Done）"选项。

3）选取曲面 S2 后选择"执行"选项。显示"绘制曲面交线"子菜单，如图 5-95 所示。

4）选择"选项"选项，"交线"对话框的设置与"剖切线"对话框的设置相同，在"曲线型式（Spline Type）"栏选择"参数型"选项后，单击"确定"按钮。

5）选择"执行（Do it）"选项，系统完成相交曲线的绘制，如图 5-94b 所示。

6）选择"执行"选项之前，也可以选择"补正距离（Offset）"选项，分别将曲面 S1 和曲面 S2 设置为不同的偏移值，会得到不同的结果。

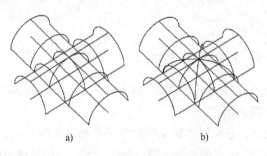

图 5-94　构建曲面交线示例　　　　图 5-95 "绘制曲面交线"子菜单

5.14.8　构建投影曲线

该选项可以绘制出曲线在曲面上的投影曲线。下面以图 5-96a 为例，操作步骤如下：

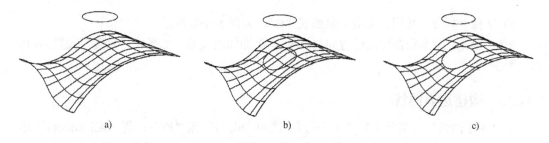

a)   b)   c)

图 5-96　构建投影曲线示例

1）在主菜单中选择"绘图→曲面曲线→投影曲线"（Create→Curve→Project）命令。

2）选择曲面后，选择"执行"选项。

3）选择曲线后，选择"执行"选项，显示"投影曲线"子菜单如图 5-97 所示。

4）选择"补正距离（Offset）"选项，输入偏移数值，对曲面投影偏移后，按〈Enter〉键。

5）选择"选项"选项，按图 5-82 设置"投影线"对话框后，选择"确定"按钮。

6）选择"投影方式（View/norm）"选项，将该选项设置为"V"（按构图面的视图方向投影）；若设置为"N"则按曲面的法线方向投影。

7）选择"执行"选项，系统完成投影曲线如图 5-96b 所示，若将"修整（Trim）"选项设置为"Y"，则结果如图 5-96c 所示。

8）按〈Esc〉键返回。

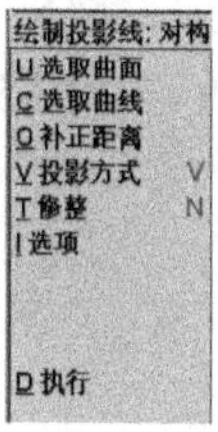

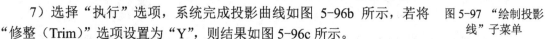

图 5-97　"绘制投影线"子菜单

5.14.9　构建曲面分模线

该选项可以绘制出曲面的分模曲线。下面以图 5-98a 为例，操作步骤如下：

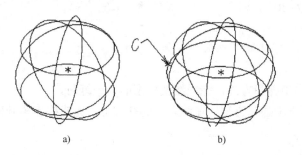

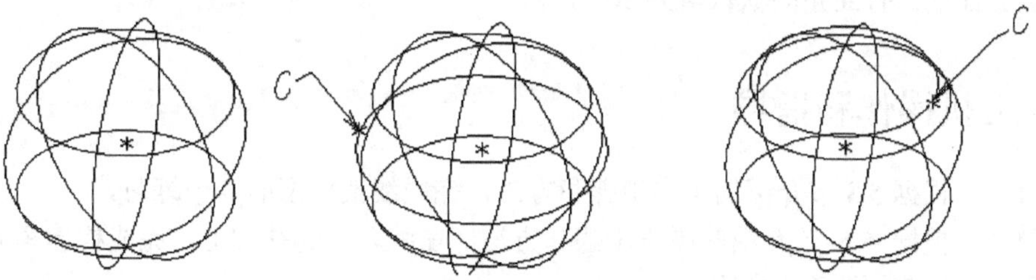

a)   b)   c)

图 5-98　构建曲面分模线示例

1）在主菜单中选择"绘图→曲面曲线→分模曲线"（Create→Curve→Part line）命令。

2）选取曲面（球面）后，选择"执行"选项，显示"绘制分模线"子菜单，如图 5-99 所示。

3）选择"视角（View）"选项，设置为 Top 俯视图。

4）选择"角度（Angle）"选项，设置为"0"。

5）选择"选项"选项，按图 5-82 所示，设置"分模线"对话框后，单击"确定"按钮。

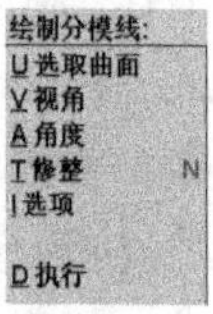

图 5-99　"绘制分模线"子菜单

6）选择"执行"按钮，完成分割曲线"C"，如图 5-98b 所示。

角度（Angle）是指曲面法线方向与 XY 构图面间的夹角。如果将"角度"设置为 40，则如图 5-98c 所示。

5.14.10　构建边界曲线

在"曲面曲线"子菜单中的"单一边界（One edge）"和"所有边界（All edges）"选项可以分别绘制曲面或实体表面的一条边界线和所有的边界线，这些边界线都为样条曲线。下面以图 5-100 为例来绘制实体所有边界曲线，操作步骤如下：

1）在主菜单中选取"绘图→曲面曲线→所有边界"（Create→Curve→All edges）命令，显示"选取"子菜单。

2）选择"实体（Solids）"选项，此时光标变为■或■，单击■后选取平面；单击■则选取实体。选取实体顶面后连续选择"执行"→"执行"选项，显示"绘制所有边界"子菜单，如图 5-101 所示。

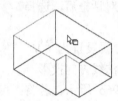

图 5-100　构建边界曲线示例

图 5-101　"绘制所有边界线"子菜单

3）选择"选项"选项，按图 5-82 设置边界曲线对话框后，单击"确定"按钮。

4）选择"执行"选项，系统完成绘制所有边界曲线，如图 5-100 所示。

折角（Break angle）：用来在构建边界曲线时，输入一个角度值，确定起点和终点，可以打断边界曲线。打断角的默认值为 30°。

5.15　上机操作和指导

练习一：根据 5.3 节介绍的操作步骤和方法，完成线架模型的 5 个练习。

练习二：根据 5.5 节介绍的操作步骤和方法，在练习一的基础上，完成构建举升曲面、昆氏曲面、扫描曲面及牵引曲面。

练习三：构建图 5-1 所示曲面。

操作指导。

1）绘制矩形：选取"绘图→矩形→一点法"（Create→Rectangle→1point）命令，输入宽度值 160，高度值 90，基准点坐标值（0,0）；绘制倒圆角，选取"绘图→倒圆角→圆角半径"（Create→Fillet→Radius）命令，输入倒圆角半径值 25，选择"串连（Chain）"选项，选取矩形边界，单击"执行"选项，完成图形，如图 5-102a 所示。

2）构建牵引曲面：选取"绘图→曲面→牵引曲面"（Create→Surface→Draft）命令，选取曲线，单击"执行"选项，输入牵引长度值-30，倾斜角度值 15，牵引方向箭头朝下，单击"执行"选项。完成构建牵引曲面，如图 5-102b 所示。

3）构建顶面：选取"绘图→曲面→曲面修整→平面修整"（Create→Surface→Trim/extend→Flat bndy）命令，选择"串连（Chain）"选项，选择上边缘，单击"执行（Done）"选项，单击"执行（Do it）"选项，完成构建顶平面，如图 5-102c 所示。

4）绘制顶面圆：选取"绘图→圆弧→点直径圆"（Create→Arc→Circ pt+dia）命令，输入直径值 30，基准点坐标值（0,0），完成绘制顶面圆，如图 5-102d 所示。

5）修整顶面圆：选取"绘图→曲面→曲面修整→至曲线"（Create→Surface→Trim/extend→To curves）命令，选取顶平面，单击"执行"选项，选取圆，单击"执行（Done）"选项，再次单击"执行（Done）"选项，任意单击上顶面，在顶圆之外再单击顶面，结果如图 5-102e 所示。如果圆不在顶面，则设置"投影方向（View/Norm）"选项为 N。

6）构建平面对曲面倒圆角：选取"绘图→曲面→倒圆角→平面/曲面"（Create→Surface→Fillet→Plane/surf）命令，选取曲面或选择"所有的→曲面→执行"（All→Surface→Done）选项，输入半径值 5，选择"XY 平面（Z=Const）"选项，"Z"坐标为值-30，单击子菜单"确定"选项，单击"执行"选项，完成构建倒圆角，如图 5-102f 所示。

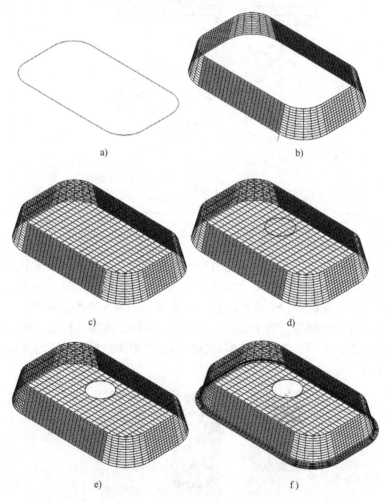

a)

b)

c)

d)

e)

f)

图 5-102　上机操作练习步骤图例

任务6 实体造型

在任务 5 的三维造型概述中介绍了三种造型：线架造型、曲面造型和实体造型。线架造型和曲面造型的构建已经在上一任务中介绍过，本任务主要讲授三维实体造型的构建方法。完成本任务的学习后，读者应能够独立完成图 6-1 所示图形的绘制。

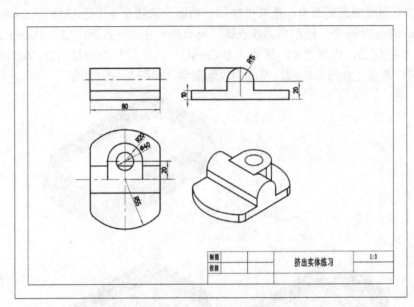

图 6-1　实体造型实例

三维实体是指封闭的三维几何体，它占有一定的空间，包含一个或多个面，这些面构成了实体的封闭边界。在主菜单中选取"实体（Solids）"选项或在工具栏中单击▣按钮，可以在主菜单显示"实体（Solids）"子菜单，如图 6-2 所示，选用实体子菜单中的命令，可以采用不同的方法来构建实体模型，其中包括基本实体、挤压、旋转、扫描、举升等构建实体方法，还具有布尔运算、牵引、薄壳、修整、倒角等编辑实体的功能。下面分别介绍构建和编辑命令的使用方法。

图 6-2　"实体"子菜单

6.1 构建基本实体

Mastercam 9.1 提供了五种基本实体造型方法，即圆柱体、圆锥体、立方体、球体和圆环体。在主菜单中选取"实体→下一页→基本实体"（Solid→Next menu→Primitives）命令后，主菜单显示基本实体子菜单，如图 6-3a 所示。下面分别介绍这五个基本实体的构建方法。

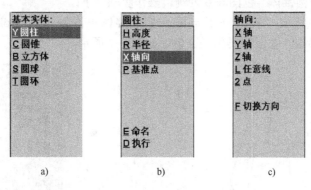

图 6-3 "基本实体"和"圆柱体"子菜单

6.1.1 构建圆柱体

该选项可以构建圆柱体。以图 6-4 为例，操作步骤如下。

1）在主菜单中选取"实体→下一页→基本实体→圆柱体"（Solids→Next menu→Primitives→Cylinder）命令，显示"圆柱体"子菜单，如图 6-3b 所示。

2）选择"高度（Height）"选项，键入圆柱体高度 60，按〈Enter〉键。

3）选择"半径（Radius）"选项，输入圆柱体半径 20 后，按〈Enter〉键。

4）选择"轴向（Axis）"选项，在打开的"轴向"子菜单中选择"X"，如图 6-3c 所示。

5）选择"基准点（Base point）"选项，选取底面圆心点 P(0,0) 为基点。

6）选择"命名（Name）"选项，输入圆柱体的名称"Cylinder01"，按〈Enter〉键。

7）选择"执行（Done）"选项，系统绘制出 Cylinder01 圆柱体，如图 6-4 所示。

"轴向（Axis）"选项用来确定圆柱体轴线方向。"轴向"子菜单中各选项含义如下。

X 轴：圆柱体轴线方向为 x 轴方向。

Y 轴：圆柱体轴线方向为 y 轴方向。

Z 轴：圆柱体轴线方向为 z 轴方向。

任意线（Line）：以已知直线作为圆柱体轴线方向。选择该项时，选取直线后，系统打开图 6-5 所示的对话框，提示是否将直线长度作为圆柱体高度。

图 6-4 圆柱体示例

图 6-5 轴线确认提示框

2 点（2Pts）：以已知两点连线方向作为圆柱体轴线方向。选择该项后，也显示图 6-5 所示的对话框给以提示。

切换方向（Flip）：可以将圆柱体轴线反向。

6.1.2　构建圆锥体

该选项可以构建圆锥体。以图 6-6 为例，操作步骤如下：

1）在主菜单中选取"实体→下一页→基本实体→圆锥体"（Solids→Next menu→Primitives→Cone）命令，显示圆锥体子菜单，如图 6-7 所示。

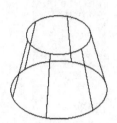

图 6-6　圆锥体示例　　　　　　　　　　图 6-7　"圆锥"子菜单

2）选择"高度（Height）"选项，输入圆锥高度 40，按〈Enter〉键。

3）选择"底部半径（Btm radius）"选项，输入圆锥底圆半径 30，按〈Enter〉键。

4）选择"顶部半径（Top radius）"选项，输入圆锥顶圆半径 20，按〈Enter〉键。

5）锥度角（Taper angle），下底面与上顶面倾斜角度自动显示。

6）圆锥轴线采用默认值 Z 轴，选取基点 P(0,0)。

7）选择"执行"选项，系统完成构建圆锥体，如图 6-6 所示。

6.1.3　构建立方体

该选项可以构建立方体，下面以图 6-8 为例，操作步骤如下。

1）在主菜单中选取"实体→下一页→基本实体→立方体"（Solids→Next menu→Primitives→Block）命令，显示立方体子菜单，如图 6-9a 所示。

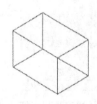

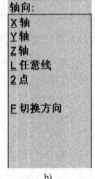

a)　　　　　　　b)

图 6-8　立方体示例　　　　　　　　图 6-9　"立方体"和"轴向"子菜单

2）在立方体子菜单中单击各选项，输入对应数值。

高度（Height）：立方体高度，输入数值，按〈Enter〉键。

长度（Length）：立方体长度，输入数值，按〈Enter〉键。

宽度（Width）：立方体宽度，输入数值，按〈Enter〉键。

对角（Corners）：可以输入两点重新定位立方体底面相对角的位置。

轴向（高）（Axis(H)）：高度轴线，可以在打开的"轴向"子菜单中选取，如图 6-9b 所示。

轴向（长）（Axis(L)）：长度轴线，可以在打开的"轴向"子菜单中选取，如图 6-9b 所示。

旋转（Rotate）：可以使立方体在长度轴线和宽度轴线平面绕基点旋转，输入角度后按〈Enter〉键。

基准点（Base point）：输入基本点 P(0,0)。

3）选择"执行"选项，系统完成构建立方体，如图 6-8 所示。

6.1.4 构建球体

该选项可以构建球体。以图 6-10 为例，操作步骤如下。

1）从主菜单中选取"实体→下一页→基本实体→圆球"（Solids→Next menu→Primitives→Sphere）命令，显示"圆球"子菜单，如图 6-11 所示。

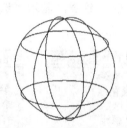

图 6-10　圆球示例

图 6-11　"圆球"子菜单

2）在"圆球"子菜单中单击各选项，输入对应值。

半径（Radius）：球体半径，输入数值后，按〈Enter〉键。

基准点（Base point）：输入基本点 P(0,0)。

3）选择"执行"选项，系统完成构建球体，如图 6-10 所示。

6.1.5 构建圆环

该选项可以构建圆环。以图 6-12 为例，操作步骤如下。

1）从主菜单中选取"实体→下一页→基本实体→圆环"（Solids→Next menu→Primitives→Torus）命令，显示"圆环"子菜单，如图 6-13 所示。

2）在圆环子菜单中单击各选项，输入对应数值。

圆环半径（Maj radius）：圆环中心线的半径，输入数值后按〈Enter〉键。

圆管半径（Min radius）：圆环环管的半径，输入数值，按〈Enter〉键。

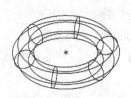

圆环:
R 圆环半径
I 圆管半径
X 轴向
P 基准点

E 命名
D 执行

图 6-12　圆环示例　　　　　　　　　　图 6-13　"圆环"子菜单

轴向（Axis）：从"轴向"菜单中选取轴线（圆环中心线平面的法线方向）。

基准点（Base point）：选取基本点 P(0,0)。

3）选择"执行"选项，系统完成构建圆环，如图 6-12 所示。

6.2　构建挤压实体

"挤出"（挤压）实体是将一个或多个共面的曲线串连按指定方向和距离进行挤压所构建的新实体，新实体也可以与其他实体进行布尔运算操作。当选取的曲线串连均为封闭曲线串连时，可以生成实心的实体或壳体。当选取的串连为不封闭串连时则只能生成壳体。下面以图 6-14 为例，操作步骤如下。

1）在主菜单中选取"实体→挤出"（Solids→Extrude）命令，显示"选取对象"子菜单，如图 6-15a 所示。

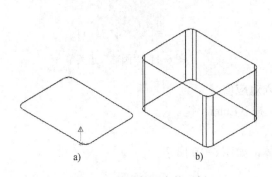

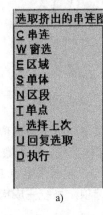

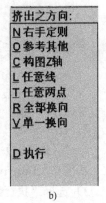

选取挤出的串连图
C 串连
W 窗选
E 区域
S 单体
N 区段
T 单点
L 选择上次
U 回复选取
D 执行

挤出之方向:
N 右手定则
Q 参考其他
C 构图Z轴
L 任意线
T 任意两点
R 全部换向
V 单一换向

D 执行

　　　　a)　　　　　　　　　　b)　　　　　　　　　　a)　　　　　　　b)

图 6-14　构建挤压实体示例　　　　　　图 6-15　"选取"和"挤出"子菜单

2）选择"串连（Chain）"选项，选取串连对象后，选择"执行（Done）"选项。

3）系统显示"挤出之方向"子菜单，如图 6-15b 所示，各选项含义如下。

右手定则（Normal）：串连所在平面的法线方向，为系统默认的挤压方向。

构图 Z 轴（Const Z）：以 Z 轴方向作为挤压方向。

任意线（Line）：通过选取一条直线来定义挤压方向，其方向为沿着直线，由选取点接近的端点指向另一端点。

任意两点（Two Points）：通过选取两点来定义挤压方向，其方向为第一个选取点指向第二个选取点。

全部换向（Reverse It）：将当前挤压方向反向。

4）设置挤压方向后选择"执行"选项，系统打开图 6-16 所示的"实体挤出的设定"对话框。

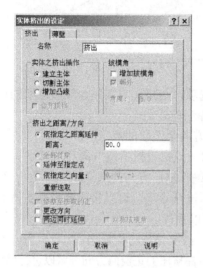

图 6-16 "实体挤出的设定"对话框

5）按图 6-16 所示的"挤出（Extrude）"选项卡设置后，单击"确定"按钮，系统完成构建挤压实体，如图 6-14b 所示。

下面将"实体挤出的设定"对话框各选项的功能和含义介绍如下。

1."挤出（Extrude）"选项卡

"挤出（Extrude）"选项卡中有以下选项。

名称（Name）：用于输入挤压实体的名称。

"实体之挤出操作（Extrusion Operation）"栏：用来设置挤压操作的模式。

建立主体（Create Body）：构建一个新的实体。

切割主体（Cut Body）：构建的实体将作为工具实体与选取的目标实体进行布尔求差运算。

增加凸缘（Add Boss）：构建的实体将作为工具实体与选取的目标实体进行布尔求和运算。

只有在当前屏幕中有其他实体时才能选择后两项。

"拔模角（Draft）"栏：用来设置挤压实体倾斜参数。

拔模角（Draft）：选择该选项，挤压实体倾斜，

朝外（Outward）：选择该选项，挤压实体向外倾斜，否则向内倾斜。

角度（Angle）：设置倾斜角度。如图 6-17 所示，图中分别为向外和向内倾斜挤压结果。

"挤出之距离/方向（Extrusion Distance/Direction）"栏：用于设置挤压距离和方向。

指定延伸距离（Extend by specified distance）：选择该项可以在"距离（Distance）"输入

框中输入挤压距离。

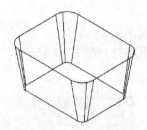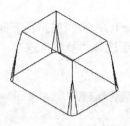

图 6-17 实体"向外"和"向内"挤出示例

全部贯穿（Extend through all）：选择该选项，沿挤压方向完全穿过选取的目标实体。只有在"切割主体（Cut Body）"模式下才能选择该项。

延伸至指定点（Extend to point）：沿挤压方向至选取的点。

指定向量（Vector）：选择该项，可以选取一点来设置挤压方向和距离。

"重新选取（Re-select）"按钮：用来重新进行挤压方向的选择。

修整至选取面（Trim to selected face(s)）：选择该项，可以挤压至目标实体上的一个面。只有在"切割主体"和"增加凸缘"模式下可以选择。

更改方向（Reverse direction）：选择该项，改变挤压方向反向。

两边同时延伸（Both direction）：选择该项，在挤压的正反两方向都可以进行挤压操作。

对称拔模角（Split draft）：选择该项，表示正反两方向的挤压操作倾斜角度相反。只有在选择"两边同时延伸"选项后，才能选择该项。

2．"薄壁（Thin wall）"选项卡

"薄壁（Thin wall）"选项卡有以下选项。

薄壁实体（Thin wall solid）：构建的实体为壳体，如图 6-18 所示。

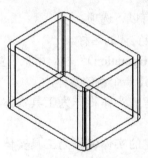

图 6-18 实体构建壳体示例

厚度向内（Thicken inward）：选取的串连向内偏移构建壳体。

厚度朝外（Thicken outward）：选取的串连向外偏移构建壳体。

内外同时产生薄壁（Thicken both direction）：选取的串连分别向内、外两个方向偏移后构建壳体。

向内的厚度（Inward）：用来设置串连向内偏移的距离。

朝外的厚度（Outward）：用来设置串连向外偏移的距离。

开放轮廓两端同时产生拔模角（Draft ends）：选择该项，壳体壁面按设置发生倾斜，否则壳体壁面不倾斜。

6.3 构建旋转实体

旋转实体是将共面且封闭的曲线串连绕某一轴线旋转一定角度生成的实体，如图 6-19a 所示，也可以作为工具实体与选取的目标实体进行布尔运算操作。下面以图 6-19b 为例，操作步骤如下：

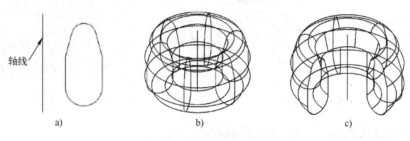

轴线

a)   b)   c)

图 6-19　构建旋转实体示例

1）在主菜单中选取"实体→旋转"（Solids→Revolve）命令，显示"选取"子菜单。

2）选取曲线串连后，选取"执行"选项。

3）选取旋转轴后，在旋转轴上显示出旋转方向和起点的箭头并显示图 6-20 所示的"旋转实体"子菜单，可以重新选取旋转轴线或将旋转方向反向之后，选择"执行"选项。

4）系统打开图 6-21 所示的旋转实体对话框，输入旋转的起始和终止角度，按图 6-21 所示设置后，单击"确定"按钮。

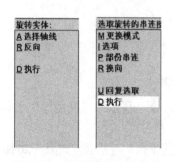

图 6-20　"旋转实体"子菜单

图 6-21　旋转实体对话框

5）系统完成构建旋转实体，如图 6-19b 所示。图 6-19c 是按终止角度 270° 构建的旋转实体。

6.4 构建扫掠实体

扫描（扫掠）实体是将共面的封闭曲线串连沿一条路径平移或旋转所生成的实体，如图

6-22 所示，也可以作为工具实体与选取的目标实体进行布尔运算操作。以图 6-22 为例，操作步骤如下。

1）在主菜单中选取"实体→扫描"（Solids→Sweep）命令，显示"选取"子菜单。

2）选取封闭的曲线串连后，选择"执行"选项。

3）选取路径曲线后，系统打开如图 6-23 所示的"实体扫描的设定"对话框。

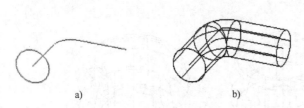

图 6-22　构建扫掠实体示例　　　　　　图 6-23　"实体扫描的设定"对话框

4）按图 6-23 设置后，单击"确定"按钮。

5）系统完成构建扫掠实体，如图 6-22b 所示。

6.5　构建举升实体

举升实体是将两个或两个以上的封闭曲线串连，按选取的熔接方式进行熔接所构建的新的实体，如图 6-24 所示。也可以作为工具实体与选取的目标实体进行布尔运算操作。下面以图 6-24 为例，操作步骤如下：

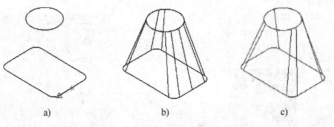

图 6-24　构建举升实体示例

1）在主菜单中选取"实体→举升"（Solids→Loft）命令，显示"举升曲面"子菜单，如图 6-25 所示。

2）选择"图素对应（Sync)"选项，显示"图素对应的模式"对话框，如图 6-26 所示。

图 6-25　"举升曲面"子菜单　　　　　　图 6-26　"图素对应的模式"对话框

3）选择"手动选取（by Branch）"选项，单击"确定"按钮。

4）选取多个封闭曲线串连后，选择"执行"选项，系统打开"实体举升的设定"对话框。

5）"实体举升的设定"对话框内容与图 6-23 相似，选取举升操作模式，单击"确定"按钮。

6）系统完成构建举升实体，如图 6-24b 所示。

注意：与构建举升曲面相同，在选取各曲线串连时应保证各串连的方向和起点一致，否则举升实体将发生扭曲，如图 6-24c 所示；同时所有的串连必须为封闭串连且各串连不能相交，否则举升操作失败。

6.6　实体布尔运算

布尔运算是利用两个或多个已有实体通过求和、求差和求交运算组合成新的实体并删除原有实体。如图 6-27 所示。图 6-27a 为原两实体；图 6-27b 图为布尔求和运算后结果；图 6-27c 为布尔求差运算后结果；图 6-27d 为布尔求交运算后结果。

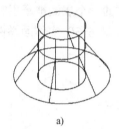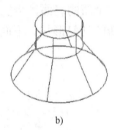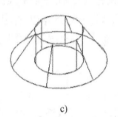

a)　　　　　　b)　　　　　　c)　　　　　　d)

图 6-27　实体布尔运算示例

在主菜单中选取"实体→布林运算[○]"（Solid→Boolean）命令，显示"布林运算"子菜单，如图 6-28 所示。下面以图 6-27 为例分别进行实体布尔运算。

图 6-28　"布林运算"子菜单

6.6.1　布尔求和运算

布尔求和（Add）运算是将工具实体的材料加入到目标实体中构建一个新实体。以图 6-27b 为例，操作步骤如下：

1）在主菜单中选取"实体→布林运算→求和（结合）"（Solids→Boolean→Add）命令。

2）选取目标实体（圆台）。

3）选取工具实体（圆柱）。

4）选择的"执行"选项，系统完成布尔求和运算，如图 6-27b 所示。

6.6.2　布尔求差运算

布尔求差（Remove）运算是在目标实体中减去与各工具实体公共部分的材料后构建一

○ Matercam9.1 软件中的"布林运算"即为布尔运算。

个新实体，如图 6-27c 所示。在子菜单中选取"求差（切割）"命令，可以对实体进行布尔求差运算，操作步骤与布尔求和运算相同，不再赘述。

6.6.3 布尔求交运算

布尔求交（Common）运算是将目标实体与各工具实体的公共部分组合成新实体，如图 6-27d 所示。在"布林运算（Boolean）"子菜单中选取"交集（Common）"命令，可以对实体进行布尔求交运算，其操作方法与布尔求和运算相同，不再赘述。

在实体布尔运算中，如果所选实体没有相连，则运算失败，系统会弹出图 6-29 所示错误提示框，单击"确定"按钮，返回"布林运算"子菜单。

图 6-29 错误提示框

6.7 牵引实体面

牵引实体面是将实体面牵引至新的位置后构建新实体。实体面操作是将选取的实体面绕旋转轴按指定方向和角度进行旋转后构建一个新的表面，当实体的一个表面被牵引时，其相邻的表面将关联地进行剪切或延伸以适应新的几何形状。下面以图 6-30 实体面举例说明牵引实体面的不同操作方法。操作步骤如下。

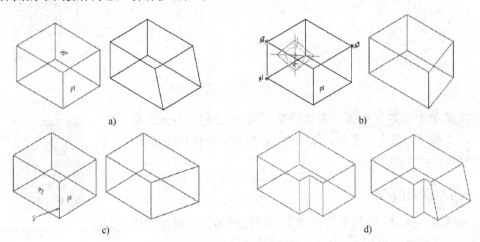

图 6-30 牵引实体面示例

a) 直接选取参考面牵引结果   b) 定义平面为参考面牵引结果   c) 选取牵引面的一条边牵引结果

d) 选取挤压实体的侧面牵引结果

1）在主菜单中选取"实体→下一页→牵引面"（Solids→Next menu→Draft faced）命令，显示"牵引实体"子菜单。如图 6-31 所示。

2）选取平面（牵引面）P1 后选择"执行"选项，打开如图 6-32 所示的"实体牵引面的设定"对话框。其中提供了四种牵引方法。

牵引至实体面（Draft to Face）：直接选取一个参考面来定义牵引面的旋转轴和旋转方向。旋转轴为参考面与牵引面的交线，参考面的法线方向为旋转方向。

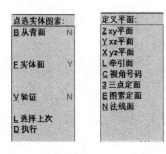

图 6-31 "牵引实体"子菜单　　　　　图 6-32 "实体牵引面的设定"对话框

牵引至指定平面（Draft to Plane）：定义一个参考平面来确定牵引面的旋转轴和旋转方向。

牵引至指定边界（Draft to Edge）：首先选取牵引面的一条边作旋转轴，再选取与这条轴相交的两个面中的一个面作为参考面来定义旋转方向。

牵引挤出（Draft Extrude）：用于牵引面为挤压实体的侧面。旋转轴为挤压出牵引面的线，参考面为原串连表面。

牵引角度（Draft Angle）：用于输入旋转角度（牵引面与旋转方向的夹角）。

沿切线边界延伸（Propagate along tangencies）：用于系统自动选取与牵引面相切的面。

3）选择"牵引至实体面（Draft to Face）"选项，输入角度 15，单击"确定"按钮。

4）选取参考面 P2，显示一个带箭头的圆台，箭头所指方向为旋转方向，此时选择子菜单中"Reverse"选项可以使旋转方向反向。

5）选择"执行（Done）"选项，系统完成牵引实体操作，如图 6-30a 所示。

当在步骤 2）选取"牵引至指定平面（Draft to Plane）"选项，要定义一个参考面，如图 6-32b 所示，单击"确定"按钮，选择"三点定面（3 points）"选项，选取立方体 A1、A2 和 A3 三个交点组成的参考面，与牵引面 P1 的交线为旋转轴，指定旋转角度为"20"，结果如图 6-30b 所示。

当在步骤 2）选取"牵引至指定边界（Draft to Edge）"选项时，如图 6-32b 所示，单击"确定"按钮，光标变为，选择棱线 S 为旋转轴；选择"执行"选项，选取平面 P2 为参考面；指定旋转角度为"15"，结果如图 6-30c 所示。

当在步骤 2）选取"牵引挤出（Draft Extrude）"选项，选取牵引面后，系统自动确定参考面和旋转轴，这时旋转角度可以设置为负值，结果如图 6-30d 所示。

6.8　薄壳实体

薄壳实体可以将三维实体生成新的开放式空心实体和封闭式空心实体。如图 6-33 所示，图 6-33b 为开放式空心实体；图 6-33d 为封闭式空心实体。以图 6-33b 为例，操作步骤如下。

1）在主菜单中选取"实体→薄壳"（Solids→Shell）命令，显示薄壳实体子菜单，如图 6-34 所示。

2）选择"实体面（Faces）"选项，选项后显示为 Y，然后选取实体的顶面（选取面为开放面），再选择"执行"选项。

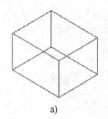 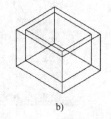 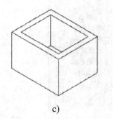 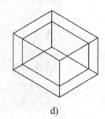

a)   b)   c)   d)

图 6-33 薄壳实体构建示例

a) 薄壳实体前 b) 开放式薄壳实体 c) 消隐后的开放式实体 d) 封闭式的薄壳实体

3）系统打开如图 6-35 所示的"实体薄壳的设定"对话框，其各选项含义如下。

向内（Inward）：向内移动减少所剩材料的厚度。

朝外（Outward）：向外移动增加厚度取壳。

两者（Both）：同时向内和向外移动取壳。

下面的输入框用来输入向内移动和向外移动的距离（厚度）。

4）按图 6-35 设置完后，单击"确定"按钮，系统完成薄壳实体操作，如图 6-33b 所示。

在步骤 2）中若选取"实体主体（Solids）"选项，结果为封闭式薄壳实体，如图 6-33d 所示。

 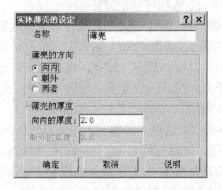

图 6-34 薄壳实体子菜单   图 6-35 "实体薄壳的设定"对话框

6.9 修整实体

实体修整是定义一个平面或选取一个曲面，将实体完全切开并设置保留部分。下面以图 6-36、6-37 为例，操作步骤如下。

1）在主菜单中选取"实体→下一页→修整"（Solids→Next menu→Trim）命令。

2）显示"修整实体"子菜单，如图 6-38 所示，其中，"选取平面（Plane）"选项可以定义一个平面为剪切面；"选取曲面（Surface）"选项可以选取一个曲面为剪切面。"换向（Flip）"选项可以改变修整方向。

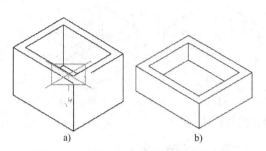

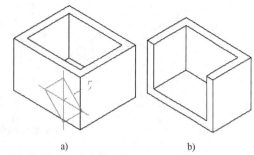

图 6-36　选择 Z 坐标选项修整实体示例　　　　图 6-37　选择 Y 坐标选项修整实体示例

a) 修整前　b) 修整后　　　　　　　　　　　　a) 修整前　b) 修整后

3）选择"选取平面"选项后，系统显示"定义平面"子菜单，如图 6-39 所示。

图 6-38　"修整实体"子菜单　　　　　　　图 6-39　"定义平面"子菜单

4）选择"XY 平面（Z=Const）"选项，直接输入 Z 值"20"，或在输入框中输入"Z"后，按〈Enter〉键，在绘图区选取一点，系统将选取点的 Z 坐标作为定义 XY 平面的 Z 坐标。

5）此时在绘图区显示一个平面标志，箭头所指方向为保留部分，可以选取"换向"选项来改变法线方向。

6）选择"执行"选项，系统完成修整实体，如图 6-36b 所示。

如果在步骤 4）选择"XZ 平面（Y=Const）"选项，输入"-10"，结果如图 6-37b 所示。

如果在步骤 2）选择"选取曲面（Surface）"选项，可在绘图区选取一个曲面为剪切面，选择"执行"选项，系统即可完成操作。

6.10　实体倒角

对实体的编辑经常要对棱边进行倒角，其中包括倒圆角和倒直角。

6.10.1　实体倒圆角

实体倒圆角是按指定的曲率半径构建一个圆弧面，该圆弧面与交于该边的两个面相切。下面以图 6-40a 举例说明，操作步骤如下。

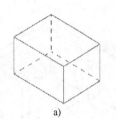 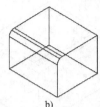 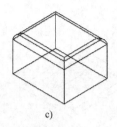 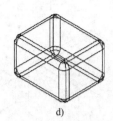

a)　　　　　　　　　b)　　　　　　　　　c)　　　　　　　　　d)

图 6-40　实体倒圆角示例

a) 倒圆角前　b) 单边倒圆角　c) 面倒圆角　d) 整体倒圆角

1）在主菜单中选取"实体→导圆角"（Solids→Fillet）命令。主菜单显示"点选实体图素"子菜单，如图 6-41 所示。

2）选取实体对象，"点选实体图素"子菜单选项含义如下。

从背面（FromBack）：设置为"N"时，只能选取前面的边或面；当设置为"Y"，只能选取后面的边或面。

实体边界（Edges）：设置为"Y"时，可以选取实体的边，系统可以对单边进行倒圆角，此时光标为 形状；设置为"N"，则不能选取实体的单条边。

实体面（Faces）：设置为"Y"时，可以选取实体的面，所选面的边均进行倒圆角，此时光标为 形状；当设置为"N"，不能选取实体的面。

实体主体（Solids）：设置为"Y"时，可以选取整个实体，所有的边都进行倒圆角，此时光标为 形状；设置为"N"，则不能选取整个实体。

验证（Verify）：用于验证选取对象，如果同时有其他选项使用，每次选取一个对象，系统会出现确认选取对象的菜单，将循环显示光标所找到的对象以供选择。设置为"Y"时，可以使用；设置为"N"时，则不可使用。

选取实体的边、面或整个实体后，选择"执行"选项，弹出"实体导圆角的设定"对话框，如图 6-42 所示。

图 6-41　"点选实体图素"子菜单　　　　图 6-42　"实体导圆角的设定"对话框

3）按图 6-42 所示，设置"实体导圆角的设定"对话框中各参数后，单击"确定"按钮，系统即完成实体倒圆角操作。如图 6-40 所示，图 6-40b 显示选择单边倒圆角结果；图 6-40c 显示选择面倒圆角结果；图 6-40d 显示选择整体倒圆角结果。

"实体导圆角的设定"对话框中各参数含义如下。

固定半径（Constant Radius）：采用固定的圆角半径。

变化半径（Variable Radius）：变化的圆角半径。

线性（Linear）：圆角半径采用线性变化，只有在选择采用变化的圆角半径时可用。

平滑（Smooth）：圆角半径采用平滑变化，只有在选择采用变化的圆角半径时可用。

半径（Radius）：用于设置倒圆角的半径值。

超出的处理（Overflow）：用于倒圆角半径设置过大到超越所选边线相邻的面时，系统的处理方式，推荐选择"系统内定（Default）"选项（系统默认选项）。

角落斜接（Mitered corners）：用于"固定半径"倒圆角处理三个或三个以上棱边相交的顶点，选择该项，顶点不平滑处理；不选择该项，顶点平滑处理。

沿切线边界延伸（Propagate along tangencies）：该项使倒圆角自动延长至与棱边相切处。

6.10.2　实体倒直角

实体倒直角是在实体的边缘处通过增加或减少材料的方式，用平面连接两个相邻已知表面而形成一个斜面。"倒角"选项可用来对实体的边进行倒直角操作。以图 6-43 为例，操作步骤如下：

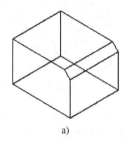 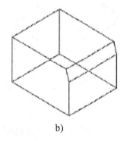

a)　　　　　　　　　　　　b)

图 6-43　实体倒直角操作示例

1）在主菜单中选取"实体→倒角"（Solids→Chamfer）命令，显示"实体倒角"子菜单，如图 6-44 所示。

"实体倒角"子菜单各选项含义如下。

"单一距离（1 Distance）"选项：用两个距离相等的边长来设置倒直角。

"不同距离（2 Distances）"选项：用两个距离不相等的边长来设置倒直角。

"距离/角度（Dist/Ang）"选项：用距离/角度来设置倒直角。

2）选择"单一距离"选项，显示"选取对象"子菜单。

3）选取对象后，选择"执行"选项，显示"实体倒角的设定"对话框，如图 6-45 所示。

 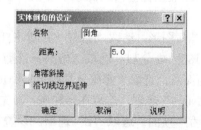

图 6-44　"实体倒角"子菜单　　　　　　图 6-45　"实体倒角"对话框

4）按图 6-45 设置好参数，单击"确定"按钮，系统完成倒直角操作，如图 6-43a 所示。图 6-43b 为在步骤 2）时选择"不同距离"选项的倒直角结果。

选择"不同距离"选项和"距离/角度"选项时的"倒直角"对话框，如图 6-46 所示。

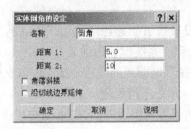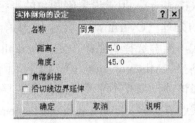

图 6-46 "不同距离"选项和"距离/角度"选项的"实体倒角的设定"对话框

图 6-47 为"角落斜接（Mitered corners）"复选框不同选择的结果，图 6-47a 为未选中复选框的结果；图 6-47b 为选中复选框的结果。

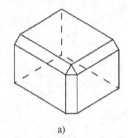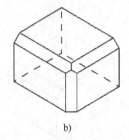

a)   b)

图 6-47 "角落斜接"复选框不同选择的结果

6.11 上机操作和指导

练习一：根据 6.1 节介绍的构建方法和步骤，构建基本实体。

练习二：构建挤压、旋转、扫掠、举升实体和布尔运算。

练习三：构建图 6-1 所示的实体。

操作指导。

1）绘制几何图形：选取"绘图→圆弧→点半径圆"（Create→Arc→Circ pt+rad）命令，输入半径值 55，圆心点值（0,0）；选取"绘图→直线→垂直线"（Create→Line→Vertical）命令，分别输入端点坐标值（-40,60）、（-40,-60）、（40,60）、（40,-60），绘制结果如图 6-48a 所示。

2）修剪几何图形：选取"修整→打断→打成两段"（Modify→Break→2 pieces）命令，将圆弧在约 180° 处分割；选取"修整→修剪→两个物体"（Modify→Trim→2 entities）命令，修剪几何图形；选取"修整→导圆角"（Modify→Fillet）命令，输入圆角半径值 10，选择"串连（Chain）"选项，选取图形轮廓，单击"执行"选项，结果如图 6-48b 所示。

3）绘制舌形顶面：选取"Z"选项，设置构图深度值为 35；选取"绘图→圆弧→极坐标→已知圆心"（Create→Arc→Polar→Center pt）命令，输入圆心坐标值（0,20），圆弧半径值 20，起始角值 0，终止角值 180；选取"绘图→圆弧→点半径圆"（Create→Arc→Circ pt+rad) 命令，输入圆半径值 10，圆心坐标值（0,20）；选取"绘图→直线→连续线"（Create →Line→Multi）命令，输入端点坐标值（−20,20）、（−20,0）、（20,0）、（20,20），按〈Esc〉键，结果如图 6-48c 所示。

4）绘制右侧舌形面：在辅助菜单选取"构图面（Cplane：T）"选项，设置构图平面为"右视图（Side）"；单击"Z: 0.0000"选项，设置构图深度为 40；选取"绘图→圆弧→极坐标→已知圆心"（Create→Arc→Polar→Center pt）命令，输入圆心坐标值（0,20），半径值为 15，起始角值 0，终止角值 180；选取"绘图→直线→连续线"（Create→Line→Multi）命令，输入端点坐标值（−15,20）、（−15,0）、（15,0）、（15,20），按〈Esc〉键，结果如图 6-48d 所示。

5）挤压实体：选取"实体→挤出"（Solids→Extrude）命令，选取右侧舌形面边界，单击"执行"选项；选择"全部换向（Reverse It）"选项，改变挤压方向（向左），单击"执行"选项，在"距离（Distance）"输入框输入值 75，单击"确定"按钮，结果如图 6-48e 所示选取"实体→挤出"命令，选取底面边界，单击"执行"选项，设置挤压方向朝上，再单击"执行"选项，选择"实体挤出操作（Extrusion Operation）"栏中的"增加凸缘（Add Boss）"选项，输入挤压长度值 10，单击"确定"按钮；选取"实体→挤出"命令，选取舌形顶面，单击"执行"选项，设置挤压方向朝下，再单击"执行"选项，选择"实体挤出操作"栏中的"增加凸缘"选项，输入挤压长度值 100，选中"修整至选取面（Trim to Selected Face）"选项，单击"确定"按钮，单击挤压到达的上表面后，单击"执行"选项，结果如图 6-48f 所示。

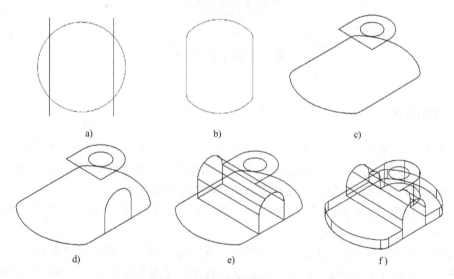

a) b) c)

d) e) f)

图 6-48　上机操作练习步骤图例

任务7　数控加工基础

由 Mastercam 生成 NC 加工程序，首先要生成 NCI 刀具路径文件，即含有刀具轨迹数据以及辅助加工数据的文件，它是由已建立的工件几何模型生成的，然后由后处理器将零件的 NCI 文件翻译成具体的 NC 加工程序。

在数控机床加工系统中，生成刀具路径之前首先需要对加工工件的大小、材料及刀具等参数进行设置。可打开 MCAM9 中 MILL\MC9\SAMPLES 的例子，如图 7-1 所示，本任务主要介绍数控铣床加工系统中这些参数的设置方法。

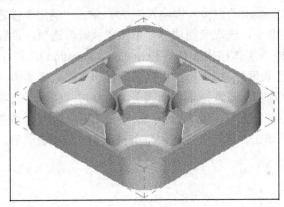

图 7-1　数控加工实例

7.1　工件设置

在主菜单中顺序选择"刀具路径→工作设定"（Toolpaths→Job setup）命令后，打开如图 7-2 所示的"工作设定（Job Setup）"对话框。可以使用该对话框来进行工件设置。

对于铣床加工，可以采用以下几种方法来设置工件外形尺寸：

在"工作设定（Job Setup）"对话框的 X、Y 和 Z 输入框中输入工件长、宽、高的尺寸。

单击"选择对角（Select corners）"按钮，在绘图区选取工件的两个对角点。

单击"边界盒（Bounding box）"按钮后，在绘图区选取几何对象，系统用选取对象的包络外形来定义工件的大小。

在 Mastercam 铣床加工系统中，工件坐标原点可以直接在"工件原点（Stock Origin）"输入框中输入工件原点的坐标，也可单击"选择原点（Select Origin）"按钮，在绘图区选取一点作为工件的原点。工件上的 8 个角点及上面的中心点都可作为工件的原点，系统用一个指引箭头来指示原点在工件上的位置。将光标移到上述各点的位置上，单击鼠标左键即可将该点设置为工件原点。

在图 7-2 所示"工作设定（Job Setup）"对话框中选"显示素材（Display stock）"复选框后，将在屏幕中显示毛坯边界。进行全屏显示时毛坯边界不作为图形显示。选中"素材显示适度化（Fit screen to stock）"复选框后，在进行全屏显示操作时，显示对象包括毛坯边界。

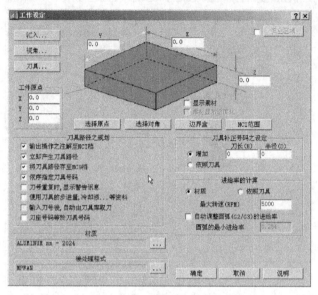

图 7-2　"工作设定"对话框

7.2　刀具设置

在生成刀具路径前，首先要选取该加工中使用的刀具。加工作业所用刀具由刀具管理器管理。单击"工作设定（Job Setup）"对话框中的"刀具（Tools）"按钮，或在主菜单中顺序选择"公用管理→刀具管理员→目前的"（NC utils→Def.tools→Current）选项，打开如图7-3 所示的刀具管理器，通过该管理器可以对当前刀具进行设置。

在"刀具管理员"对话框中的任意位置单击鼠标右键，打开如图 7-4 所示的快捷菜单，可通过该快捷菜单各选项对刀具进行设置。

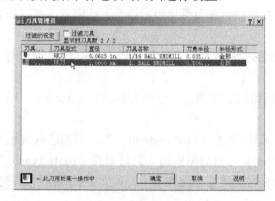

图 7-3　"刀具管理员"对话

图 7-4　刀具管理员快捷菜单

1．编辑刀具

"编辑刀具（Edit tool）"选项用来编辑当前已选刀具的参数。选择该选项后，打开如图7-5所示的"定义刀具（Define Tool）"对话框。

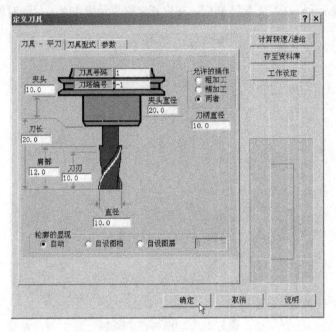

图 7-5 "定义刀具"对话框

对于不同外形的刀具，该对话框的内容不尽相同，一般包括以下几个参数。

直径（Diameter）：刀具直径。

刀刃（Flute）：刀具切削刃长度。

肩部（Shoulder）：刀具从刀尖到切削刃肩部的长度。

刀长（Overall）：刀具在刀柄外露出的总长度。

刀柄直径（Arbor）：刀柄的直径。

长度（Holder）：设置夹头（刀柄）夹持部分的长度。

夹头直径（Holder）：设置夹头（刀柄）夹持部分的外径。

刀具号码（Tools#）：刀具编号，刀具在数控机床刀具库中的编号。此编号可在后处理后生成 T×× M06 的换刀指令。

刀塔编号（Station）：刀具位置号，数控机床中的刀具如果是以刀座位置编号，则可在此添入编号。

允许的操作（Capable of）：设置刀具适用的加工类型，分别为粗加工（Rough）、精加工（Finish）、两者（Both）。

由于系统默认的刀具类型为端铣刀"刀具-平刀（Flat Endmill）"，若要选取其他类型的刀具，则可以单击"定义刀具（Define Tool）"对话框中的"刀具型式（Tools Type）"选项卡，在图 7-6 所示的对话框中选择需要的刀具类型。当选定了刀具类型后，返回到该类型刀具的参数设置选项卡。

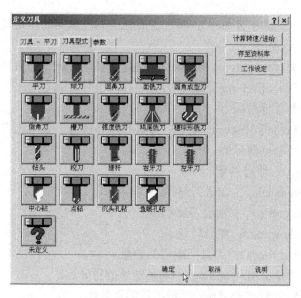

图 7-6　刀具型式选择

单击"参数（Parameters）"选项卡，打开如图 7-7 所示的"参数（Parameters）"对话框。该选项卡主要用于设置刀具在加工时的有关参数。主要参数的含义如下。

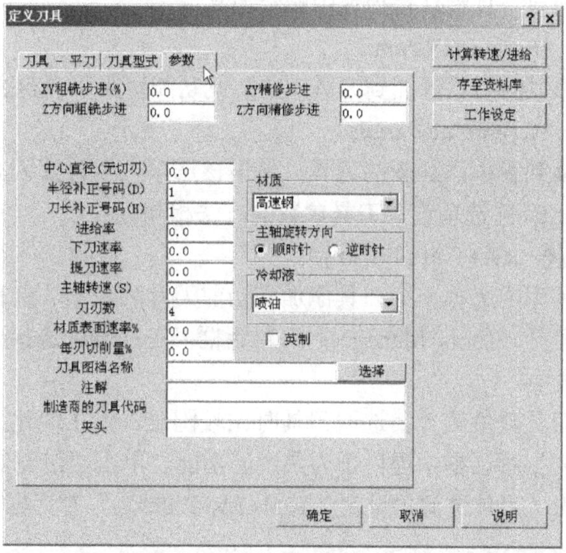

图 7-7　参数设定

XY 粗铣步进（%）（Rough XY step（%））：粗加工时在垂直于刀具进给方向的步距增量，按刀具直径的百分比计算该步距量。

XY 精修步进（Finish XY step）：精加工时在垂直于刀具进给方向的步距增量，按刀具直径的百分比计算该步距量。

Z 方向粗铣步进（Rough Z step）：粗加工时在沿刀具轴向的步距增量，按刀具直径的百分比计算步距量。

Z 方向精修步进（Finish Z step）：精加工时在沿刀具轴向的步距增量，按刀具直径的百分比计算该步距量。

中心直径（无切刃（Required pilot dia））：镗孔、攻丝时的底孔直径。

半径补正号码（Dia offset number）：刀具半径补偿号，此号为有刀具半径补偿功能的数控机床中的刀具半径补偿器号码。

刀长补正号码（Length offset number）：刀具长度补偿号，此号为有刀具长度补偿功能的数控机床中的刀具半径补偿器号码。

进给率（Feed rate）：即进给量。

下刀速度（Plunge rate）：主轴进刀速率。

提刀速度（Retract rate）：主轴退刀速率。

主轴转速（Spindle speed）：主轴转速。

刀刃数（Number of flutes）：刀具切削刃的数量。

材质表面速率%（% of Matl cutting）：切削速度的百分比。

每刃切削量%（% of Matl feed per）：进给量的百分比。

主轴旋转方向（Spindle rotation）：主轴旋转方向。

冷却液（Coolant）：加工时的冷却介质选择。

2．删除刀具（Delete tool）

选择该项后，在当前刀具管理器列表中删除刀具。

3．存储到刀具库（Save to library）

选择该项后，将选取的刀具添加到刀具库中，此功能可用于自定义刀具的保存。

4．建立新的刀具（Create new tools）

该选项用来在刀具列表中添加新的刀具，单击该选项可以设置刀具的有关参数。对刀具进行编辑的方法与 Edit tools 选项设置刀具参数的方法相同。

5．从刀具库中取得（Get from library）

该选项可以从刀具库中选择一个刀具添加到当前刀具列表中。选择该选项后，打开刀具库中列表的"刀具管理员（Tools Manager）"对话框，在列表中选择一个刀具，即可将该刀具添加到当前刀具列表中。

由于刀具库中的刀具数量较大，选取刀具时比较困难。为了简化刀具的选取，"刀具管理员（Tools Manager）"对话框中提供了刀具过滤功能。单击"过滤的设定（Filter）"按钮后，打开图 7-8 所示的"刀具过滤之设定（Tools List Filter）"对话框。

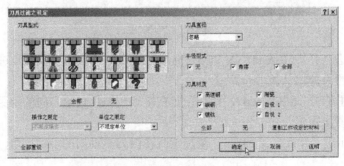

图 7-8　"刀具过滤之设定"对话框

可以根据刀具类型、刀具直径、刀具材料等参数进行设置。当选中图 7-3 对话框中的"过滤刀具（Filter Active）"复选框时，确认后在刀具列表中会列出满足设置条件的所有刀具。"刀具列表过滤"对话框主要参数的含义如下：

刀具形式（Tool Types）：刀具类型。对话框中显示了 19 种 Mastercam 系统自带的刀具和自定义刀具，可以选取一种或几种。

全部（All）：单击该按钮，选择所有类型的刀具。

无（None）：单击该按钮，不选任何类型的刀具。

操作之限定（Operation）：设定显示加工中用到的刀具。

单位之限定（Unit）：设定使用公制刀具还是使用英制刀具。

刀具直径（Tool Diameter）：设定刀具的直径范围。

半径形式（Radius Type）：设定刀具圆弧半径类型，可以为"不设定（None）""拐角（Corner）"和"全部（Full）"。

刀具材质（Tool Material）：设定要显示的刀具的材料，包括高速钢（HSS）、碳钢（Carbide）、镀钛（Ti Coated）、陶瓷材料（Ceramic）和自设 1（User def 1）、自设 2（User def 2）。

6. 更换刀具库（Change library）

选择该选项后，打开如图 7-9 所示的"选择刀具库（Select tools library）"对话框，可以在该对话框中选择新的刀具库。

图 7-9 "选择刀具库"对话框

7. 将刀具库转换为文档（Convert a library to text）

该选项可将刀具库文件（TL9）转换为文本文件（TXT）并进行存档。

8. 将文档转换为刀具库（Crete a library form text）

该选项可将写有刀具库信息的文本文件（TXT）转换为刀具库文件（TL9）并进行保存。

9. 存为简易文档（Doc file）

该选项可以建立一个文档，其中包含所用刀具的基本信息，包括当前刀具库、刀具名、类型、几何参数等信息。

10. 存为详细文档（Detail doc file）

该选项可以建立一个文档，其中列出所用刀具的详细信息，将有关刀具的基本信息及所有相关信息进行记录。

7.3 材料设置

工件材料的选择会直接影响到进给量、主轴转速等加工参数。工件材料参数的设置与刀具参数设置的方法相似，可以直接从系统材料库中选择要使用的材料，也可以设置不同的参数来定义材料。单击"工作设定（Job Setup）"对话框"材质（Material）"选项组的"…"按钮或在主菜单区顺序选择"公用管理→定义材料（NC utils→Def.matls）"选项，则可打开如图 7-10 所示的"材料表（Material List）"对话框，通过该对话框可以对当前材料列表进行设置并选取工件的材料。

在"材料表（Material List）"对话框中的任意位置单击鼠标右键，打开如图 7-11 所示的快捷菜单，主要通过该快捷菜单来实现对材料列表的设置。

图 7-10 "材料表"对话框

图 7-11 材料管理快捷菜单

1．从资料库取得（Get from library）

该选项可以显示材料列表，从中选择要使用的材料并添加到当前材料列表中。

2．增加新的（Create new）

通过设置材料各参数来自定义材料。选择该选项后，打开图 7-12 所示的"定义材料（Material definition）"对话框。可通过该对话框设置毛坯材料的参数。

材料名称（Material）：输入材料的名称标识。

基本切削线速率（SFM）（公尺/分）（Base cutting speed）：设置材料的基本切削线速率，单位是米/分钟。还可以在"基本切削线速率（SFM）（公尺/分）[Base cutting speed (m/min)]"输入框下面的列表中设置不同加工类型时切削线速度与基本切削线速度的百分比。

每转每刃的基本进给量（FPT）（mm）[Base feed per tooth/revolution (mm)]：设置材料的基本进给量。同样在该输入框下面的列表中可以设置不同加工类型的进给量与基本进给量的百分比。

可用的刀具材料及额外的转速/进给量的百分比（Allowable tools material and additional speed/feed percentag）：选择用于加工该材料的刀具材料。可选取一个或多个选项，材料有高速钢（HSS）、碳钢（Carbide）、镀钛（Ti Carbide）、陶瓷（Ceramic）、和自设 1（User Ddf 1）、自设 2（User Ddf 2）。

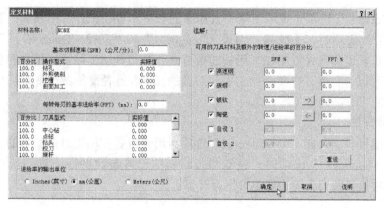

图 7-12 "定义材料"对话框

进给率的输出单位（Output feed rate units）：设置进给量所使用的长度单位，分别为"英寸"（Inches）、"毫米"（Millimeters）、"米"（Meters）。

注解（Comment）：可为该工件材料输入相关的注释文字。

7.4 其他参数设置

在如图 7-2 所示的"工作设定"对话框中，除了工件、刀具参数设置，还可以进行以下几类参数的设置。

1．刀具路径设置

刀具路径之规划（Toolpath Configuration）选项组：用来进行刀具路径、刀具编号设置。

输出操作之注解至 NCI 档（Output operation comments to NCI）：生成的 NCI 文件中包括操作注解。

立即产生刀具路径（Generate toolpath immediately）：在编辑刀具路径后，立即更新 NCI 文件。

将刀具路径保存至 MC9 档（Save toolpath in MC9 file）：在 MC9 文件中存储刀具路径信息。

依顺序指定刀具号码（Assign tool number sequentially）：在设置当前刀具列表时，系统自动依序制定刀具号。

刀号重复时，显示警告讯息（Warn of duplicate tool numbers）：当使用的刀具号有重复时，系统显示警告信息提示。

使用刀具的步进量，冷却液等资料（Use tool's step,peck,coolant）：加工中使用刀具的步距、步进、冷却设置等参数。

输入刀号后，自动由刀库取刀（Search tool library when entering tool）：当在"刀具参数（Tools parameter）"选项卡中输入刀具号时，系统自动使用刀具库中对应刀具号的刀具。

刀座号码等于刀具号码（Head number equals tool number）：数控机床中的刀具如果是以刀座位置编号，则输出的 NCI、NC 文件中刀具号码就是刀座位置号。

2．刀具偏置

"刀具补正号码之设定（Tools Offset Registers）"选项组用来设置刀具偏置量。"依照刀具（From Tools）"选项，表示使用刀具原来的长度和直径来计算刀具加工路径。当选中"增加（Add）"选项时，系统将"刀长（Length）"和"直径（Diameter）"输入框中的输入值与原刀具长度和直径值相加，用新的数值来计算刀具加工路径。长度和直径的设置值可以为正值也可以为负值。在实际加工中，刀具的长度和直径磨损或改变后，可通过添加偏置值进行补偿。

3．进给量计算

"进给率的计算（Feed Calculation）"选项组用来设置在加工时进给量的计算方法。当选中"材质（Material）"选项时，进给量按材料的设置参数进行计算；当选中"依照刀具"选项时，进给量按刀具的设置参数进行计算。

7.5 操作管理

对于零件的所有加工操作，可以使用操作管理器来进行管理。使用"操作管理器"对话框可以产生、编辑、计算新刀具加工路径，并可以进行加工模拟、仿真模拟、后处理等操作，以验证刀具路径是否正确。

在主菜单中顺序选择"刀具路径→操作管理"（Toolpaths→Operations），打开如图 7-13 所示的"操作管理员（Operations Manager）"对话框，图 7-13 为打开一个 MC9 文件时的操作管理器。可以在此管理器中移动某个操作的位置来改变加工程序，也可以通过改变刀具路径参数、刀具及与刀具路径关联的几何模型等对原刀具路径进行修改。对各类参数进行重新设置后，单击"重新计算（Regen Path）"按钮即可生成新的刀具路径。

操作管理器中各图标的含义如下。

：加工管理器，一个工件的所有加工信息都在其中。

：刀具路径管理器，可对一种加工操作方式的刀具路径有关参数管理，打"√"说明调用该刀具路径。

：加工参数，单击该图标可以进入"加工参数"对话框进行参数的修改。

：刀具参数，单击该图标可以进入"刀具参数"对话框进行参数的修改。

：串联管理，单击该图标可以对当前串联进行修改或重新定义串联。

：刀具路径，单击该图标可以进入图 7-14 所示菜单进行刀具路径模拟参数设定。

图 7-13 "操作管理员"对话框

图 7-14 刀具路径子菜单

7.6　刀具路径模拟

对一个或多个操作进行刀具路径模拟，可在主菜单中顺序选择"公用管理→路径模拟"（NC utils→Backplot）选项或单击操作管理器中的"路径模拟（Backplot）"按钮，可打开如图 7-15 所示的"路径模拟"子菜单。"路径模拟"子菜单中各选项可以对刀具路径模拟的各项参数进行设置。该功能可以在机床加工前进行检验，提前发现错误。

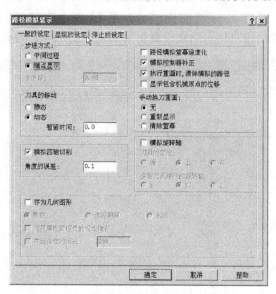

图 7-15　"路径模拟显示"对话框

1．刀具路径模拟方式

手动控制（Step）：单击该选项一次，刀具就执行一次走刀，即执行 NC 加工程序中的一行，直到刀具路径完全结束。

自动执行（Run）：单击该选项，刀具自动从起点开始走完整个路径。

2．显示方式设置

显示路径（Show path）：该选项设置为 Y 时，显示模拟的刀具路径。

显示刀具（Show tools）：该选项设置为 Y 时，在路径模拟过程中显示出刀具。

显示夹头（Show hold）：该选项只有在"显示刀具"选项设置为 Y 时才能进行设置。当"显示夹头"选项设置为 Y 时，在路径模拟过程中显示出刀具的夹头。以便检验加工中刀具和刀具夹头是否会与工件碰撞。刀具和夹头的显示方式通过选择"参数设置（Display）"选项中的"路径模拟显示（Backplot Display Parameters）"对话框设置刀具的移动和显示方式。

着色验证（Verify）：该选项设置为 Y 时，对工件的刀具切削痕迹进行着色，以便分析。

7.7　仿真加工

在主菜单中顺序选择"公用管理→实体验证"（NC utils→Verify）选项或在操作管理器中选择一个或几个操作。生成刀具路径后，可以单击"实体验证（Verify）"按钮，在绘图区显示出工件和图 7-16 所示"实体验证"工具栏，这时可以对选取的操作进行仿真加工操作。

图 7-16 "实体验证"工具栏

"实体验证（Verify）"工具栏中各按钮的功能如下。

按钮：单击该按钮，打开如图 7-17 所示的"实体验证之参数设定（Verify configuration）"对话框，该对话框用来设置仿真加工中的工件、刀具等参数。

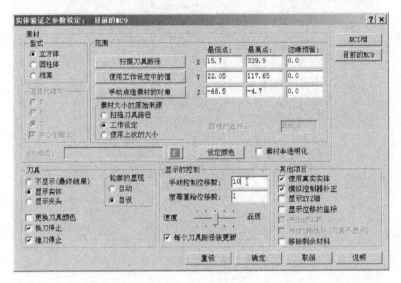

图 7-17 "实体验证之参数设定"对话框

按钮：结束当前的仿真加工，返回初始状态。

按钮：开始连续仿真加工。

按钮：暂停仿真加工。

按钮：步进加工，步进量可以为 1 个程序段或多个，步进量由"实体验证之参数设定"对话框中"手动控制位移数（Moves/step）"输入框进行设置。

按钮：不显示加工过程，直接显示加工结果。

按钮：显示工件的截面。仅对标准仿真加工有效。单击该按钮，用鼠标单击工件上将要剖切的位置，然后在需要留下的工件部分单击一下，即可显示出剖面图。

按钮：重新配置光源方向，仅对标准仿真加工有效。当需要改变光照方向时，单击该按钮，将光标移到图形上某一点单击，将鼠标左右移动，就可改变灯光照射方向，单击左键确定。

按钮：准确缩放按钮，仅对"使用真实实体（Use Truesolid）"仿真加工有效。仿真完成后单击该按钮，然后单击主窗口工具栏的缩放按钮，可对图形任意缩放。

滑动条：设置仿真加工的演示速度。

图 7-18 为一工件仿真加工后的结果。

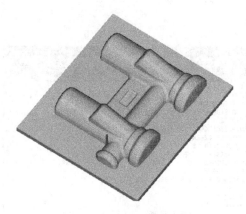

图 7-18 仿真加工结果

7.8 后处理

经过模拟加工后，如果比较满意，可进行后处理。后处理就是将 NCI 刀具路径文件制成数控程序。在公共管理菜单或操作管理器中单击"后处理（Post）"按钮，弹出如图 7-19 所示的"后处理程式（Post Processing）"对话框。该对话框用来设置后处理中的有关参数。

用户应根据机床数控系统的类型选择相应的后处理器，系统默认的后处理器为MPFAN.PST（FANUC 控制器）。若要使用其他后处理器，可单击"更换后处理（Change Post）"按钮，在打开的如图 7-20 所示的"请指定欲读取之档名"对话框中，选择与用户数控系统相对应的后处理器后，单击"打开（Open）"按钮，系统即用该后处理器进行后处理。

图 7-19 "后处理程式"对话框

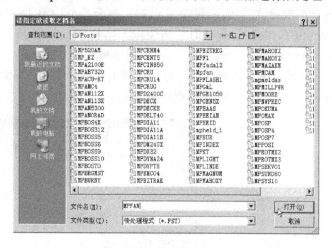

图 7-20 "请指定欲读取之档名"对话框

"NCI 档（NCI file）"选项组和"NC 档（NC file）"选项组可以让通过设置各参数来对后处理过程中生成的 NCI 和 NC 文件进行设置。选中"覆盖（Overwrite）"选项时，系统自动对原 NCI 文件和 NC 文件进行更新；当选中"询问（Ask）"单选按钮时，可以在输入框输入文件名，生成新文件或对已有文件覆盖；选中"编辑（Edit）"选项时，生成 NCI、NC 文件后自动打开文件编辑器，用户可以查看和编辑 NCI 文件和 NC 文件。编辑器中生成的 NC 文件如图 7-21 所示。

图 7-21 NC 文件编辑器

7.9 加工报表

由上述操作生成数控程序后，还可以生成一个数控加工工艺文件，为生产加工人员提供各种与加工有关的数据，这就是加工报表。

加工报表有文本格式与图形格式两种形式。按〈Alt〉+〈F8〉组合键进入"系统规划（System Configuration）"对话框，在"NC 设定（NC Settings）"选项卡中的"加工报表（Setup Sheet）"选项组中设置加工报表格式。选择"使用.SET 档产生文件档（.DOC）（uses.SET file）"选项时，可生成文本格式加工报表。选择"使用图形化的界面（Using Graphical Inter）"选项时，可生成图形格式加工报表。

当设置为文本格式时，顺序选择主菜单中的"公用管理→加工报表"（NC utils→Setup Sheet）选项，在出现的对话框中输入文件名，即可产生文本格式的加工报表，如图 7-22 所示。

图 7-22 文本格式加工报表

当设置为图形格式，单击主菜单中的"公用管理→加工报表"（NC utils→Setup Sheet）选项，可以打开如图 7-23 所示的"图形报表"对话框。在"Operation"选项卡中单击标有刀具图符的大按钮可以打印刀具清单，在"Text fields"选项卡中，可以设置加工报表中要实现的文本选项，在"General"选项卡中可以设置工件、坐标、刀具轨迹、栅格大小以及材料大小等参数。设置完成后单击"应用"按钮，即可产生图形格式的加工报表，如图 7-24 所示。

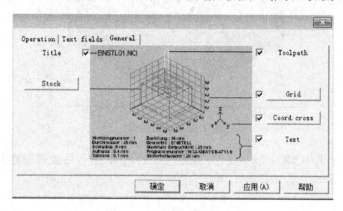

图 7-23 "图形报表"对话框

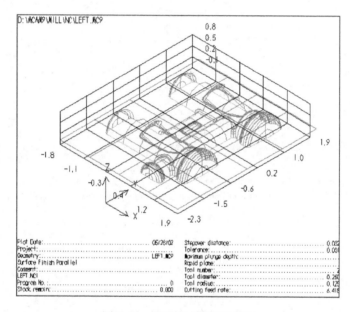

图 7-24 图形格式的加工报表

7.10 上机操作与指导

练习一：按 7.1 节中毛坯外形尺寸设定的几种方法上机操作，设置自定尺寸的工件。

练习二：调出刀具过滤器，对它进行刀型、材料等参数设置。

练习三：选择一个已有的 MC9 文件（可打开 MCAM9 中 MILL\MC9\SAMPLES 中的示

例文件），如图 7-25 所示，进行刀具路径模拟，仿真模拟操作。

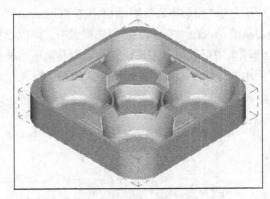

图 7-25　练习图例

练习四：选择上例中 MC9（8）文件，如图 7-25 所示，进行后处理和输出加工报表操作。

任务 8　凸台实体造型与加工

Mstercam 二维刀具路径模组用来生成二维刀具加工路径，包括外形铣削、挖槽、钻孔、面铣削、全圆铣削等加工路径。各种加工模组生成的刀具路径一般由加工刀具、加工零件的几何模型以及各模组的特有参数来定义。在本任务中我们通过一凸台加工实例来了解实体模型的建立以及外形铣削的使用。

8.1　任务分析

应用 Mastercam 软件完成如图 8-1 所示工件的建模、生成刀具路径、后置处理生成 G 代码。

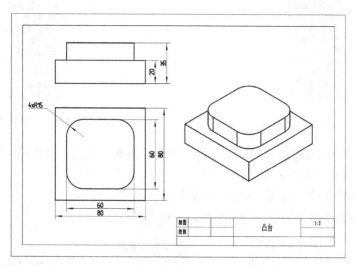

图 8-1　零件图

该图形结构简单，为凸模加工。在实际操作中直接通过二维线框的绘制，选择外形铣削就可以完成加工。在此例中，可以选用 10mm 端铣刀加工，由于材料去除量较大，采用平面方向多次加工和深度方向多次加工及精加工。

8.2　加工模型建立与仿真

8.2.1　实体建模

1. 绘制四方二维草图

1）双击计算机桌面上快捷方式图标，进入工作界面。

2）设置构图面：单击辅助菜单中的"构图面→T 俯视图"，如图 8-2 所示，或直接单击工具栏中的俯视图构图面图标⬡，选择俯视图作为构图面。

设置视角：单击辅助视图中的"荧幕视角→T 俯视图"如图 8-3 所示，或直接单击工具栏中的俯视图视角图标⬡，选择俯视图作为视角平面。

注意：构图面是用于绘图的平面，视角平面是用于观察的平面，两者可以相同也可以不同。

图 8-2 构图面选择

图 8-3 荧幕视角选择

3）从主菜单中依次选择"绘图→矩形"命令，或在工具栏中单击▭按钮，显示"绘图之相关设定"子菜单，如图 8-4b 所示。

4）从主菜单中选取"绘图→矩形→一点"命令。

5）系统打开图 8-5 所示的"绘制矩形：一点"对话框。

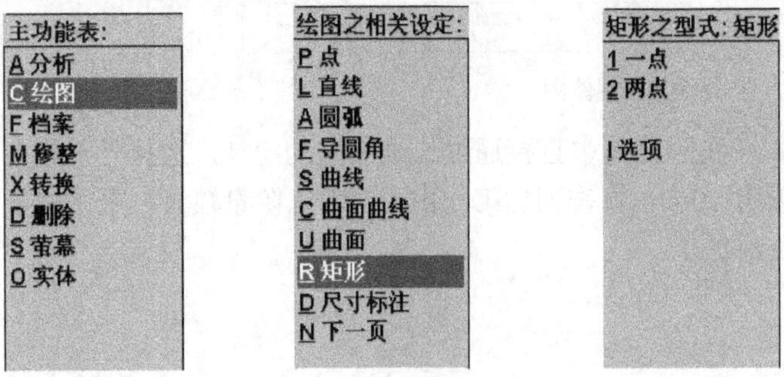

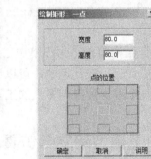

图 8-4 矩形子菜单

图 8-5 "绘制矩形：一点"对话框

6）在"宽度"输入框中输入矩形宽度值为 80，在"高度"输入框中输入高度值为 80，在"点的位置"栏中选取中心为矩形的基准点。

7）单击"确定"按钮，系统返回绘图区，可选择合适位置放置矩形。此时左下角提示区会显示所选点的坐标，如图 8-6 所示。也可以在键盘中输入具体的坐标值来设定基准点的位置，如图 8-7 所示。

8）系统绘制出如图 8-8 所示的矩形，重复步骤 2）～4），可绘制另一个矩形，或按〈Esc〉键返回。

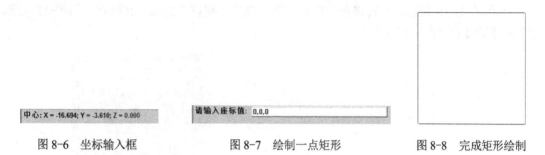

图 8-6　坐标输入框　　　图 8-7　绘制一点矩形　　　图 8-8　完成矩形绘制

2．拉伸四方实体

1）单击工具栏中的视角图标⬡，使四方体呈正等测显示。

2）在主菜单中选取"实体→挤出"命令，显示"选取挤出的串连图"子菜单，如图 8-9a 所示。

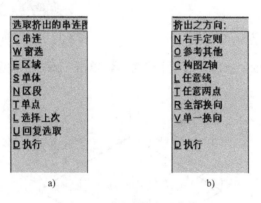

a)　　　　　　　　　　b)

图 8-9　选取和挤出子菜单

3）选择"串连"选项，如图 8-10 所示，选取串连对象后，选择"执行"选项。

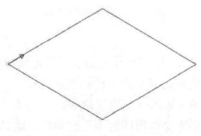

图 8-10　串连

4）系统显示"挤出之方向"子菜单，如图 8-9b 所示，各选项含义如下。

右手定则：串连所在平面的法线方向，为系统默认的挤压方向。

构图 Z 轴：以 Z 轴方向作为挤压方向。

任意线：通过选取一条直线来定义挤压方向，其方向为沿着直线，由选取点接近的端点指向另一端点。

任意两点：通过选取两点来定义挤压方向，其方向为第一个选取点指向第二个选取点。

全部换向：将当前挤压方向反向。

5）如图 8-11 所示，选择挤压方向向上后，选择"执行"选项，系统打开图 8-12 所示的"实体挤出的设定"对话框。

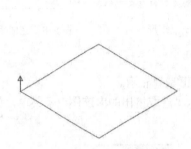

图 8-11　挤压方向　　　　　　图 8-12　"实体挤出的设定"对话框

6）按图 8-12 所示的"挤出"选项卡设置后，单击"确定"按钮，系统完成构建挤压实体，如图 8-13 所示。

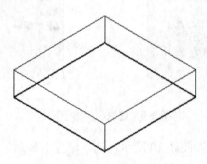

图 8-13　挤压实体线架图

3. 绘制带圆角四边形

1）单击辅助菜单中的"Z"，系统提示区提示"指定新的构图深度"，直接用键盘输入"20"后按〈Enter〉键确认，此时此菜单的 Z 坐标变成 20。

2）从主菜单中选取"绘图→矩形→选项"命令。

3）系统打开图 8-14 所示的"矩形的选项"对话框。选择"矩形"，在"角落导圆角"中打开"半径"选项，输入半径值为 15，单击"确定"按钮。

4）从主菜单中选取"绘图→矩形→选项→一点"命令，如图 8-15 所示。在"宽度"输入框中输入矩形宽度值为 60，在"高度"输入框中输入高度值为 60，在"点的位置"栏中选取中心为矩形基准点。

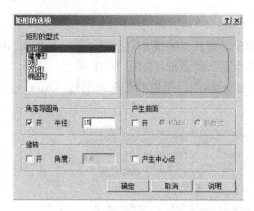

图 8-14 "矩形的选项"对话框

图 8-15 一点法绘矩形对话框

5）直接在"坐标"输入框中输入坐标"0，0，"后按〈Enter〉键，完成如图 8-16 所示矩形的绘制。

4．拉伸带圆角四方体

1）单击工具栏中的视角图标 ⬡，使四方体呈正等测显示。

2）在主菜单中选取"实体→挤出"命令，显示选取对象子菜单，如图 8-9 所示。

3）如图 8-17 所示，选择挤压方向向上后，选择"执行"选项，系统打开图 8-18 所示的"实体挤出的设定"对话框，按照图中数据进行设定，生成如图 8-19 所示凸台。

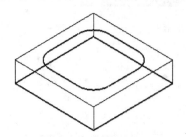

图 8-16 绘制带圆角四边形

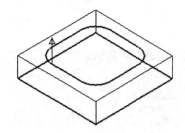

图 8-17 挤压方向朝上

图 8-18 "实体挤出的设定"对话框

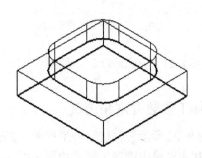

图 8-19 完成凸台挤压

注意：当沿顺时针方向选择串连时，默认的挤压方向朝下；当沿逆时针方向选择串连时，默认的挤压方向朝上。

4）从主菜单中选取"荧幕→系统规划"命令，弹出"系统规划"对话框，如图 8-20 所示，选择"荧幕→著色的设定"，弹出"著色的设定"对话框，如图 8-21 所示，选择"单一颜色"，此处选为绿色，着色后可生成如图 8-22 的实体。颜色的显示可通过〈Alt〉+〈S〉组合键进行切换。

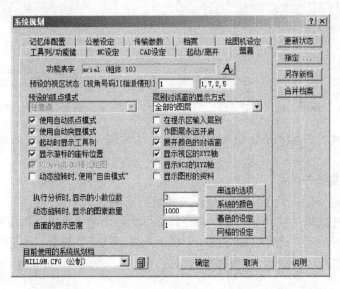

图 8-20 "系统规划"对话框

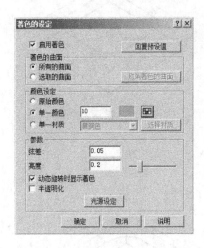

图 8-21 "著色的设定"对话框

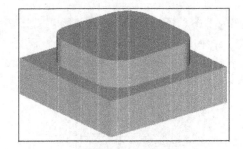

图 8-22 着色后的实体

8.2.2 加工参数设定和仿真

对图 8-22 所示工件进行外形铣削。操作步骤如下。

1）在主菜单中顺序选择"构图平面→俯视图"。

2）在主菜单中顺序选择"绘图视角→等角轴测视图"。

3）在主菜单中顺序选择"刀具路径→外形铣削"。

4）单击"串连"，用鼠标捕获轮廓线，完成轮廓的串连，单击"执行"，完成外形串连，如图8-23所示。完成串连后立即进入"外形铣削"对话框，如图8-24所示。

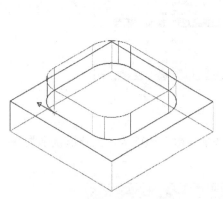

图8-23　外形串连

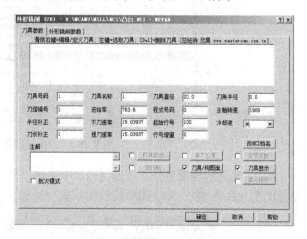

图8-24　"外形铣削"对话框

5）如图8-25所示，在刀具选择框中单击鼠标右键显示刀具的位置，在弹出的快捷菜单中，选"从刀具库选取刀具"，则进入"刀具管理员"对话框，如图8-26所示。从中选择要用的刀具，单击"确定"按钮，返回至"刀具参数"选项卡，显示已选的刀具，并在"刀具参数"选项卡中输入刀具直径和加工材料，设置完成所有参数。在此例中选择了直径为10mm的平底铣刀。

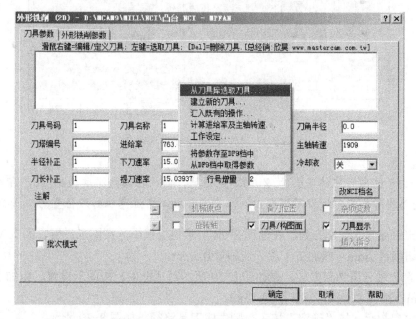

图8-25　"刀具参数"选项卡

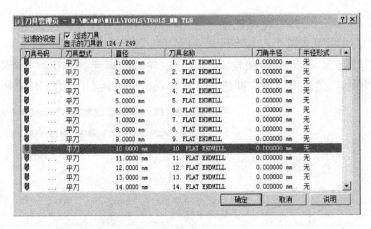

图 8-26 "刀库管理员"对话框

6）设定外形铣削参数。在图 8-27 中单击"外形铣削参数"选项卡，在外形铣削类型中设置加工方式为 2D，其他选项按照图示进行选定。

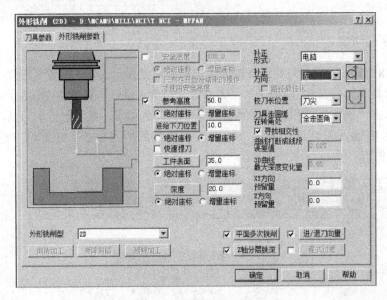

图 8-27 "外形铣削参数"选项卡

注意： 由于绘图时零件底面为 Z 向零点位置，因此在该处深度值为 20，即凸台的起始高度。此处与实际加工时对刀习惯有出入，在实际加工中注意以对刀位置为准进行修改。

7）设定平面多次铣削参数。在如图 8-28 所示对话框中，按图示设置，即 X Y 方向粗加工 10 次，切削量 2mm，精加工 1 次，切削量 0.5mm。

8）设置 Z 轴分层铣深参数，在如图 8-29 所示对话框中，按图示设置，粗加工最大切削深度为 2mm，精加工 1 次，加工余量 1mm。

9）设定参数后，按"确定"按钮。则生成刀具路径，如图 8-30 所示。

10）在主菜单中顺序选择"公共管理→后处理→运行"。

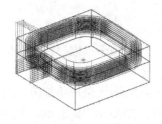

图 8-28　"XY 平面多次铣削设定"对话框　　　　图 8-29　"Z 轴分层铣深设定"对话框

11）在"读取指定文件名"对话框中，读取选择的文件。

12）在"指定写入文件名"对话框中，选择上一步读取的文件名，打开并保存。

13）当显示是否删除旧文件时，选择"是"，如图 8-31 所示。

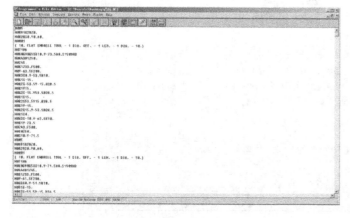

图 8-30　刀具路径　　　　　　　　　　　图 8-31　提示框

14）此时即可生成如图 8-32 所示的 NC 数控加工程序。

15）顺序选择"档案→编辑→NC"，选择要编辑的文件名，显示文件编辑器"（Programmer's File Editor）"，如图 8-32 所示，选择的文件就在编辑器中显示。可在此编辑器里进行编辑。

16）顺序选择"刀具路径→操作管理"选项，显示"操作管理"对话框，如图 8-33 所示。可以在此对话框中进行加工参数修改设置、串连修改、刀具轨迹检验、仿真检验等操作。

图 8-32　NC 数控加工程序　　　　　　　图 8-33　"操作管理"对话框

17）顺序选择"公共管理→实体验证"选项，或在"操作管理"对话框中单击"实体切削验证"按钮，在出现的"实体验证"工具条中按▶开始仿真切削加工，仿真的结果如图 8-34 所示。

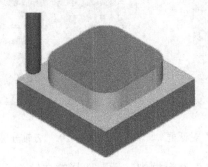

图 8-34　仿真检验结果

8.3　外形铣削参数设置

外形铣削模组可以由工件的外形轮廓产生加工路径，一般用于二维工件轮廓的加工。二维外形铣削刀具路径的切削深度是固定不变的。

在主菜单中顺序选择"刀具路径→外形铣削"选项，在绘图区采用串连方式对几何模型串连后选择"执行"选项，系统弹出"外形铣削"对话框，如图 8-35 所示。每种加工模组都需要设置一组刀具参数，可以在"刀具参数"选项卡中进行设置。如果已设置刀具，将在选项卡中显示出刀具列表，可以直接在刀具列表中选择已设置的刀具。如列表中没有设置刀具，可在刀具列表中单击鼠标右键，通过快捷菜单来添加新刀具。添加刀具的方法在上一任务中已介绍。"刀具参数"选项卡中的有关刀具参数输入框的含义与刀具设置中的相同，下面对本选项卡中的有关按钮进行介绍。

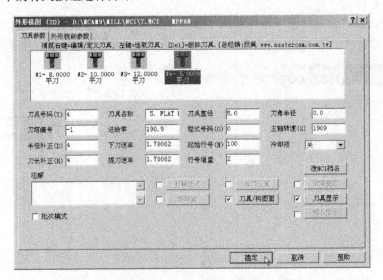

图 8-35　"外形铣削"对话框

1．"机械原点"按钮

选中"机械原点"按钮前的复选框，单击该按钮，即可打开"换刀点"对话框，如图8-36 所示。该对话框用来设置工件坐标系（G54）的原点位置，其值为工件坐标系原点在机械坐标系中的坐标值，可以直接在输入框中输入或单击"选择"按钮在绘图区选取一点。

2．"备刀位置"按钮

选中"备刀位置"按钮前的复选框，单击该按钮即可打开"备刀位置"对话框，如图8-37 所示。该对话框用来设置进刀点与退刀点的位置，"进入点"选项组用于设置刀具的起点，"退出点"选项组用来设置刀具的停止位置。可以直接在输入框中输入或单击"选择"按钮，然后在绘图区选取一点。

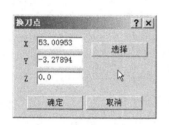

图 8-36 "换刀点"对话框   图 8-37 "备刀位置"对话框

3．其他按钮

"刀具参数"选项卡中的"刀具/构图面"按钮，可通过"刀具面/构图面的设定"对话框用来设置刀具面、构图面或工件坐标系的原点及视图方向，如图 8-38 所示。

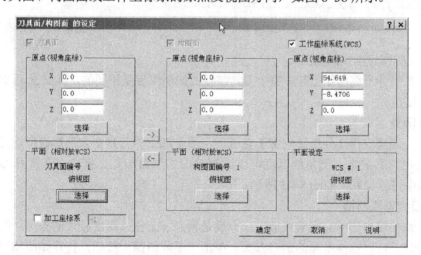

图 8-38 "刀具面/构图面的设定"对话框

"改 NCI 档名"按钮用于设置生成的 NCI 文件名及其存储位置。

"杂项变数"按钮，可通过"杂项变数"对话框设置 10 个整变数和 10 个实变数杂项值，用于对后处理器中的工件坐标形式、绝对/增量方式等编程方式进行设置。

"刀具显示"按钮，可通过"刀具显示的设定"对话框来设置在生成刀具路径时刀具的显示方式。

"插入指令"按钮，可通过"插入控制码"对话框来设置在生成的数控加工程序，插入所选定的控制码。

8.3.1 加工类型

外形铣削模组除了要设置所有加工模组共有的刀具参数外，还需设置一组其特有的参数。在"外形铣削"对话框中单击"外形铣削参数"选项卡，如图 8-39 所示，可以在该选项卡中设置有关的参数。

外形铣削模组可以选择如图 8-40 所示的"2D（二维外形铣削加工）""2D 倒角""螺旋式渐降斜插"和"残料加工"。

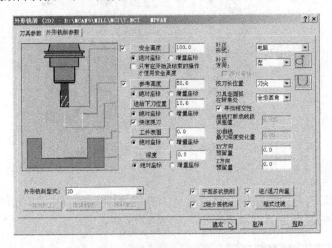

图 8-39 "外形铣削参数"选项卡

图 8-40 外形铣削形式

1．2D（二维外形铣削加工）

当进行二维外形铣削加工时，整个刀具路径的铣削深度是相同的，其 Z 坐标值为设置的相对铣削深度值。

2．2D 倒角

该加工一般需安排在外形铣削加工完成后，用于加工的刀具必须选择成型铣刀。用于倒角时，角度由刀具决定，倒角的宽度可以通过单击"倒角加工"按钮，在打开的"倒角加工"对话框中进行设置，如图 8-41 所示。

3．螺旋式渐降斜插

只有二维曲线串连时有螺旋式加工，一般是用来加工铣削深度较大的外形。在进行螺旋式外形加工时，可以选择不同的走刀方式。单击"渐降斜插"按钮，打开如图 8-42 所示的"外形铣削的渐降斜插"对话框。系统共提供了 3 种走刀方式，当选中"角度"或"深度"单选钮时，都为斜线走刀方式；而选中"垂直下刀"单选钮时，刀具先进到设置的铣削层的深度，再在 XY 平面移动。对于"角度"和"深度"选项，定义刀具路径与 XY 平面的夹角方式各不相同，"角度"选项直接采用设置的角度，而"深度"选项是设置每一层铣削的"斜插深度"。

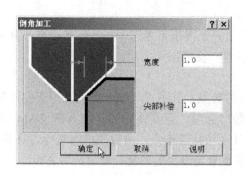

图 8-41 "倒角加工"对话框

图 8-42 "外形铣削的渐降斜插"对话框

4．残料加工

残料外形加工也是当选取二维曲线串连时才可以进行，一般用于铣削上一次外形铣削加工后留下的残余材料。为了提高加工速度，当铣削加工的铣削量较大时，开始时可以采用大尺寸刀具和大进刀量，再采用残料外形加工来得到最终的光滑外形。由于采用大直径的刀具在转角处材料不能被铣削或以前加工中预留的部分形成残料。可以通单击"残料加工"按钮，在打开的"外形铣削的残料加工"对话框中进行残料外形加工的参数设置，如图 8-43 所示。

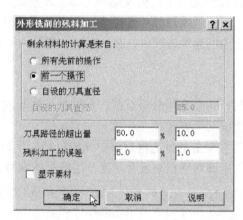

图 8-43 "外形铣削的残料加工"对话框

8.3.2 高度设置

铣床加工各模组的参数设置中均包含高度参数的设置。如图 8-39 所示，高度参数包括安全高度、参考高度、进给下刀位置、工件表面和深度。其中，安全高度是指在此高度之上刀具可以作任意水平移动而不会与工件或夹具发生碰撞；参考高度为开始下一个刀具路径前刀具回退的位置，参考高度的设置应高于进给下刀位置；进给下刀位置是指当刀具在按工作进给之前快速进给到的高度。工件表面是指工件上表面的高度值；切削深度是指最后的加工深度。

上述所有的高度（深度）值都可以采用"绝对坐标"和"增量坐标"两种方法来设置。

8.3.3 刀具补偿

刀具补偿是指将刀具路径从选取的工件加工边界上按指定方向偏移一定的距离，有关参数可以在如图 8-39 所示的"外形铣削参数"选项卡中设置。

1．补偿类型

可在"补正形式"下拉列表框中选择补偿器的类型，其中"电脑"选项，用于由计算机计算进行刀具补偿后的刀具路径；选择"控制器"选项，刀具路径的补偿不在 CAM 中进行，而在生成的数控程序中产生 G41、G42 刀具半径补偿指令，由数控机床进行刀具补偿；"两者"即磨耗补偿，刀具路径的补偿量是刀具偏置量与设置的磨耗补偿值两者之和。

2．补偿方向

可在"补偿方向"下拉列表框中选择刀具补偿的位置，可以将刀具补偿设置为"左"刀补或"右"刀补。

3．长度补偿

以上介绍的是刀具在 XY 平面内的补偿方式，还可以在"校刀长位置"下拉列表框中设置刀具在长度方向的刀位点位置。选择"球心"为球头刀球心，选择"刀尖"为刀尖，生成的刀具路径根据补偿方式而不同。

4．过渡圆弧

可以用"刀具走圆弧在转角处"下拉列表框来选择在转角处刀具路径的方式。选择"不走圆角"选项时，转角处不采用圆弧过渡；选择"<135 度"选项时，当夹角小于 135°时采用弧形刀具路径；选择"全走圆角"选项时，在所有的转角处均采用弧形刀具路径。

8.3.4 分层铣削

一般铣削的厚度较大时，可以采用分层铣削，根据加工形状的不同可分别选择"Z 轴分层铣削"方式和"平面多次铣削"方式。

选中"Z 轴分层铣削"按钮前的复选框后单击该按钮，打开如图 8-44 所示的"Z 轴分层铣深设定"对话框，可以用该对话框来设置深度分层铣削的参数。

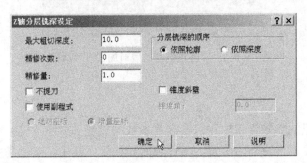

图 8-44　"Z 轴分层铣深设定"对话框

其中，"最大粗切深度"输入框用于输入在粗加工时的最大切削深度；"精修次数"输入框用于输入精加工的次数；"精修量"输入框用于输入在精切削时的最大切削深度；"不提刀"复选框用来设置刀具在每一层切削后，是否回到下刀位置的高度，当选中该复选框时，刀具从当前层深度直接移到下一层的切削深度；若未选中该复选框，则刀具先回到下刀位置的高度，再移到下一层的切削深度；"使用副程式"复选框用来设置在 NC 文件中是否生成子程序，子程序的编程坐标方式可以选择"绝对坐标"方式和"增量坐标"方式。

"分层铣深的顺序"选项组用于设置深度铣削的顺序。选中"依照轮廓"单选钮时，将一个外形铣削到设定的铣削深度后，再铣削下一个外形；当选中"依照深度"单选钮时，将一个深度上所有的外形进行铣削后再进行下一个深度的铣削。

当选中"锥度斜壁"复选框时，按"锥度角"输入框中设定的角度从工件表面铣削到最后深度。

图 8-45 "XY 平面多次铣削设定"

选中"平面多次铣削"按钮前的复选框后单击该按钮，打开如图 8-45 所示的"XY 平面多次铣削设定"对话框。平面多次铣削中刀具将直接到达加工深度，然后沿轮廓进给，进给的次数是粗铣次数加上精铣次数，在 X 方向与 Y 方向的切削深度与设置的粗铣或精铣铣削间距相同。参数设置与深度分层铣削参数设置方法基本相同。在"执行精修的时机"选项组中，选择"最后深度"将在达到"Z 轴分层铣深设定"中设定的铣削深度后进行精铣，选择"所有深度"将在达到"Z 轴分层铣深设定"每层粗铣后都进行精铣削。

8.3.5　进刀/退刀设置

在外形铣削加工中，可以在外形铣削前和完成外形铣削后添加一段进刀/退刀刀具路径。进刀/退刀刀具路径由一段直线刀具路径和一段圆弧刀具路径组成。直线和圆弧的外形可由如图 8-46 所示的"进/退刀向量设定"对话框来设置。

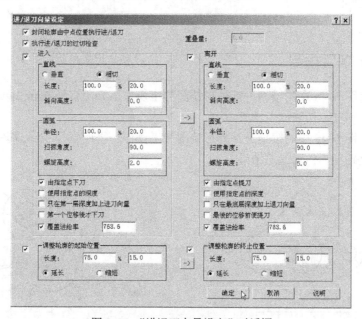

图 8-46 "进退刀向量设定"对话框

在"直线"选项组中可以通过设置"长度""斜向高度""垂直"或"相切"选项来定义直线刀具路径。当选中"垂直"单选钮时直线刀具路径与其相近的刀具路径垂直；当选中

"相切"单选钮时直线刀具路径与其相近的刀具路径相切。

在"圆弧"选项组中可以通过设置"半径""扫掠角度"和"螺旋高度"来定义圆弧刀具路径。

8.3.6　过滤设置

Mastercam 可以对 NCI 文件进行程序过滤，系统通过清除重复点和不必要的刀具移动路径来优化和简化 NCI 文件。单击"程式过滤"按钮，打开如图 8-47 所示的"程式过滤的设定"对话框。

图 8-47　"程式过滤的设定"对话框

1．优化误差

"公差设定"输入框用于输入进行操作过滤时的误差值。当刀具路径中某点与直线或圆弧的距离小于或等于该误差值时，系统将自动去除到该点的刀具移动。

2．优化点数

"过滤的点数"输入框用于输入每次过滤时可删除点的最多数值，其取值范围为 3～1000。取值越大，过滤速度越快，但优化效果越差。

3．优化类型

当选中"产生 XY(XZ、YZ)平面的圆弧"复选框时，生成的程序中将用圆弧代替折线段来生成刀具路径；当未选中该复选框时，用折线段来生成刀具路径。但当圆弧的半径超出"最小的圆弧半径"与"最大的圆弧半径"输入框设置值的范围时，仍用折线段来生成刀具路径。

8.4　上机操作与指导

练习一：对图 8-48 中的模型进行外形铣削加工操作，采用直径 5mm 端铣刀，加工深度 5mm，输出刀具路径、仿真加工结果。

练习二：对图 8-49 中的模型进行外形铣削加工操作，采用直径 5mm 端铣刀，加工深度 5mm，输出刀具路径、仿真加工结果。

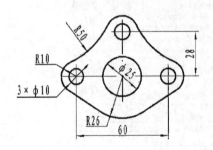

图 8-48　练习一图例

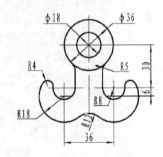

图 8-49　练习二图例

任务 9　槽类零件实体造型与加工

本任务通过槽类零件加工实例讲解槽孔类零件实体模型的建立以及如何进行槽、孔类零件加工。

9.1　任务分析

应用 Mastercam 完成图 9-1 中工件的建模、生成刀具路径、后置处理生成 G 代码。

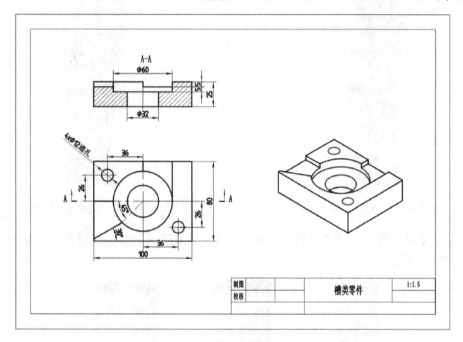

图 9-1　工件图

在该图形加工中，一共包括钻孔、挖槽、挖开口槽三个部分的加工，也属于二维加工的范畴。加工中需要用到中心钻、钻头、平底铣刀。加工中应注意加工顺序的安排。

9.2　加工模型建立与仿真

9.2.1　实体建模

1. 绘制四方二维草图

1）双击计算机桌面上 Mastercam 图标，进入工作界面。

2）设置构图面：单击辅助菜单中的"构图面→T 俯视图"，如图 9-2 所示，或直接单击工具栏中的俯视图构图面图标⬡，选择俯视图作为构图面。

设置视角：单击辅助视图中的"荧幕视角→T 俯视图"，如图 9-3 所示，或直接单击工具栏中的俯视图视角图标，选择俯视图作为视角平面。

注意：构图面是用于绘图的平面，视角平面是用于观察的平面，两者可以相同也可以不同。

图 9-2　构图面选择　　　　　　　　　　　图 9-3　荧幕视角选择

3）从主菜单中依次选择"绘图→矩形"命令，或在工具栏中单击▢按钮，显示矩形子菜单，如图 9-4 所示。

a)　　　　　　　　　b)　　　　　　　　　c)

图 9-4　矩形子菜单

4）从主菜单中选取"绘图→矩形→一点"命令。

5）系统打开图 9-5 所示的"绘制矩形：一点"对话框。

6）在"宽度"输入框中输入矩形宽度值为 80，在"高度"输入框中输入高度值为 100，在"点的位置"栏中选取中心为矩形的基准点。

7）单击"确定"按钮，系统返回绘图区，可选择合适位置放置矩形。此时左下角提示区会显示所选点的坐标，如图 9-6 所示。也可以输入具体的坐标值来设定基准点的位置，如图 9-7 所示。

图 9-5　一点法绘矩形对话框

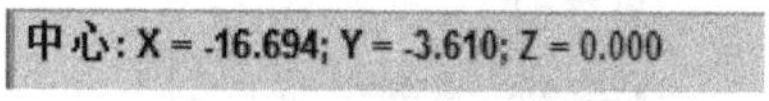

图 9-6　坐标显示框

8）系统绘制出如图 9-8 所示的矩形。重复步骤 2）～4），可绘制另一个矩形，或按〈Esc〉键返回。

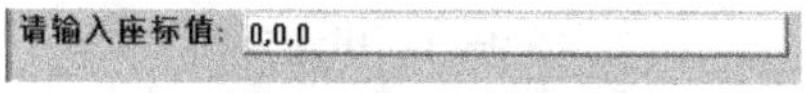

请输入坐标值: 0,0,0

图 9-7　坐标输入框

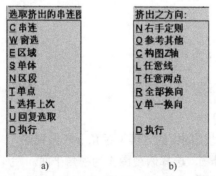

图 9-8　完成矩形绘制

2. 拉伸四方实体

1）单击工具栏中的视角图标 ⬡，使四方体呈正等测显示。

2）在主菜单中选取"实体→挤出"命令，显示"选取挤出的串连图"子菜单，如图 9-9a 所示。

选取挤出的串连图	挤出之方向:
C 串连	N 右手定则
W 窗选	O 参考其他
E 区域	C 构图Z轴
S 单体	L 任意线
N 区段	T 任意两点
T 单点	R 全部换向
L 选择上次	V 单一换向
U 回复选取	D 执行
D 执行	
a)	b)

图 9-9　"选取挤出的串连图"和"挤出之方向"子菜单

3）选择"串连"选项，选取串连对象后，选择"执行"选项。

4）系统显示"挤出之方向"子菜单，如图 9-9b 所示。常用选项含义如下。

右手定则：串连所在平面的法线方向，为系统默认的挤压方向。

构图 Z 轴：以 Z 轴方向作为挤压方向。

任意线：通过选取一条直线来定义挤压方向，其方向为沿着直线，由选取点接近的端点指向另一端点。

任意两点：通过选取两点来定义挤压方向，其方向为第一个选取点指向第二个选取点。

全部换向：将当前挤压方向反向。

5）选择挤压方向后，选择"执行"选项，系统打开图 9-10 所示的"实体挤出的设定"对话框。在该处，挤压方向选择向 Z 轴负向挤压，如在步骤 4）中方向未设定正确，可在对话框中选择"更改方向"选项，如图 9-11、9-12 所示。挤压距离值选择为 25。

图 9-10 "实体挤出的设定"对话框

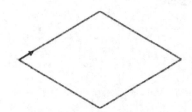

图 9-11 串连方向

6）按图 9-10 所示的"挤出"选项卡设置后，单击"确定"按钮，系统完成构建挤压实体，如图 9-13 所示。

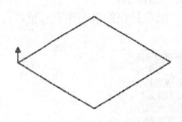

图 9-12 挤压方向

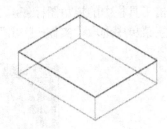

图 9-13 挤压实体线架图

3. 绘制零件上表面各圆

1）设置视角：单击辅助视图中的"屏幕视角→T 俯视图" 如图 9-2 所示，或直接单击工具栏中的俯视图视角图标，选择俯视图作为视角平面。

2）从主菜单中选取"绘图→圆弧→点直径圆"命令。

3）系统在左下角提示给出圆的直径，如图 9-14 所示。此处给定直径为 32。

4）给出直径后，系统提示选择抓点定位方式，此处可选择"原点"方式，完成圆的绘制，也可以选择直接给出中心点坐标。完成效果如图 9-15 所示。

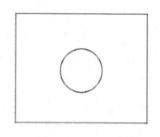

图 9-14　输入圆直径　　　　　　　　　　　图 9-15　上表面中心圆

5）重复步骤 2）～4）完成图 9-16 中的 S1、S2、S3 三个圆的绘制。其中心点坐标分别为（-36，26，0）、（0，0，0）、（36，-26，0），直径分别为 12、60、12。

6）在主菜单中选取"实体→挤出→串连"命令，系统提示选择串连图形，此时选择直径为 32 的圆，单击执行。调整挤压方向为 Z 轴负向，效果如图 9-17 所示，单击执行。

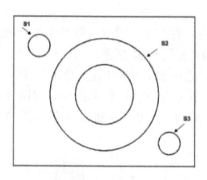

图 9-16　绘制圆

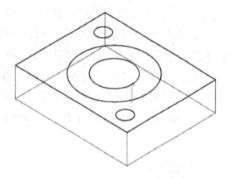

图 9-17　选取图形挤压

7）在"实体挤出的设定"对话框中，选择挤压操作为"切割实体"，挤压距离设置为25，如图 9-18 所示。设置完成后单击确定，生成中心通孔，如图 9-19 所示。

图 9-18　"实体挤出的设定"对话框

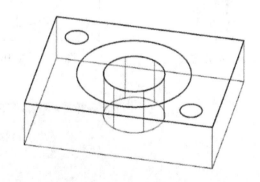

图 9-19　中心通孔挤压效果

重复 6）～7）操作，分别选择圆 S1、S2、S3 进行挤压操作，挤压的深度分别为 25、10、25。效果如图 9-20 所示。

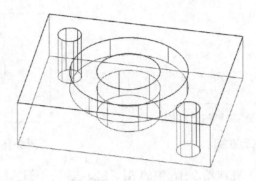

图 9-20 挤压效果

4. 绘制通槽

1）设置视角：单击辅助视图中的"屏幕视角→T 俯视图"，或直接单击工具栏中的俯视图视角图标 ![img]，选择俯视图作为视角平面。

2）在主菜单中选取"绘图→直线→两点画线"命令，在抓点方式中选择"中点"，如图9-21 所示。绘制水平和垂直方向中线，将平面进行分割，如图 9-22 所示。

3）在主菜单中选取"转换→平移"或快捷方式 ![img]，选中水平方向中线，单击执行。

4）选择"直角坐标"移动方式，如图 9-23 所示。在左下角输入平移量 30，如图 9-24 所示。按〈Enter〉键弹出"平移"对话框，如图 9-25 所示。选择"复制"，效果如图 9-26 所示。

图 9-21 抓点方式

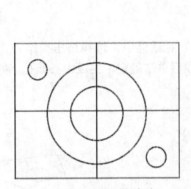

图 9-22 绘制两向中线

图 9-23 移动方式选择

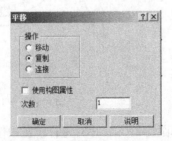

图 9-24 输入平移量

图 9-25 平移方式选择

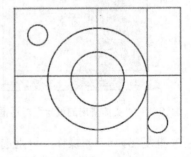

图 9-26 平移效果

5）在主菜单中选取"转换→旋转"命令或单击快捷方式 ，选垂直中线，单击执行。

6）选择旋转基准点，这里选择原点为旋转基准点，弹出"旋转"对话框，如图 9-27 所示，选择"复制"，旋转角度为 45，单击确定，得到如图 9-28 所示效果。

图 9-27　旋转方式选择

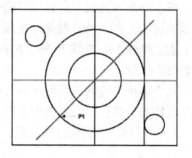

图 9-28　旋转效果

7）在主菜单中选取"绘图→直线→极坐标线"命令，抓取交点 P1，在状态栏对话框中输入极坐标角度值 210，如图 9-29 所示。在对话框中输入长度 100，如图 9-30 所示。绘制出如图 9-31 所示图形。

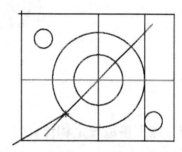

请输入角度 210
（或按键盘的 X,Y,Z,R,D,L,S,A,?）

图 9-29　极坐标角度

请输入线长 100
（或按键盘的 X,Y,Z,R,D,L,S,A,?）

图 9-30　线段长度

图 9-31　极坐标线绘制

8）在主菜单中选"修整→修剪延伸"命令，选择合适单一修剪方式，将多余线条剪除，最终效果如图 9-32 所示。

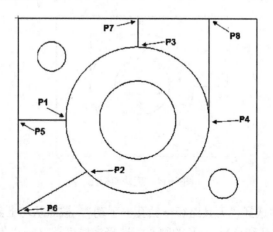

图 9-32　修剪效果图

9）在主菜单中选"修整→打断→在交点处"命令，选择直径 60 的圆和四条交线，使圆在 P1、P2、P3、P4 处断开。

10）重复步骤 9），使 P5、P6、P7、P8 也打断。

11）在主菜单中选取"实体→挤出→串连"命令，依次选取线段 P3P4、P4P8、P8P7、P7P3，调整挤压方向为沿 Z 轴负向挤压，挤压距离值为 5，单击确定。

12）重复步骤 1），完成 P1P5、P5P6、P6P2、P2P1 四条线所围成的形状的实体挤压，完成两处通槽的绘制。

13）从主菜单中选取"荧幕→系统规划"命令，在"系统规划"菜单中选择"荧幕→着色设定"选择单一颜色，此处选为绿色，着色后可生成如图 9-33 所示的实体。颜色的显示可通过〈Alt〉+〈S〉组合键进行切换。

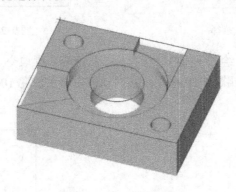

图 9-33　着色后的实体

9.2.2　加工参数设定和仿真

对图 9-33 所示工件进行钻孔和挖槽加工。其中用到的刀具有中心钻、12mm 钻头、10mm 平底立铣刀。操作步骤如下：

1）在主菜单中顺序选择"构图平面→俯视图"。

2）在主菜单中顺序选择"绘图视角→俯视图"，如图 9-34 所示。

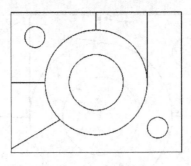

图 9-34　工件俯视图

3）在主菜单中顺序选择"刀具路径→钻孔→手动"，按照从左上到右下的顺序依次选择 12mm 孔、中心 32mm 孔和 12mm 孔的圆心。选择完成后按〈Esc〉键退出，系统弹出钻孔加工对话框，如图 9-35 所示。

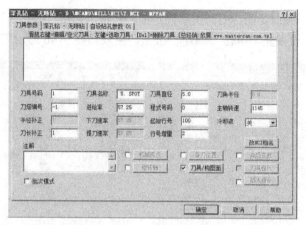

图9-35　钻孔加工对话框

4）如图 9-36 所示，在刀具选择框中单击鼠标右键显示刀具的位置，在弹出的快捷菜单中，选"从刀具库选取刀具"，则进入刀具管理对话框，如图 9-37a、9-37b 所示，从中选择需要的刀具。

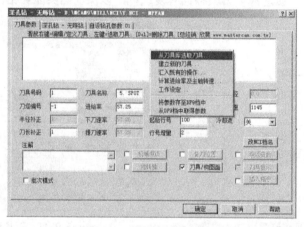

图9-36　"钻孔加工"对话框

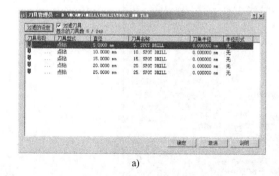

a)

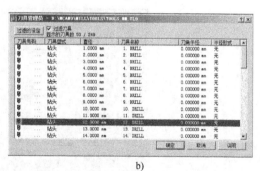

b)

图9-37　刀具管理对话框

单击"确定"按钮，返回 "刀具参数"选项卡。此处需要选择 5mm 中心钻和 12mm 钻头各一把，其中中心钻设为 1 号刀，12mm 钻头设为 2 号刀。

5）选中中心钻，按照如图 9-38 所示设定相关参数，选择"深孔钻"选项卡，按图 9-39 设定相关加工参数。设置完毕单击"确定"按钮，生成如图 9-40 所示刀具轨迹。

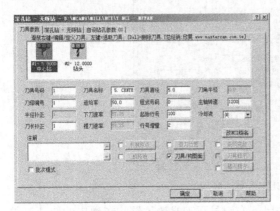

图 9-38　刀具选择

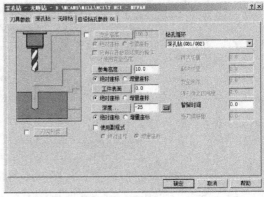

图 9-39　参数设置

6）重复步骤 3）～5），选择 2 号刀具，完成扩孔工作。刀具参数设置如图 9-41、9-42 所示。在参数设置中，应选择"刀尖补偿"复选框，以保证钻头能够钻出零件表面。

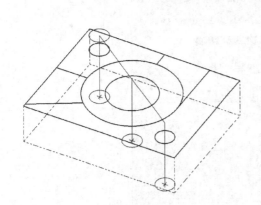

图 9-40　刀具轨迹图

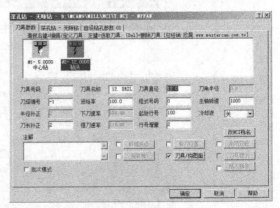

图 9-41　刀具选择

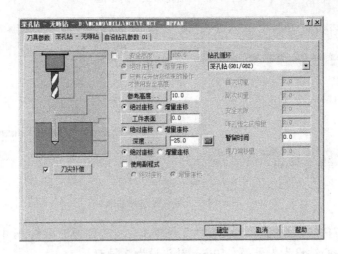

图 9-42　参数设置

7）在主菜单中顺序选择"刀具路径→挖槽→串连"，选择直径 32 圆后，单击执行，弹出"挖槽"对话框，如图 9-43 所示。在刀库中选择 10mm 平底立铣刀，设定为 3 号刀具。按照图 9-44 图 9-46 完成参数设定后，得到如图 9-47 所示刀具轨迹。

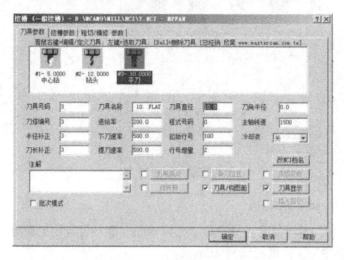

图 9-43 "挖槽"对话框

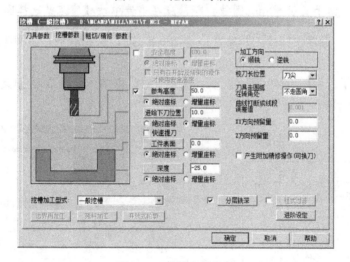

图 9-44 挖槽参数设置

图 9-45 分层铣削参数

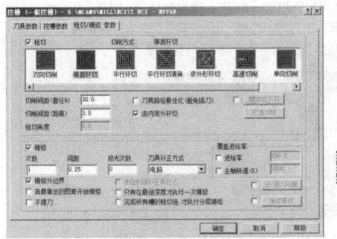

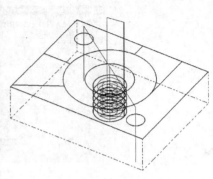

图 9-46　切削参数　　　　　　　　　　　　　　图 9-47　刀具轨迹

8）重复步骤 7），同样使用 3 号刀具，选择 60mm 圆，设定加工参数，完成挖槽。参数可参考步骤 7），其中加工深度应该为-10mm。

注意：加工中由于直径 60mm 圆被打断，应在串连中按顺序完整选择圆上各圆弧。

9）在主菜单中顺序选择"刀具路径→挖槽→串连"，选择右上开口槽各边进行串连，如图 9-48 所示。

10）串连完毕，如图 9-49 所示。在"挖槽"对话框中，选择 3 号刀具进行加工，加工参数如图 9-50 所示。

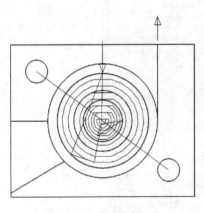

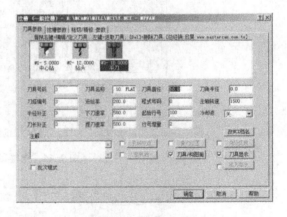

图 9-48　串连选择　　　　　　　　　　　　　　图 9-49　挖槽对话框

在挖槽参数菜单中，由于该槽有一边不封闭，因此应在"挖槽加工型式"中选择"开放式轮廓挖槽"，单击"开放式轮廓"按钮，打开"开放式轮廓挖槽"对话框，如图 9-51 所示进行参数设置。

注意：实际加工时，可以延伸两侧直边到圆弧内部并进行连接，以连线代替圆弧边，消除因刀具半径原因造成的残留余量。

204

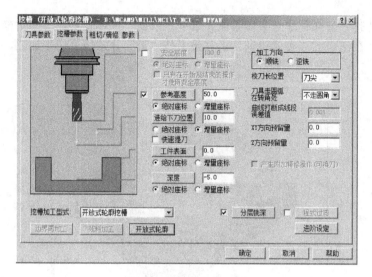

图 9-50 挖槽参数设置

11）重复步骤 9）和 10），完成左侧开口槽的加工。

12）在主菜单区顺序选择"公共管理→后处理→运行"。

13）在"读取指定文件名"对话框中，读取选择的文件。

14）在"指定写入文件名"对话框中，选择上边读取的文件名，打开并保存。

15）如图 9-52 显示是否删除旧文件，选择"是"，即可生成如图 9-53 所示 NC 程序。

图 9-51 "开放式轮廓挖槽"对话框

图 9-52 提示框

16）顺序选择"刀具路径→操作管理"选项，弹出"操作管理器"对话框，如图 9-54 所示。可以在此对话框中进行加工参数修改设置、串连修改、刀具轨迹检验、仿真检验等操作。

图 9-53 NC 数控加工程序

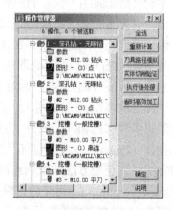

图 9-54 "操作管理器"对话框

17）顺序选择"公共管理→实体验证"选项，或在"操作管理器"对话框中按"实体切削验证"按钮，在出现的"实体验证"工具条中按"▸"开始仿真切削加工，仿真的结果如图9-55所示。

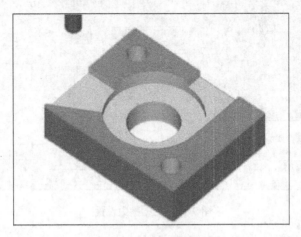

图9-55　仿真检验结果

9.3　典型二维铣削加工

9.3.1　钻孔与镗孔加工

钻孔模组主要用于钻孔、镗孔和攻螺纹等加工。钻孔模组有一组其特有的参数设置，几何模型的选取与前面的各模组有很大的不同。

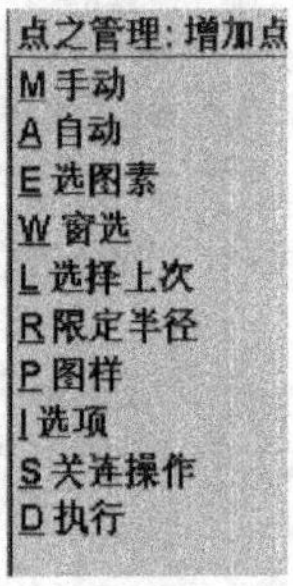

1. 点的选择

钻孔模组中使用的定位点为圆心。可以选取绘图区已有的点，也可以构建一定排列方式的点。顺序选择"刀具路径→钻孔"（Toolpaths→Drill）选项，在"点之管理（Point Manager）"子菜单中提供多种选取钻孔中心点的方法，如图9-56所示。

手动（Manual）：手工方法输入钻孔中心。

自动（Automatic）：顺序选取第一个点、第二个点和最后一个点后，系统将自动选取已存在的一系列点作为钻孔中心。

```
点之管理: 增加点
M 手动
A 自动
E 选图素
W 窗选
L 选择上次
R 限定半径
P 图样
I 选项
S 关连操作
D 执行
```

图9-56　"点之管理"子菜单

选图素（Entities）：将选取的几何对象端点作为钻孔中心。

窗选（Window Pts）：用两对角点形成的矩形框内包容的点作为钻孔中心点。

选择上次（Last）：采用上一次选取的点及排列方式。

限定半径（Mask on arc）：将圆或圆弧的圆心作为钻孔中心点。

图样（Patterns）：该选项有 "网格（Grid）"和"圆周（Bolt circle）"两种安排钻孔中心点的方法，其使用方法与绘制点命令中对应选项相同。

选项（Options）：用来设置钻孔中心点的排序方式，系统提供了17种2D排序、12种旋转排序和16种交叉断面排序方式，如图9-57所示。

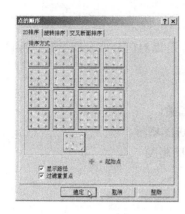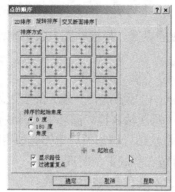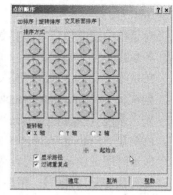

图 9-57　设置钻孔中心点的排列方式

2. 钻孔参数

钻孔模组共有 21 种钻孔循环方式，包括 8 种标准方式和 13 种自定义方式，如图 9-58 所示。其中常用的 7 种标准钻孔循环方式如下。

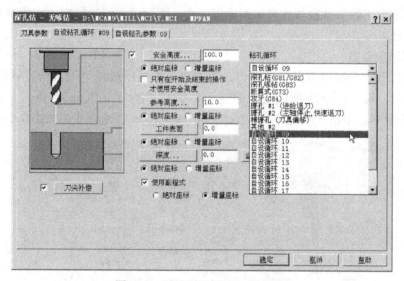

图 9-58　钻孔循环加工方式对话框

深孔钻（Drill/Counterbore）：钻深孔或镗盲孔，自动使用 G81/G82 指令编程。

深孔啄钻（Peck drill）：钻深度大于三倍刀具直径的深孔，循环中有快速退刀动作，退至 R 点后再次进给下刀，便于排屑，自动使用 G83 指令编程。

断屑式（Chip Break）：钻深度大于三倍刀具直径的深孔，循环中有快速退刀动作，回退设置值 d 距离后再次进给下刀，便于排屑，自动使用 G73 指令编程。

攻牙（Tap）：攻左旋螺纹。

镗孔 1⊖（Bore #1）：主轴正向进给进刀至切削深度，主轴不停转，然后反向进给。

镗孔 2（Bore #2）：主轴正向进给进刀至切削深度，主轴停转，然后退刀。

精镗孔（刀具偏移）（Fine bore（shift））：用于精镗孔，在孔的底部准停后，并让刀，然

⊖　Mastercam 9.1 软件中写作"搪孔"，本书统一为"镗孔"。

后快速退刀。

对话框中还有以下几个参数的设置，根据钻孔方式不同，可以对部分或全部参数进行设置。各参数的含义如下。

首次啄钻（1st peck）：首次钻（镗）孔深度。

副次切削（Subsequent peck）：以后各次钻（镗）的步进增量。

安全余隙（Peck clearance）：每次钻（镗）循环中刀具快进的增量。

回缩量（Retract amount）：每次钻（镗）循环中刀具快退的高度。

暂留时间（Dwell）：刀具暂留在孔底部的时间。

提刀偏移量（Shift）：精加工刀具在孔底的让刀量。

刀尖补偿（Tip comp）：钻孔刀具刀尖补偿设置。

9.3.2 挖槽铣削加工

挖槽模组主要用来切削沟槽形状或切除封闭外形所包围的材料。用来定义外形的串连可以是封闭串连也可以是不封闭串连。但每个串连必须为共面串连且平行于构图面。在挖槽模组参数设置中加工通用参数与外形加工设置一致，下面仅介绍其特有的挖槽参数和粗/精加工参数的设置。

1. 挖槽铣削参数

绘制或打开一个有槽型结构的图形。在主菜单中顺序选择"刀具路径→挖槽"（Toolpaths→Pocket）选项，在绘图区选取串连后，选择"执行（Done）"选项。打开"挖槽（Pocket）"对话框，单击"挖槽参数（Pocketing parameters）"选项卡，如图 9-59 所示。

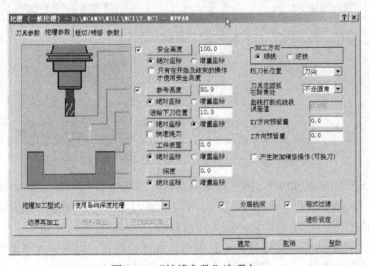

图 9-59 "挖槽参数"选项卡

挖槽模组共有 5 种挖槽加工类型，如图 9-60 所示。前 4 种加工方式为封闭串连时加工方式；当在选取的串连中有未封闭的串连时，则仅能选择"开放式轮廓挖槽（Open）"加工方式。

"一般挖槽（Standard）"选项为采用标准的挖槽方式，即仅铣削定义凹槽内的材料，而不会对边界外或岛屿进行铣削；

图 9-60 挖槽模组中的加工类型

"边界再加工（Facing）"选项，相当于面铣削模组的功能，在加工过程中只保证加工出选择的表面，而不考虑是否会对边界外或岛屿的材料进行铣削；当选择"使用岛屿深度挖槽（Island facing）"选项，不会对边界外进行铣削，但可以将岛屿铣削至设置的深度；"残料加工（Remachining）"选项，进行残料挖槽加工，其设置方法与残料外形铣削加工中参数设置相同。

图 9-61 为选择不同加工方式时生成的刀具路径。其中凹槽的铣削深度设置为 10，图 9-61a 为选择"一般挖槽"选项时的刀具路径，图 9-61b 为选择"边界再加工"选项时的刀具路径，图 9-61c 为选择"使用岛屿深度挖槽"选项，岛屿铣削深度设置为 5 时的刀具路径。

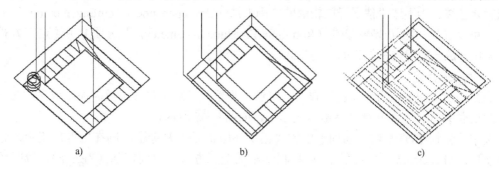

a)   b)   c)

图 9-61　选择不同加工方式时生成的刀具路径

选择"使用岛屿深度挖槽"加工方式后单击"边界再加工"按钮，可通过打开的"边界再加工"对话框来设置岛屿加工的深度，如图 9-62 所示。该对话框中的"岛屿上方预留量（Stock above islands）"输入框用于输入岛屿的最终加工深度，该值一般要高于凹槽的铣削深度。"边界再加工"对话框其他参数的含义与外形铣削模组中对应参数相同。

由于在挖槽模组的"岛屿深度挖槽（Island facing）"加工方式中增加了岛屿深度设置，所以在其深度分层铣削设置的"Z 轴分层铣深设定（Depth cuts）"对话框中增加了一个"使用岛屿深度（Use island depth）"复选框，如图 9-63 所示。当选中该复选框时，当铣削的深度低于岛屿加工深度时，先将岛屿加工至其加工深度，再将凹槽加工至其最终加工深度；若未选中该复选框，则先进行凹槽的下一层加工，然后将岛屿加工至岛屿深度，最后将凹槽加工至其最终加工深度。

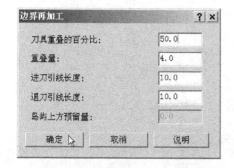

图 9-62　"边界再加工"对话框

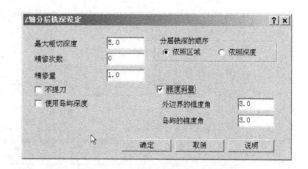

图 9-63　"Z 轴分层铣深设定"对话框

当选取的串连中含有未封闭串连时，只能用"开放式轮廓挖槽（Open）"加工方式。在采用开放式轮廓挖槽加工方式时，系统先将未封闭的串连进行封闭处理后，再对封闭后的区域进行挖槽加工。单击"开放式轮廓（Open pockets）"按钮，打开如图 9-64 所示的"开放式轮廓挖槽（Open pockets）"对话框。该对话框用于设置封闭串连方式和加工时的走刀方式。"刀具重叠的百分比（Overlap percentage）"和"重叠量（Overlap distance）"输入框中的数值是相关的。当其数值设置为 0 时，系统直接用直线连接未封闭串连的两个端点；当设置值大于 0 时，系统将未封闭串连的两个端点连线向外偏移设置的距离后形成封闭区域。当不选"使用开放轮廓的切削方法（Use open pocket cutting method）"复选框时，可以选择"粗切/精修参数（Roughing/Finishing parameters）"选项卡中的走刀方式，否则采用开放式轮廓挖槽加工的走刀方式。

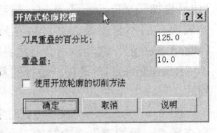

图 9-64 "开放式轮廓挖槽"对话框

2. 粗加工参数

在挖槽加工中加工余量一般比较大，可通过设置粗精加工参数来提高加工效率。在"挖槽"对话框中单击"粗切/精修参数"选项卡，如图 9-65 所示。

选中"粗切/精修参数"选项卡中的"粗切（Rough）"复选框，则在挖槽加工中，先进行粗切削。Mastercam 9.1 提供了 8 种粗切削的走刀方式：双向切削（Zigzag），等距环切（Constant Overlap Spiral），平行环绕（Parallel Spiral），平行环绕清角（Parallel Spiral Clean），依外形环切（Morph Spiral），高速切削（High Speed），单向切削（One Way），螺旋切削（True Spiral）。这 8 种切削方式又可分为直线切削及螺旋切削两大类。

直线切削包括双向切削和单向切削，双向切削产生一组有间隔的往复直线刀具路径来切削凹槽；单向切削所产生的刀具路径与双向切削类似。所不同的是单向切削刀具路径按同一个方向进行切削。

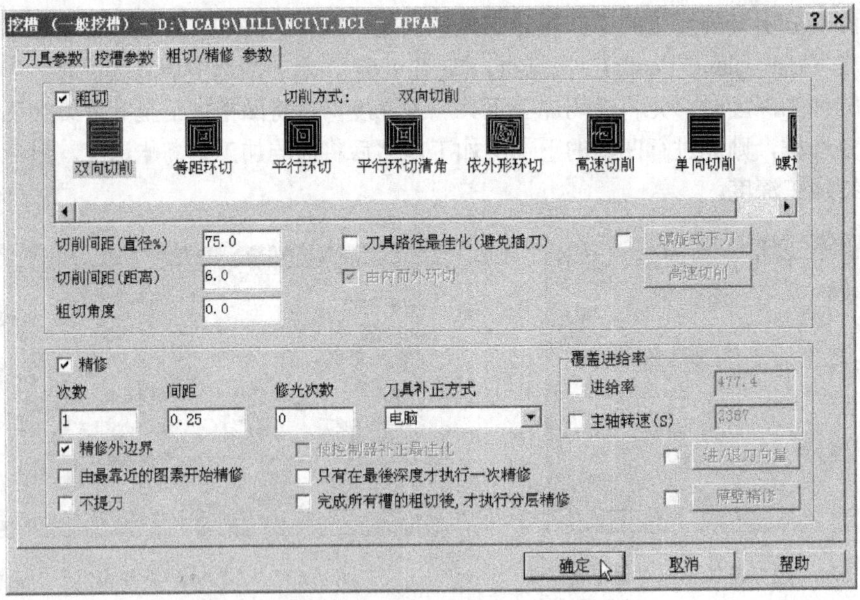

图 9-65 "粗切/精修参数"选项卡

210

螺旋切削方式是以挖槽中心或特定挖槽起点开始进刀并沿着刀具方向（Z轴）螺旋下刀削切。

"切削间距（直径%）"（Stepover）：设置在X轴和Y轴粗加工之间的切削间距，数值为刀具直径的百分率。

"切削间距（距离）"（Stepover distance）：设置在X轴和Y轴粗加工之间的切削间距，数值等于刀具直径与切削间距百分率的乘积。

"切削间距（直径%）"与"切削间距（距离）"这两个选项只要填写其中一个，另一项会自动计算填写。

粗切角度（Roughing）：设置双向和单向粗加工刀具路径的起始方向。

"刀具路径最优化（避免插刀）"（Minimize tool burial）：为环绕切削内腔、岛屿提供优化刀具路径，避免损坏刀具。该选项仅使用双向铣削内腔的刀具路径，并能避免切入刀具绕岛屿的毛坯太深，选择刀具插入最小切削量选项，当刀具插入形式发生在运行横越区域前，将清除干净绕每个岛屿区域的毛坯材料。

由内到外环切（Spiral inside to outer）：用来设置螺旋进刀方式时的挖槽起点。当选中该复选框时，切削方法是以凹槽中心或指定挖槽起点开始，螺旋切削至凹槽边界；当未选中该复选框时，是由挖槽边界外围开始螺旋切削至凹槽中心。

凹槽粗铣加工路径中，可以采用垂直下刀、斜线下刀和螺旋下刀等三种下刀方式。采用垂直下刀方式时不选"螺旋式下刀（Entry-Helix）"复选框；采用斜线下刀方式时选择"螺旋式下刀"复选框并选择"螺旋/斜插式下刀之设定（Helix/Ramp Parameters）"对话框的"斜插式下刀（Ramp）"选项卡；采用螺旋下刀方式时则选"螺旋式下刀（Helix）"选项卡。

"螺旋/斜插式下刀之设定"对话框中的"斜插式下刀（Ramp）"选项卡如图9-66所示，该选项卡用于设置斜线下刀时刀具的运动方式，其主要参数的含义如下。

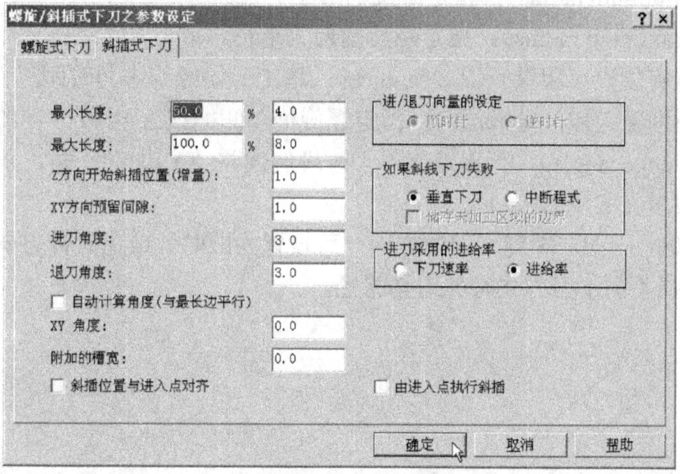

图9-66 "斜插式下刀"选项卡

最小长度（Minimum length）：指定斜线刀具路径的最小长度。
最大长度（Maximum length）：指定斜线刀具路径的最大长度。
进刀角度（Plunge zig）：指定刀具切入的角度。

退刀角度（Plunge zag）：指定刀具切出的角度。

自动计算角度（与最长边平行）（Auto angle/XY angle）：当选中"自动计算（Auto angle）"复选框时，斜线在 X Y 轴方向的角度由系统自动决定；当未选中"自动计算"复选框时，斜线在 X Y 轴方向的角度由"X Y 角度（X Y angle）"输入框输入。

附加的槽宽（Additional slot）：在每个斜向下刀的端点增加一个圆角，产生一个平滑刀具移动，圆角半径等于附加槽宽度的一半，该选项能进行高速加工。

"螺旋式下刀（Helix）"选项卡用于设置螺旋下刀时刀具的运动方式，如图 9-67 所示，其主要参数的含义如下。

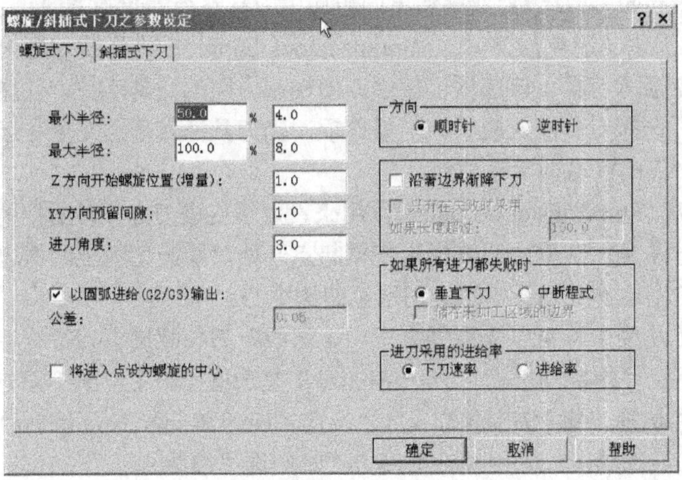

图 9-67 "螺旋式下刀"选项卡

最小半径（Minimum radius）：指定螺旋的最小半径。

最大半径（Maximum radius）：指定螺旋的最大半径。

Z 方向开始螺旋位置（增量）（Z clearance）：指定开始螺旋进刀时距工件表面的高度。

X Y 方向预留间隙（XY clearance）：指定螺旋槽与凹槽在 X 向和 Y 向的安全距离。

进刀角度（Plunge angle）：指定螺旋下刀时螺旋线与 XY 面的夹角，角度越小，螺旋的圈数越多，一般设置在 5°～20°之间。

方向（Direction）：指定螺旋下刀的方向，可设置为顺时针或逆时针方向。

图 9-68 为选择不同下刀方式时的刀具路径。

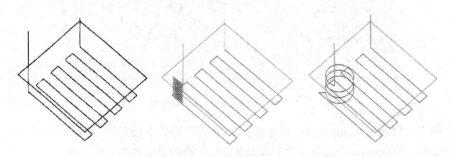

图 9-68 选择不同下刀方式时的刀具路径

3. 精加工参数

当选中图 9-65 中的"精修（Finish）"复选框后系统可执行挖槽精加工，挖槽模组中各主要精加工切削参数含义如下：

精修外边界（Finish outer boundary）：对外边界也进行精铣削，否则仅对岛屿边界进行精铣削。

由最靠近的图素开始（Start finish pass at closest）：在靠近粗铣削结束点位置开始深铣削，否则按选取边界的顺序进行精铣削。

只有在最后深度才进行一次精修（Machine finish passes only at final depth）：在最后的铣削深度进行精铣削，否则在所有深度进行精铣削。

完成所有槽的粗切后，才执行分层精修（Machine finish passes after roughing all）：在完成了所有粗切削后进行精铣削，否则在每一次粗切削后都进行精铣削，适用于多区域内腔加工。

刀具补正方式（Cutter compensation）：如精加工选择"机床控制器刀具补偿"选项，本选项在生成刀具路径上可以消除小于或等于刀具半径的圆弧刀具路径，并具有防止划伤已加工表面的功能，若精加工未选择"机床控制器刀具补偿"选项，此选项可防止因误判断而忽略的部分粗加工区。

进/退刀向量（Lead in/out）：选中该复选框可在精切削刀具路径的起点和终点增加进刀/退刀刀具路径。可以单击"进/退刀向量"按钮，通过打开的"进/退刀向量"对话框对进刀/退工刀具路径进行设置，其对话框及设置方法均与外形铣削模组中进刀/退刀的设置相同。

4. 挖槽加工实例

用挖槽加工方式加工图 9-69 中带岛屿的凹槽铣削。加工步骤如下：

1) 顺序选择"主功能表→刀具路径→挖槽"（Main Menu→Toolpaths→Pocket）选项。

2) 系统提示选取外形铣削加工的外形边界，将视图设置为顶视图，按图 9-69 选取定义凹槽及岛屿的两个串连，在凹槽加工中选取串连时可以不考虑串连的方向。

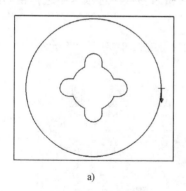
a)
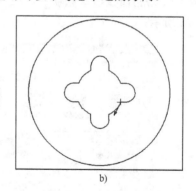
b)

图 9-69　挖槽边界及岛屿的串连

3) 串连后按"执行"按钮，系统打开"挖槽"对话框的"刀具参数"选项卡，在刀具列表中选取刀具直径为 5mm 的端铣刀。

4) 单击"挖槽参数"选项卡，在"挖槽加工型式"选项中选择"使用岛屿深度挖槽"加工方式，按图 9-70 设置高度、刀具偏移和预留量等参数。

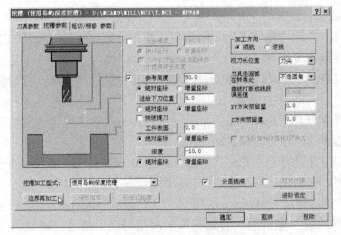

图 9-70　设置高度、刀具偏移和预留量

5）单击"边界再加工"按钮，将岛屿高度设置为 8mm，如图 9-71 所示。

6）由于凹槽的总铣削量为 10mm，在深度分层铣削参数设置中，安排了 3 次粗铣削和 1 次精铣削，如图 9-72 所示。

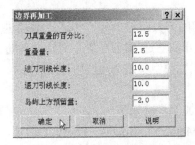

图 9-71　设置岛屿高度

图 9-72　设置深度分层铣削参数

7）单击"粗切/精修参数"选项卡，在"粗切/精修参数"选项卡中选择粗切削的走刀方式，如图 9-73 所示。

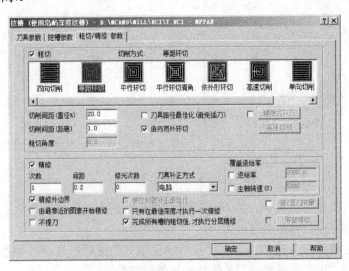

图 9-73　设置粗加工的走刀方式

214

8）按图 9-74 设置下刀方式参数，选用螺旋进刀方式。

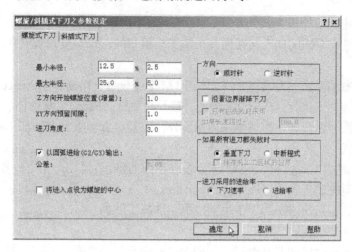

图 9-74　进刀方式设置

9）进行所有参数的设置后，单击"挖槽"对话框中的"确定"按钮，系统即可按设置的参数计算出刀具路径，将视图设置为等角视图，生成的刀具路径如图 9-75 所示。

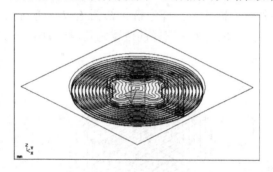

图 9-75　刀具路径

10）进行仿真加工模拟，加工模拟的结果如图 9-76 所示。

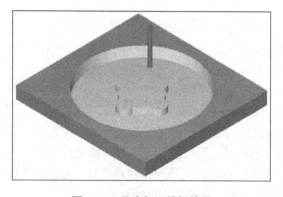

图 9-76　仿真加工模拟结果

11）顺序选择"主功能表→档案→存档"选项，将文件保存。

9.3.3 面铣削加工

面铣削加工模组的加工方式为平面加工。主要用于提高工件的平面度、平行度及降低工件表面粗糙度。进行面铣削加工与前面几个加工模组相同，也需要设置有关的加工参数。

1. 参数设置

顺序选择"主功能表→刀具路径→面铣"（Main Menu→Toolpaths→Face）选项，在绘图区选取串连后，选择"执行（Done）"选项。打开"面铣（Face）"对话框，在设置面铣削参数时，除了要设置一组刀具、材料等共同参数外，还要设置一组特有的加工参数。

（1）铣削方式

在进行面铣削加工时，可以根据需要选取不同的铣削方式。可以在"面铣加工参数（Facing parameters）"选项卡的"切削方式（Cutting method）"下拉列表框中选择不同的铣削方式，如图 9-77 所示。

图 9-77　铣削方式设置

不同的铣削方式生成的刀具路径，如图 9-78 所示。当选择"双向（Zigzag）"选项时，刀具在加工中可以往复走刀，如图 9-78a 所示；当选择"单向-顺铣（One way-climb）"选项时，刀具仅沿一个方向走刀，加工中刀具旋转方向与工件移动方向相同，即顺铣，如图 9-78b 所示；当选择"单向-逆铣（One way-conventional）"选项时，刀具也仅沿一个方向走刀，加工中刀具旋转方向与工件移动方向相反，即逆铣，如图 9-78c 所示；当选择"一刀式（One pass）"选项时，仅进行一次铣削，刀具路径的位置为几何模型中心位置，这时刀具的直径必须大于铣削工件表面的宽度。

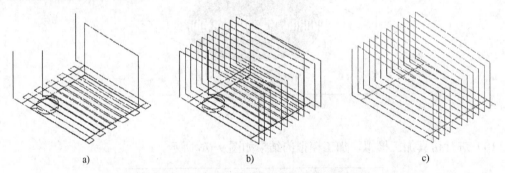

| a) | b) | c) |

图 9-78　设置不同铣削方式时生成的刀具路径

当选择"双向（Zigzag）"铣削方式时，可以设置刀具在两次铣削间的过渡方式。在"两切削间的位移（Move between）"下拉列表框中，系统给出了 3 种刀具移动的方式，如图 9-79 所示。

当选择"高速回圈（High speed loops）"选项时，刀具按圆弧的方式移动到下一次铣削的起点，如图 9-80a 所示；当选择"一般进给（Linear）"选项时，刀具以直线的方式移动到下一次铣削的起点，如图 9-80b 所示；当选择"快速位移（Rapid）"选项时，刀具以直线的方式快速移动到下一次铣削的起点，如图 9-80c 所示。

图 9-79　过渡方式

（2）其他参数

在"面铣加工参数（Facing parameters）"选项卡右下方的 4 个输入框分别用来设置截断

方向的超出量（Across overlap）、切削方向的超出量（Along overlap）、进刀引线长度（Approach）和退刀引线长度（Exit distance）。

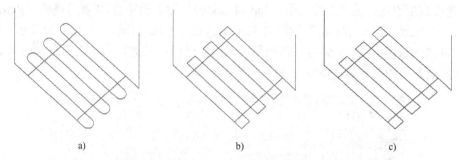

图 9-80 设置不同过渡方式时生成的刀具路径

"两切削间位移的进给率（Stepover）"输入框用于设置两条刀具路径间的距离。但在实际加工中两条刀具路径间的距离一般会小于该设置值。这是因为系统在生成刀具路径时首先计算出铣削的次数，铣削的次数等于铣削宽度除以设置的值后向上取整。实际的刀具路径间距为总铣削宽度除以铣削次数。

2. 面铣削加工实例

对图 9-69 中的工件进行面铣削加工。操作步骤如下：

1）顺序选择"主功能表→刀具路径→面铣"（Main Menu→Toolpaths→Face）选项。

2）选取加工表面串连，选择"面铣（Face）"子菜单中的"执行（Done）"选项，将整个工件的上表面作为加工面。

3）打开"工作设定（Job Setup）"对话框，根据使用的材料情况进行设置，本例中采用系统默认值。

4）选取了加工的几何模型后，系统打开"面铣（Facing）"对话框的"刀具参数（Tool parameters）"选项卡。

5）在刀具列表中选取刀具，在进行面铣削加工时，为了提高加工速度，可以选用直径较大的端铣刀，如图 9-81 所示。

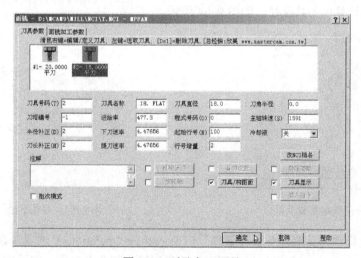

图 9-81 选取加工刀具

6）刀具参数的其他选项采用系统的默认值。

7）单击"面铣（Facing）"对话框的"面铣加工参数（Facing parameters）"选项卡。

8）进行高度设置，设"工件表面（Top of stock）"为 Z 轴零点，"参考高度（Retract）"50mm，"下刀位置（Feed plane）"设置为 10mm。"铣削深度（Depth）"设置为-2.0，走刀方式采用"双向（Zigzag）"，相邻刀具路径间采用圆弧过渡，其他参数均采用系统的默认值，这些参数的设置参如图 9-82 所示。

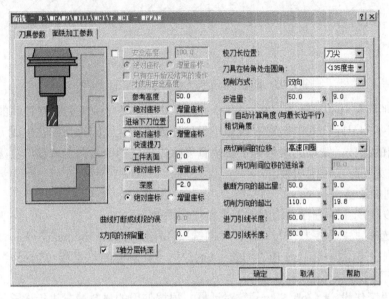

图 9-82　高度设置

9）设置分层铣削，进行一次粗铣削和一次精铣削，将精铣削的铣削深度设置为0.5mm，由于系统将自动计算粗铣削的次数及每次铣削的深度，最大粗铣削深度的设置为1mm。按图 9-83 所示的参数设置。

10）完成所有参数设置后，单击"面铣（Facing）"对话框中的"确定"按钮，系统即可按设置的参数计算出刀具路径，如图 9-84 所示。

图 9-83　分层铣削参数设置

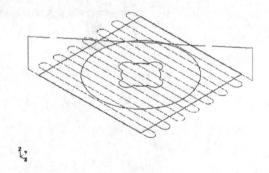

图 9-84　刀具路径

11）顺序选择"刀具路径→操作管理"（Toolpaths→Operations）选项，在打开的"操作管理（Operations Manager）"对话框中列出了面铣削操作的所有参数，如图 9-85 所示。

12）在"操作管理员（Operations Manager）"对话框中单击"实体切削验证（Verify）"按钮进行仿真加工，仿真加工结果如图 9-86 所示。

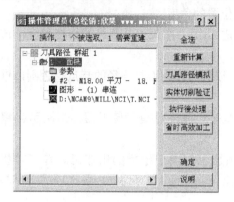

图 9-85 "操作管理员"对话框

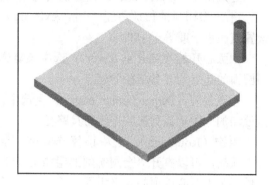

图 9-86 仿真加工结果

13）顺序选择"回主功能表→档案→存档"（Main Menu→File→Save）选项，将文件保存。

9.3.4 全圆铣削加工

全圆加工模组是以圆弧、圆或圆心点为几何模型进行加工的。在"刀具路径（Tool paths）"子菜单中顺序选择"下一页→全圆路径"（Next menu→Circ depths）选项，在打开的子菜单中包含 6 个选项，如图 9-87 所示，对应不同的加工方式，包括：全圆铣削（Circle mill）、螺旋铣削（Thread mill）、自动钻孔（Auto drill）、钻起始孔（Start holes）、铣键槽（Slot mill）和螺旋钻孔（Helix bore）。螺旋铣削加工生成的刀具路径为一系列的螺旋形刀具路径。自动钻孔加工在选取了圆或圆弧后，系统将自动从刀具库中选取适当的刀具，生成钻孔刀具路径。

1. 全圆铣削

全圆铣削加工方式生成的刀具路径由切入刀具路径、全圆刀具路径和切出刀具路径组成。与前面介绍的各模组相同，全圆铣削加工也有一组特有的参数设置，如图 9-88 所示。

图 9-87 全圆铣削的类型

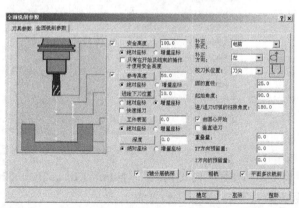

图 9-88 "全圆铣削参数"对话框

该组参数的含义与前面介绍的基本相同，其特有的参数如下：

圆的直径（Circle diameter）：当选取的几何模型为圆心点时，该选项用来设置圆外形的直径；否则直接采用选取圆弧或圆的直径。

起始角度（Start angle）：设置全圆刀具路径起点位置的角度。

进/退刀切弧的扫掠角度（Entry/exit arc）：设置进刀/退刀圆弧刀具路径的扫掠角度，该设置值应小于或等于180°。

由弧心开始（Start at center）：选中该复选框时，以圆心作为刀具路径的起点；否则以进刀圆弧的起点为刀具路径的起点。

垂直进刀（Perpendicular entry）：当选中该复选框时，在进刀/退刀圆弧刀具路径起点/终点处增加一段垂直圆弧的直线刀具路径。

粗铣（Roughing）：选中该复选框后，全圆铣削加工相当于挖槽的粗加工。单击"粗铣"按钮，可以打开"全圆铣削的粗加工（Circle mill roughing）"对话框，各选项的含义与挖槽加工中对应选项的含义相同。

2. 螺旋铣削

生成螺旋铣削方式刀具路径的步骤如下：

1）选取全圆加工中的"螺旋铣削（Thread mill）"选项。

2）选取一段圆弧进行串连。

3）如果提示需要输入开始点，用鼠标在图中选取一个点，单击"执行（Done）"按钮。

4）打开"螺旋铣削"对话框，在其中设置"螺旋铣削参数"对话框。设置完成后，单击"确定"按钮，则系统生成螺旋铣削刀具路径。

螺旋铣削参数设置如图9-89所示。

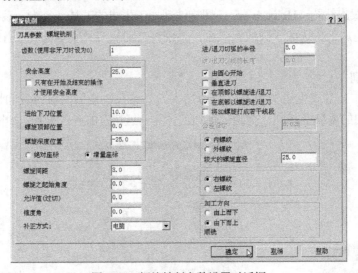

图9-89 螺旋铣削参数设置对话框

"齿数（使用非牙刀时设为0）"（Number of active teeth）：设置刀具的实际齿数，即使刀具的实际齿数大于1，也可以设置为1。

安全高度（Clearance plane）：设置安全高度的数值。

螺纹之起始角度（Thread start angle）：设置螺纹开始角。

补正方式（Compensation type）：选择该项，可以取如下的补正选项："电脑（computer）"

"控制器（control）""两者（Wear）"和"关（Off）"。

3. 自动钻孔

自动钻孔铣削步骤与前面两种铣削方法类似，不同的是自动钻孔铣削的刀具设置参数不同，如图9-90所示。

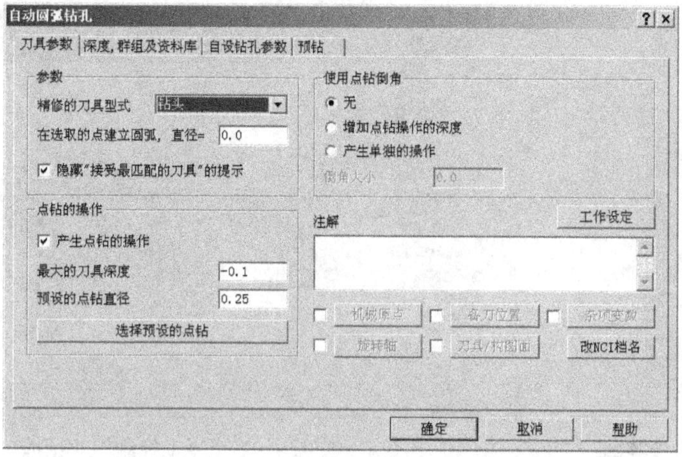

图9-90 "自动圆弧钻孔"对话框

"参数（Tool parameters）"选项组：用于设置自动钻孔刀具参数。

精修的刀具型式（Finish tool type）：选取精加工刀具型式。

在选取的点建立圆弧（Create arcs on selected points）：在选取点构建圆弧，设置圆弧直径大小。

"点钻的操作（Spot drilling operation）"选项组：用于点钻操作参数设置。

产生点钻的操作（Generate spot drilling operation）：选择是否产生点钻方式操作。

最大刀具深度（Maximum tool depth）：设置最大刀具深度。

"使用点钻倒角（Chamfering with the spot dill）"选项组：设置使用点钻方式倒角。

无（None）：不倒角。

增加点钻操作的深度（Add depth to spot drilling operation）：将构建倒角作为点钻操作的最后一部分。

产生单独的操作（Make seperate operation）：将倒角点钻作为一个单独的操作。

4. 点铣削

点铣削是在所选的串连点间生成直线加工路径。选取"刀具路径→下一页→手动控制"（Toolpaths→Next menu→Point）选项，在构建点铣削刀具路径时会用到"增加点"菜单，如图9-91所示。

移至XY（Go to XY）：在XY平面选取增加点。

移至XYZ（Go to XYZ）：在XYZ空间选取点。

进给率（Feed rate）：设置两点之间的进给量。

点铣削刀具路径构建步骤如下：

1）选取"回主功能表→刀具路径→下一页→手动控制"（Main Menu→Toolpaths→Next menu→Point）选项。

2）主菜单变为"增加点"菜单，如图 9-91 所示，顺序输入系列点，输入完成后按"执行（Done）"按钮。

3）打开"手动控制"对话框，在其中只有刀具参数设置栏，如图 9-92 所示。根据需要进行设置，单击"确定"按钮，系统构建点铣削刀具路径。

图 9-91 "增加点"菜单

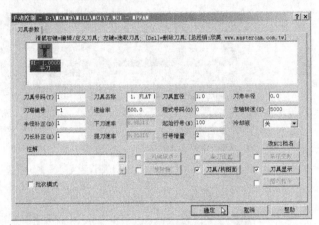

图 9-92 "手动控制"对话框

5. 全圆铣削加工实例

在前面各种二维加工的基础上对工件进行全圆铣削加工，操作步骤如下：

1）绘制或选择一个有圆形的几何模型。

2）顺序选择"回主功能表→刀具路径→下一页→全圆路径→全圆铣削"（Main Menu→Toolpaths→Next menu→Circ tlpths→Circle mill）选项。

3）系统提示选取加工的几何模型，将视图设置为顶视图，选取中心的圆后连续选择两次"执行（Done）"选项。

4）系统打开"全圆铣削参数（Circle mill parameters）"对话框的"刀具参数（Tool parameters）"选项卡。在刀具列表中选取刀具直径为 5mm 的端铣刀。

5）单击"全圆铣削参数（Circ mill parameters）"选项卡，在选项卡中按图 9-93 设置高度、起始角度、扫掠角度及加工预留量等参数。按图 9-94 设置分层铣削和粗铣削参数。

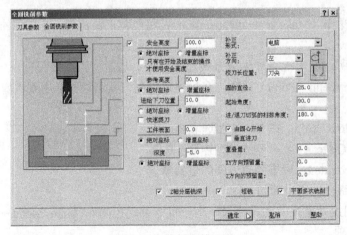

图 9-93 铣削参数设置

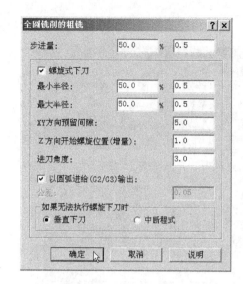

图 9-94　设置分层铣削和粗铣削参数

6）进行参数的设置后，单击"全圆铣削参数"对话框中的"确定"按钮，系统即可计算出刀具路径，将视图设置为等角视图，生成的刀具路径如图 9-95 所示。

7）进行仿真加工模拟，加工模拟的结果，如图 9-96 所示。

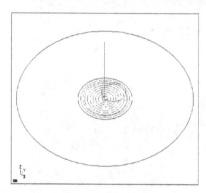

图 9-95　生成的刀具路径

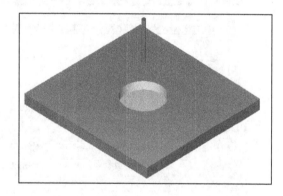

图 9-96　加工模拟结果

9.3.5　文字雕刻

文字雕刻常用于在零件表面上雕刻文本，其刀具路径的生成主要使用挖槽加工来完成。下面以实例介绍文字雕刻的操作过程。操作步骤如下：

1）按图 9-98 绘制或选取文字模型，在主功能表中顺序选取"绘图→下一页→文字"，进入"绘制文字"对话框，如图 9-97 所示，按图中参数进行设置。

2）顺序选取"刀具路径→挖槽"（Toolpaths→Pocket）选项，用鼠标对矩形边框封闭串连，菜单区提示进行第 2 次串连，进行岛屿串连，由于文字较多，可采用窗口串连，依次选择菜单中的"更换模式→窗选"（Mode→Window）选项，进行窗口串连，如图 9-98 所示。提示区提示："输入搜寻点（Enter Search Point）"串连起点，拾取 P 点。

图 9-97 "绘制文字"对话框

图 9-98 窗口串连

3）单击"执行（Done）"选项，打开如图 9-99 所示的挖槽参数对话框。

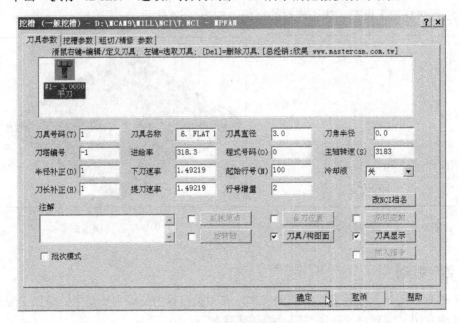

图 9-99 挖槽参数对话框

4）根据文字的大小、边角、间隙情况选用刀具，刀具参数可自定义，用鼠标在当前刀具上单击右键或在空白处从右键菜单中选择（建立新的刀具），即可打开如图 9-100 所示"定义刀具（Define Tool）"对话框。

5）在该对话框内定义好参数后，单击"参数（Parameter）"选项卡，打开如图 9-101 所示对话框，在对话框中设置各项参数。单击"确定"按钮，回到如图 9-99 所示"挖槽参数"对话框。

224

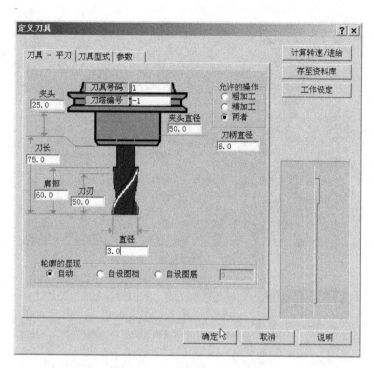

图 9-100 "定义刀具"对话框

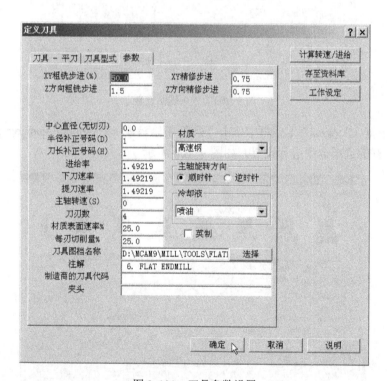

图 9-101 刀具参数设置

6）单击"挖槽参数（Pocketing parameters）"选项卡，打开如图 9-102 所示对话框。

7）选中"分层铣深"选项，进行分层铣削设置，如图 9-103 所示。

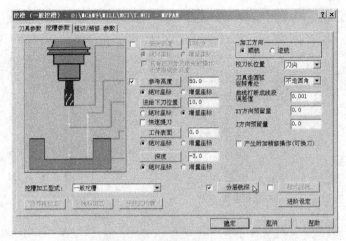

图 9-102 "挖槽参数"选项卡

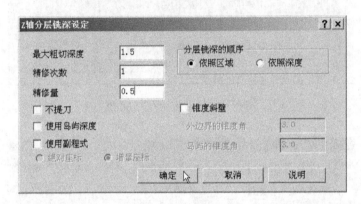

图 9-103 分层铣削设置

8）在"挖槽（Pocket）"对话框中单击"粗切/精修参数（Roughing/Finishing parameters）"选项卡，在打开的选项卡中进行设置，如图 9-104 所示。

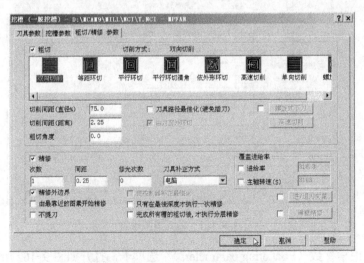

图 9-104 "粗切/精修参数"选项卡

9）单击"刀具路径→工作设定"（Toolpaths→Job setup）选项，打开如图 9-105 所示的"工作设定"对话框。

10）单击"边界盒（Bounding box）"按钮进行工件边界设置，如图 9-106 所示。

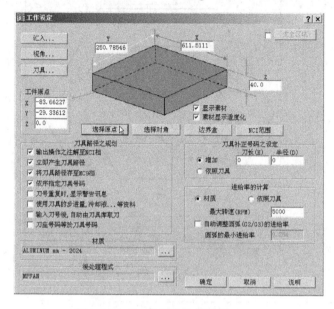

图 9-105 "工作设定"对话框

图 9-106 "绘制边界盒"对话框

11）在该对话框设置完成后，单击"确定"按钮，刀具路径结果如图 9-107 所示。

12）为了便于模拟显示，单击工具栏 按钮，屏幕显示等角视图。

13）单击"刀具路径→操作管理"（Toolpaths→Operations），单击其中的"实体切削验证（Verify）"选项，单击播放按钮" ▶"，效果如图 9-108 所示。

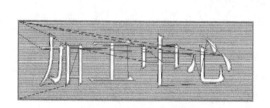

图 9-107 刀具路径

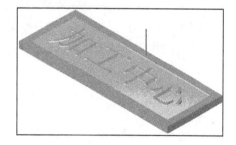

图 9-108 仿真加工效果

9.4 上机操作与指导

练习一：对图 9-109 中的模型进行钻孔加工操作，加工深度 15mm，输出刀具路径、仿真加工结果。

练习二：对图 9-110 中的模型进行加工，工件厚 30mm，槽深 20mm，岛屿高 15mm，对模型进行外形铣削与岛屿挖槽加工，输出刀具路径、仿真加工结果。

练习三：对图 9-111 中的文字进行铣削加工操作，设文字高度 50mm，宋体，加工深度 4mm。

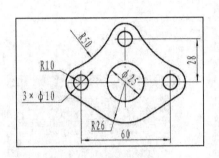

图 9-109　练习一图例

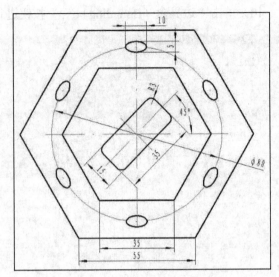

图 9-110　练习二图例

图 9-111　练习三图例

任务 10   三维曲面零件的造型和加工

数控机床的特点之一是能够准确加工具有三维曲面形状的零件，Mastercam 9.1 中的三维曲面加工系统可以生成三维刀具加工路径，以产生数控机床的控制指令。曲面加工模组有通用的曲面加工参数，也有各曲面粗加工模组、曲面精加工模组及多轴加工模组的专用加工参数。本任务主要讲述三维铣床加工系统中的加工类型及各加工模组的功能。在前面的学习中，我们介绍了二维曲面的加工方法，在本任务通过五角星的加工实例来看看三维曲面的造型加工过程。

10.1   任务分析

应用 Mastercam 完成图 10-1 中工件的建模、生成刀具路径、后置处理生成 G 代码。

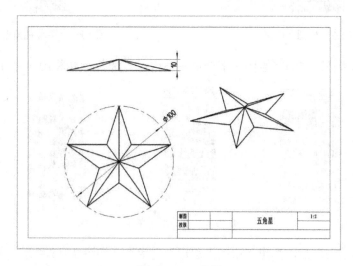

图 10-1   工件图

该零件为一空间曲面，根据需要可选择多种曲面加工方式进行铣削加工。本例中选择等高和放射状两种方式进行粗加工，完成零件造型。加工中用到了平底铣刀和球头铣刀。

10.2   加工模型建立与仿真

10.2.1   曲面建模

1．绘制五角星线架

1）双击计算机桌面上快捷方式图标，进入工作界面。

2）设置构图面：单击辅助菜单中的"构图面→T 俯视图"，如图 10-2 所示，或直接单击工具栏中的俯视图构图面图标 ，选择俯视图作为构图面。

设置视角：单击辅助视图中的"荧幕视角 →T 俯视图" 如图 10-3 所示，或直接单击工具栏中的俯视图视角图标 ，选择俯视图作为视角平面。

图 10-2 构图面选择　　　　　　　　　　　　　　图 10-3 荧幕视角选择

3）从主菜单中依次选择"绘图→下一页→多边形"命令，如图 10-4 所示。

图 10-4 多边形子菜单

4）单击"多边形"后，弹出"绘制多边形"对话框，如图 10-5 所示。按图中所示数据创建一个内接于半径为 50 的圆的五边形，圆心置于坐标系原点位置。

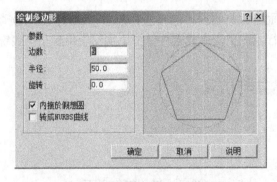

图 10-5 "绘制多边形"对话框

230

5）在不相邻的各点间利用两点画线的方式进行连接，绘制如图 10-6 所示形状。

6）从主菜单中依次选择"修整→修剪延伸→分割物体"或者选择 ⬚ 将五角星内部线条删除，获得如图 10-7 所示效果。

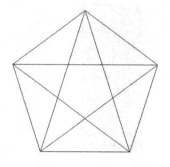

图 10-6　绘制五角星

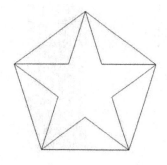

图 10-7　删除多余线条

7）单击辅助菜单中的"构图面→前视图"或直接单击工具栏中的前视图构图面图标 ⬢，选择俯视图作为构图面。

单击辅助视图中的"荧幕视角 →等角视图"或直接单击工具栏中的等角视图视角图标 ⬢，选择等角视图作为视角平面。

从主菜单中依次选择"绘图→直线→垂直线"命令，选择"原点"，绘制一条长度为10mm 的直线，效果如图 10-8 所示。

8）从直线上端点画直线依次连接各交点，得到五角星空间线架，如图 10-9 所示。

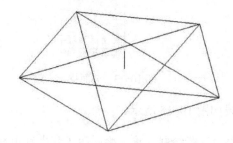

图 10-8　绘制垂直线

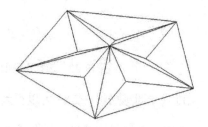

图 10-9　五角星框架

9）擦除五边形和中心垂直直线，最终得到五角星模型。如图 10-10 所示。

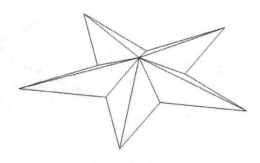

图 10-10　五角星框架

2. 构建曲面

1）从主菜单中依次选择"绘图→曲面→直纹曲面"命令，如图 10-11 所示。在靠近顶点的位置顺序点选两条边，如图 10-12 所示。

图 10-11　曲面命令选择

2）选择完毕单击"执行"，在直纹曲面参数项中，曲面形式选择为 N，如图 10-13 所示，单击"执行"，生成直纹曲面，如图 10-14 所示。

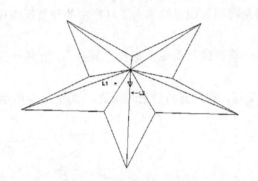

图 10-12　选择直纹面两边　　　　　　　　　　图 10-13　曲面执行方式

3）重复步骤 1）～2），可以得到所有曲面，效果如图 10-15 所示。

注意：在绘制的过程中，也可以考虑采用昆氏曲面进行绘制。重复绘制的过程也可由旋转命令来实现复制。

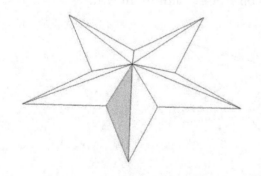

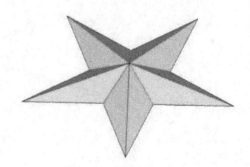

图 10-14　构建直纹面　　　　　　　　　　　图 10-15　完成曲面构建

10.2.2　加工参数设定和仿真

在对五角星加工过程中，选用两把刀具，分别为 10mm 平底立铣刀和 2mm 球头刀。在此选用"等高外形""放射状加工"两种方式来演示材料的加工过程。

1）在主菜单中顺序选择"刀具路径→工作设定"。如图 10-16 所示，在该对话框下设定边界盒、原点、材料等选项。其中材料厚度一项略大于曲面实际高度，以保留底座部分。

2）在主菜单中顺序选择"刀具路径→曲面加工→粗加工→等高外形"，用鼠标点选所有曲面，如图 10-17 所示。

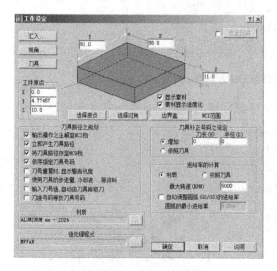

图 10-16　"工作设定"对话框

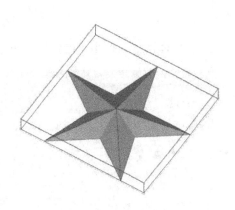

图 10-17　选中曲面

3）系统弹出"曲面粗加工-等高外形"对话框，在此完成刀具建立、加工参数设置等内容，如图 10-18～图 10-20 所示。

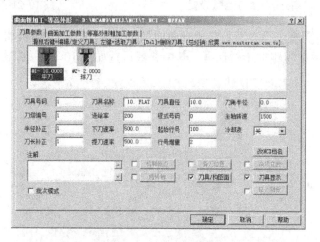

图 10-18　刀具参数设置

注意：如果刀具主轴方向和材料方向不一致，可在该对话框"刀具/构图面"下修改为一致的视图方向。

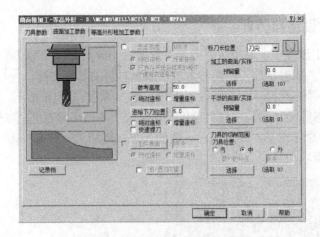

图 10-19　曲面加工参数设置

4）设置完成后，单击"确定"按钮，系统计算完成刀具轨迹如图 10-21 所示。

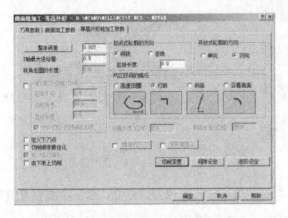

图 10-20　等高外形粗加工参数设置

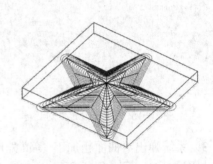

图 10-21　刀具轨迹

5）在主菜单中顺序选择"刀具路径→曲面加工→粗加工→放射状加工"，用鼠标点选所有曲面，系统弹出放射状粗加工对话框。其中参数设置如图 10-22～图 10-24 所示。

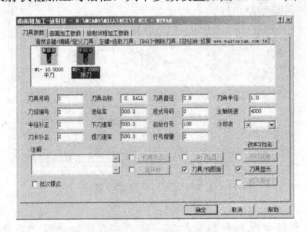

图 10-22　刀具参数设置

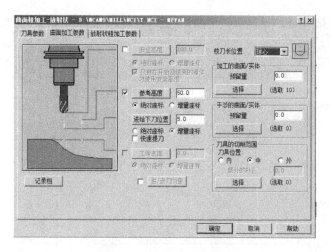

图 10-23 曲面加工参数设置

6）设置完成后单击"确定"按钮，生成如图 10-25 所示刀具轨迹。

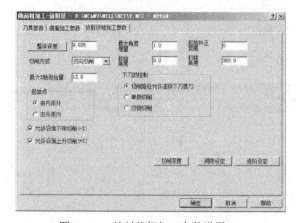

图 10-24 放射状粗加工参数设置

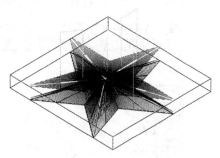

图 10-25 刀具轨迹图

7）在主菜单中顺序选择"刀具路径→操作管理"，在操作管理对话框中单击"全选"，如图 10-26 所示，再单击"执行后处理"按钮，弹出程序保存对话框，如图 10-27、图 10-28 所示。

图 10-26 "操作管理"对话框

图 10-27 程序处理对话框

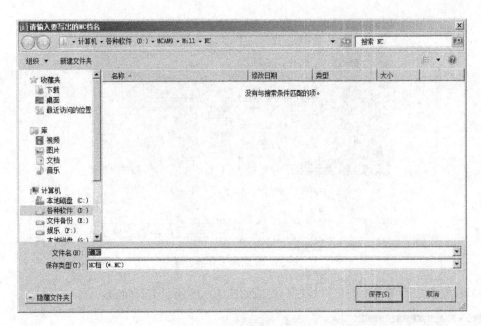

图 10-28　保存数控加工程序

8）保存完毕可进行程序编辑，如图 10-29 所示。

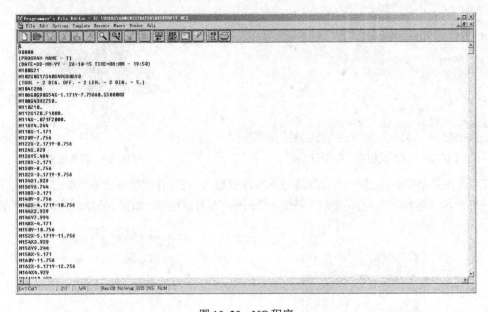

图 10-29　NC 程序

注意：可根据使用设备是否具有换刀功能选择是否将所有加工归于同一程序。如没有第四轴可将程序中 A0 指令删除。

9）顺序选择"公共管理→实体验证"选项，或在"操作管理"对话框中单击"实体切削验证"按钮，在出现的"实体验证"工具条中按▶️开始仿真切削加工，仿真的结果如图 10-30 所示。

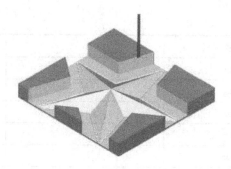

图 10-30　仿真检验结果

10.3　曲面加工

10.3.1　曲面加工类型

大多数曲面加工都需要粗加工与精加工来完成。曲面铣削加工的类型较多，系统提供了曲面加工、多轴加工、线架加工 3 种类型，而曲面加工又有 8 种粗加工类型和 10 种精加工类型。见表 10-1。

表 10-1　曲面铣削类型

分　类	刀具路径类型		意　义
粗加工刀具路径	Parallel		平行粗加工
	Radial		放射粗加工
	Project		投影粗加工
	Flowline		流线粗加工
	Contour		等高线粗加工
	Rest mill		间歇粗加工
	Pocket		挖槽粗加工
	Plunge		插削粗加工
精加工刀具路径	Parallel		平行式精加工
	Par. Steep		陡斜面精加工
	Radial		放射状精加工
	Project		投影精加工
	Flowline		流线精加工
	Contour		等高线精加工
	Shallow		浅面精加工
	Pencil		交线清角精加工
	Leftover		残料精加工
	Scallop		环绕等距精加工

分 类	刀具路径类型		意 义
多轴加工路径	Curve5ax		5 轴曲线加工
	Drills5ax		5 轴钻孔
多轴加工路径	Swarf5ax		5 轴侧刃铣削
	Flow5ax		5 轴流线加工
	Rotary4ax		4 轴旋转加工
线架加工路径	Ruled		直纹加工
	Revolution		旋转加工
	Swept 2D		扫掠加工
	Swept 3D		3D 扫掠加工
线架加工路径	Coons		昆氏加工
	Loft		举升加工

10.3.2 共同参数

不同的加工类型有其特定的设置参数，这些参数又可分为共同参数和特定参数两类。在曲面加工系统中，共同参数包括刀具参数和曲面参数。在多轴加工系统中，共同参数包括刀具参数及多轴参数。各铣削加工模组中刀具参数的设置方法都相同，曲面参数对所有曲面加工模组基本相同，多轴参数对所有多轴刀具路径也基本相同。

所有的粗加工模组和精加工模组，都可以使用如图 10-31 所示的"曲面加工参数（Surface parameters）"选项卡来设置曲面参数。

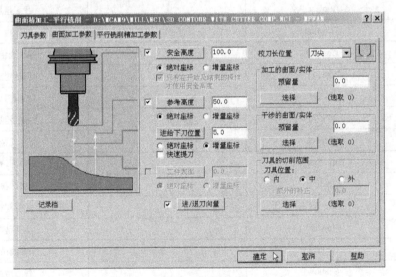

图 10-31 "曲面加工参数"选项卡

1. 高度设置

在"曲面加工参数"选项卡中用 4 个参数来定义 Z 轴方向的刀具路径：安全高度

（Clearance）、参考高度（Retract）、进给下刀位置（Feed plane）和工件表面（Top of stock）。这些参数与二维加工模组中对应参数的含义相同。

2. 记录档

生成曲面加工刀具路径时，可以设置该曲面加工刀具路径的一个"记录档（Regen）"文件，当对该刀具路径进行修改时，"记录档"文件可用来加快刀具路径的刷新。在"曲面加工参数"选项卡中单击"记录档"按钮，打开如图 10-32 所示的"记录档"对话框。用于设置记录档文件的保存位置。

3. 进刀与退刀参数

可以在曲面加工刀具路径中设置进刀与退刀刀具路径。选中"曲面加工参数"选项卡中"进/退刀向量（Direction）"按钮前的复选框，单击该按钮，打开如图 10-33 所示的"进/退刀向量的设定"对话框。该对话框用来设置曲面加工时进刀和退刀的刀具路径。

图 10-32 "文件保存"对话框

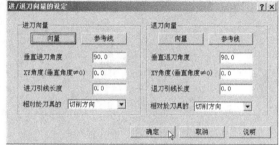

图 10-33 "进/退刀向量的设定"对话框

各参数的含义如下。

垂直进刀角度（Plunge angle）：刀具路径在主轴方向的角度。

XY 角度（XY angle）：刀具路径在水平方向的角度。

进刀引线长度（Plunge length）：进刀路径的长度。

相对于刀具的（Relative to）：定义"XY 角度"的选项。选择"刀具平面 X 轴（Tool plane X axis）"选项时，"XY 角度"为与刀具平面＋X 轴的夹角；选择"切削方向（Cut direction）"选项时，"XY 角度"为与切削方向的夹角。

向量（Vector）：可以在"向量"对话框中设置刀具路径在 X、Y、Z 方向的三个分量来定义刀具路径的"垂直进刀角度""XY 角度"和 "进刀引线长度"参数。

参考线（Line）：单击"参考线"按钮后，通过选取绘图区一条已知直线来定义刀具路径的角度和长度。

10.3.3 曲面粗加工

曲面粗加工共有 8 个加工模组，见表 10-1。这 8 个加工模组用于切除工件上大余量的材料。这 8 个加工模组能生成用于切削曲面材料的刀具路径，可根据零件的具体情况选用不同的模组。

1. 平行式粗加工

在曲面粗加工子菜单中选择"平行铣削（Parallel）"选项，可打开平行式粗加工模组。该模组可用于生成平行粗加工切削刀具路径。使用该模组生成刀具路径时，除了要设置曲面加工共有的刀具参数和曲面参数外，还要设置一组平行式粗加工模组特有的参数。可通过如图 10-34 所示"曲面粗加工-平行铣削（Surface Rough Parallel）"对话框中的"平行铣削粗加工参数（Rough parallel parameters）"选项卡来设置。

（1）刀具路径误差

"整体误差（Cut tolerance）"输入框用来设置刀具路径与几何模型的精度误差。误差值设置得越小，加工得到的曲面越接近几何模型，但加工速度较低，为了提高加工速度，在粗加工中其值可稍大一些。

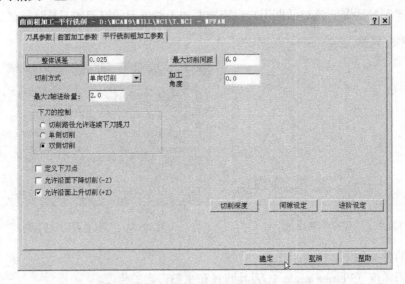

图 10-34 "曲面粗加工-平行铣削"对话框

（2）最大切削间距

"最大切削间距（Max. stepover）"输入框用来设置两相邻切削路径层间的最大距离。该设置值必须小于刀具的直径。这两个值设置得越大，生成的刀具路径数目越少，加工结果越粗糙；设置得越小，生成的刀具路径数目越多，加工结果越平滑，但生成刀具路径的时间较长。

（3）切削方式

"切削方式（Cutting method）"下拉列表框用来设置刀具在 X-Y 方向的走刀方式。可以选择"双向（Zigzag）"或"单向（One way）"走刀方式。当选择单向走刀方式时，加工时刀具只能沿一个方向进行切削；当选择双向走刀方式时，加工中刀具可以往复切削曲面。

（4）加工角度

"加工角度（Machining angle）"用来设置加工角度，加工角度是指刀具路径与 X 轴的夹角。定位方向为：0°为+X，90°为+Y，180°为-X，270°为-Y，360°为+X。

（5）刀具路径起点

当选中"定义下刀（Prompt for starting point）"复选框时，在设置完各参数后，需要指定刀具路径的起始点，系统将选取最近的工件角点为刀具路径的起始点。

（6）切削深度

单击"切削深度（Cut depths）"按钮，打开如图 10-35 所示的"切削深度（Cut depths）"对话框，在该对话框中设置粗加工的切削深度，可以选择"绝对坐标（Absolute）"或"增量坐标（Incremental）"方式来设置切削深度。

选择绝对坐标方式时，用以下两个参数来设置切削深度。

最高深度（Maximum depth）：在切削工件时，允许刀具上升的最高点。

最低深度（Minimum depth）：切削工件时，允许刀具下降的最低点。

选择增量坐标方式时，设置以下参数，系统会自动算出刀具路径的最小和最大深度。

第一刀的相对位置（Adjustment to top cut）：设置在刀具的最低点与顶部切削边界的距离。

其他深度的预留量（Adjustment to other cuts）：设置刀具深度与其他切削边界的距离。

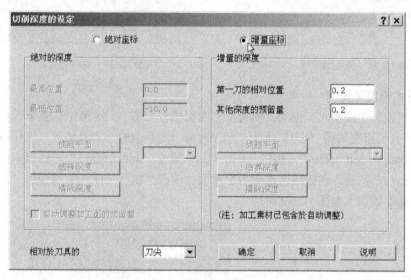

图 10-35 "切削深度的设定"对话框

（7）刀间距

单击"刀间距（Gap settings）"按钮，打开如图 10-36 所示的对话框，该对话框用来设置刀具在不同间距时的运动方式。"允许的间隙（Gap size）"选项组用来设置允许间距；"位移小于允许间隙时，不提刀（Motion<Gap）"选项组用于设置当移动量小于设置的允许间距时刀具的移动方式；"位移大于允许间隙时，提刀至安全高度（Motion>Gap）"选项组用于设置当移动量大于设置的允许间距时刀具的移动方式；"切弧的半径（Tangential arc radius）"输入框用于输入在边界处刀具路径延伸切弧的半径；"切弧的扫掠角度（Tangential arc angle）"输入框用于输入在边界处刀具路径延伸切弧的角度。

（8）进阶设置

单击"进阶设定（Advanced settings）"按钮，打开如图 10-37 所示的对话框，该对话框用来设置刀具在曲面或实体边缘处的加工方式。"刀具在曲面的边缘走圆角（Roll tool）"选项组用来选择刀具在边缘处加工圆角的方式；"尖角部分的误差（Sharp corner tolerance）"选项组用于设置刀具圆角移动量的误差。

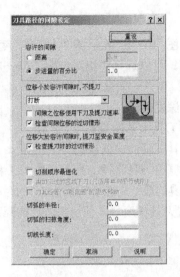

图 10-36　刀间距设置　　　　　　　　　图 10-37　进阶设置

2. 平行式粗加工实例

用平行式粗加工模组加工曲面几何模型。曲面模型如图 10-38 所示。操作步骤如下：

1）打开几何模型如图 10-38 所示，顺序选择"主功能表→刀具路径→工作设定（Main Menu→Toolpaths→Job setup）"选项，单击"工作设定（Job Setup）"对话框中的"边界盒（Bounding box）"按钮，在绘图区选取所有曲面后单击"执行（Done）"选项，"工作设定"对话框中其他参数设置如图 10-39 所示。

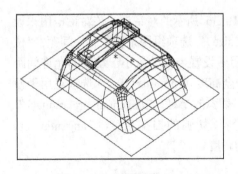

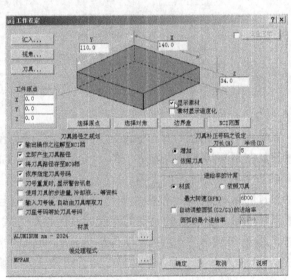

图 10-38　曲面模型　　　　　　　　　图 10-39　"工作设定"对话框

2）选中"显示素材（Display Stock）"复选框，单击"确定（OK）"按钮，关闭"工作设定（Job Setup）"对话框，工件外形如图 10-40 所示。

3）在主菜单中顺序选择"刀具路径（Toolpaths）"子菜单中的"曲面加工→粗加工→平行加工→凸"（Surface→Rough→Parallel→Boss）选项。

242

4）在打开的选取曲面子菜单中顺序选择"全部→曲面→执行"（All→Surfaces→Done）选项，选取所有曲面。

5）系统打开如图 10-41 所示的"曲面粗加工-平行铣削（Surface Rough Parallel）"对话框，在"刀具参数（Tool parameters）"选项卡中的刀具列表中单击鼠标右键，选择快捷菜单中的"从刀具库选取刀具（Get tool from library）"选项。

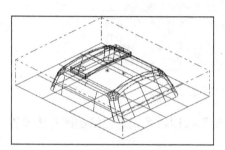

图 10-40　工件外形设置

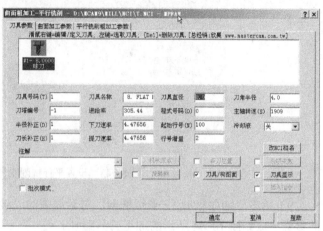

图 10-41　设置加工刀具

6）从刀具库中选择直径 8mm 的球头铣刀，并设置刀具参数。

7）单击"曲面粗加工-平行铣削"对话框的"曲面加工参数（Surface parameters）"选项卡，按图 10-42 所示的"曲面加工参数"选项卡进行曲面参数的设置，在此将预留量设置为0.4mm。

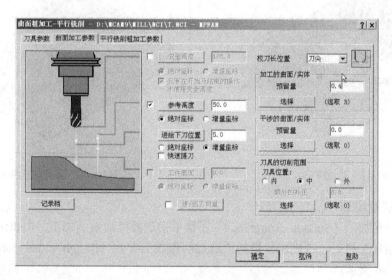

图 10-42　"曲面加工参数"选项卡

8）单击"平行铣削粗加工参数（Rough parallel parameters）"选项卡，按图 10-43 所示的"平行铣削粗加工参数"选项卡设置平行式粗加工参数，加工角度设置为 0。

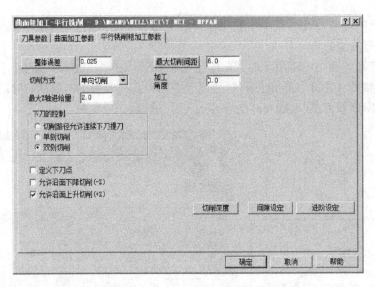

图 10-43　设置平行铣削粗加工参数

9）单击"曲面粗加工–平行铣削"对话框中的"确定"按钮，系统返回绘图区并按设置的参数生成如图 10-44 所示的加工刀具路径。

10）选择"刀具路径（Toolpaths）"子菜单中的"操作管理（Operations）"选项，在打开的"操作管理人（Operations Manager）"对话框中单击"实体切削验证（Verify）"按钮进行仿真加工，仿真加工后的结果如图 10-45 所示。

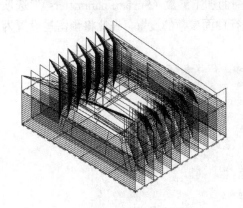

图 10-44　刀具路径

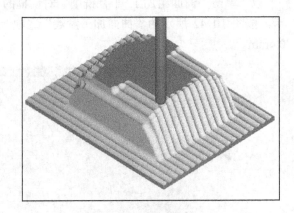

图 10-45　仿真加工结果

3. 放射状粗加工

在"曲面粗加工（Surface Roughing）"子菜单中选择"放射状加工（Radial）"选项，可打开放射状粗加工模组。该模组参数的"放射状粗加工参数（Rough radial parameters）"选项卡如图 10-46 所示。

该选项卡中有些参数与平行式粗加工选项卡相同，其他的参数用来设置放射状刀具路径的形式。放射状刀具路径参数通过"起始角度（Start angle）""扫掠角度（Sweep angle）""角度增量（Angle increment）""偏移距离（Start distance）"和"中心点"（Starting point）等参数来设置。

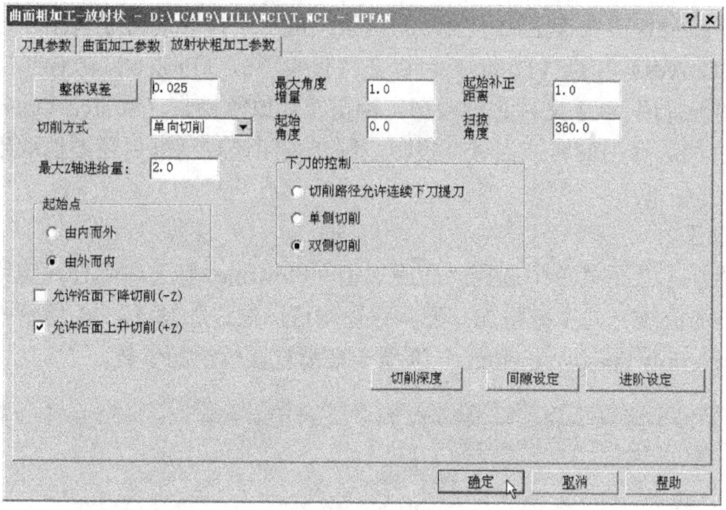

图 10-46 "放射状粗加工参数"选项卡

起始角度、扫掠角度和偏移距离可直接设置，起始中心点位置要在所有参数设置完成后在绘图区选取。角度增量则是通过设置"最大角度增量（Max．angle increment）"和扫掠角度后，系统自动进行计算得到的。

"起始点（Starting point）"选项组用来设置刀具路径的起始点以及路径方向。当选中"由内而外（Start inside）"选项时，刀具路径从下刀点向外切削；当选中"由外而内（Start outside）"选项时，加工刀具路径从下刀点的外围边界开始并向内切削。

4. 投影式粗加工

在曲面粗加工子菜单中选择"投影加工（Project）"选项，可打开投影粗加工模组。该模组可将已有的刀具路径或几何图像投影到曲面上生成粗加工刀具路径。可以通过"投影粗加工参数（Rough project parameters）"选项卡来设置该模组的参数，如图 10-47 所示。

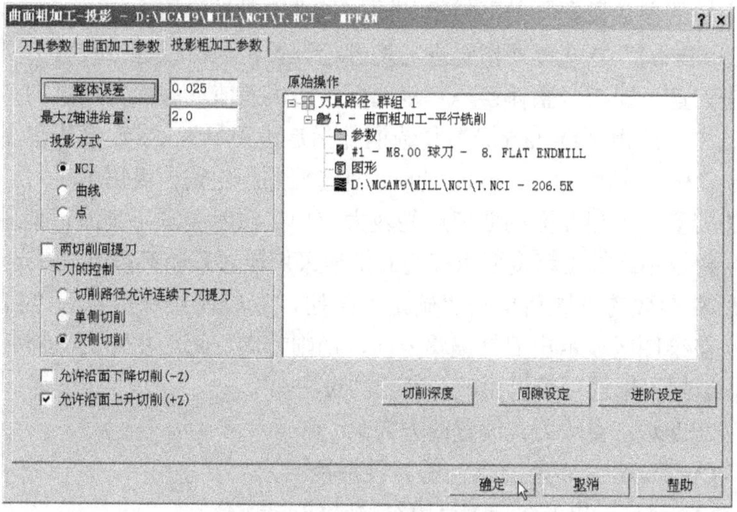

图 10-47 "投影粗加工参数"选项卡

该模组的参数设置需要指定用于投影的对象。可用于投影的对象包括：已有的刀具路径（NCI）、曲线（Curves）和点（Points）可以在"投影方式（Projection type）"选项组中选择其中的一种。如选择用 NCI 文件进行投影，则需在"原始操作（Source Operation）"列表中选取 NCI 文件；如选择用曲线或点进行投影，则在关闭该对话框后还要选取用于投影的一组曲线或点。

5. 流线粗加工

在"曲面粗加工"子菜单中选择"流线加工（Flowline）"选项可打开流线粗加工模组。该模组可以沿曲面流线方向生成粗加工刀具路径。可以通过如图 10-48 所示的"曲面流线粗加工参数（Rough flow line parameters）"选项卡来设置该模组的参数。

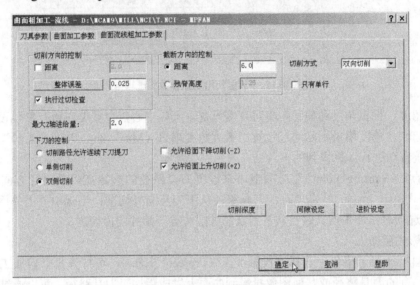

图 10-48 "曲面流线粗加工参数"选项卡

对该选项卡中的参数设置与前面模组不同的是进刀量的设置方法。切削方向进刀量可以选中"距离（Distance）"复选框并指定进刀量进行设置，也可以通过设置刀具路径与曲面的误差来计算出进刀量，即在"整体误差"复选框指定误差值。截面方向进刀量也可以直接设置其进刀量（选中"距离（Distance）"复选框并指定进刀量），或设置残留高度（由系统计算出进刀量选中"残留高度（Scallop height）"复选框并指定残留高度）。

在设置行进刀量时，当曲面的曲率半径较大或加工精度要求不高时可使用固定进刀量；当曲面的曲率半径较小或加工精度要求较高时则应采用设置残留高度方式来设定进刀量。

在完成了所有参数的设置后单击"确定"按钮，系统在菜单区打开"流线加工（Flow line）"子菜单，在绘图区显示出刀具偏移方向、切削方向、每一层中刀具路径移动方向及刀具路径起点等。选择不同选项可以更改各参数的设置。

补正方向（Offset）：更改刀具偏置的方向。

切削方向（Cut dir）：更改垂直方向的刀具路径。

步进方向（Stop dir）：更改每层刀具路径移动的方向。

起始位置（Start）：更改刀具路径的起点。

利用流线方式加工的刀具路径，如图 10-49 所示。

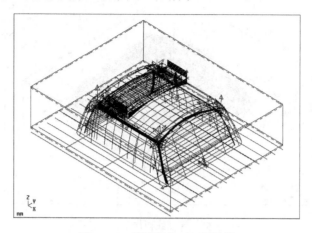

图 10-49　流线粗加工刀具路径

6. 等高线式粗加工

在"曲面粗加工"子菜单中选择"等高外形（Contour）"选项，可打开等高线粗加工模组。该模组可以在同一高度（Z 不变）沿曲面生成加工路径。可通过图 10-50 所示的"等高外形粗加工参数（Rough contour parameters）"选项卡来设置该模组的参数。

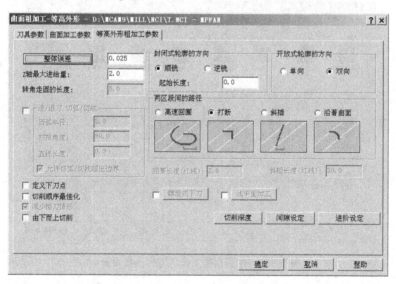

图 10-50　"等高外形粗加工参数"选项卡

该组等高线是特有的参数设置，包括"封闭式轮廓的方向（Direction of closed contours）"方式的设置、"开放式轮廓的方向（Direction of open contours）"方式的设置及"两区段间的路径（Transition）"刀具移动方式的设置。

用于封闭外形加工时，其铣削方式可设置为顺铣（Conventional）或逆铣（Climb）。用于开放曲面外形加工时，其铣削方式可设置为"单向切削（One way）"或"双向切削（Zigzag）"。该模组的加工刀具路径，如图 10-51 所示。

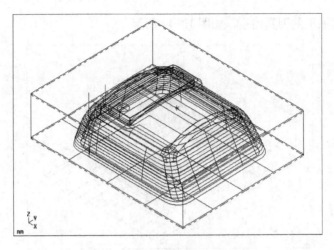

图 10-51　等高线粗加工刀具路径

7. 挖槽粗加工

在"曲面粗加工"子菜单中选择"挖槽粗加工（Pocket）"选项，可打开挖槽粗加工模组。该模组通过切削所有位于凹槽边界的材料而生成粗加工刀具路径。可以通过如图 10-52 所示的"挖槽参数（Rough pocket parameters）"选项卡来设置该模组的参数。

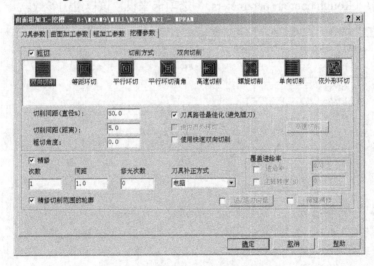

图 10-52　挖槽粗加工模组特有参数设置

挖槽粗加工模组参数与二维挖槽模组及本任务介绍的有关参数设置内容基本相同，可参考前面的内容进行设置。

8. 钻削式粗加工

在"曲面粗加工"子菜单中选择"钻削式粗加工（Plunge）"选项，可打开钻削式粗加工模组。该模组可以按曲面外形在 Z 方向生成垂直进刀粗加工刀具路径。可以通过如图 10-53 所示的"钻削式粗加工参数（Rough plunge parameters）"选项卡来设置该模组的参数。

该组参数只有切削误差、最大行进刀量和最大层进刀量 3 个参数，其含义及设置方法与前面介绍的相同。

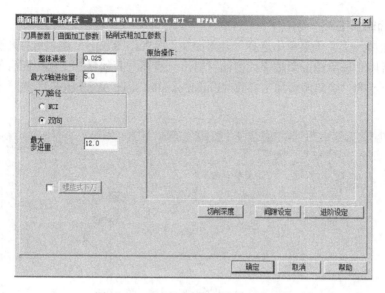

图 10-53 "钻削式粗加工参数"选项卡

10.3.4 曲面精加工

曲面精加工模组用于加工余量小、精度高的零件。粗加工后或铸件通过精加工可以得到准确光滑的曲面。在曲面精加工系统中共有 10 个加工模组。

1. 平行式精加工

在"曲面精加工（Surface Finishing）"子菜单中选择"平行铣削（Parallel）"选项，可以打开平行式精加工模组。该模组可以生成平行切削精加工刀具路径。可以通过"平行铣削精加工参数（Finish parallel parameters）"选项卡来设定该模组的参数。

"平行铣削精加工参数"选项卡中的各参数的含义与"平行铣削粗加工参数"选项卡中对应参数含义相同。由于精加工不进行分层加工，所以没有层进刀量和下刀/提刀方式的设置。同时允许刀具沿曲面上升和下降方向进行切削。

图 10-54 所示为一平行精加工刀具路径。

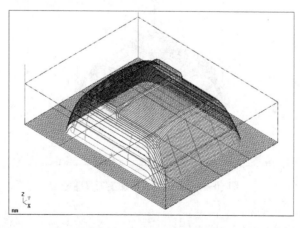

图 10-54 平行精加工刀具路径

2. 陡斜面精加工

在"曲面精加工"子菜单中选择"陡斜面加工（Par. Steep）"选项可打开陡斜面精加工模组。该模组用于清除曲面斜坡上残留的材料，一般需与其他精加工模组配合使用。可以通过图 10-55 所示的"陡斜面精加工参数（Finish parallel steep parameters）"选项卡来设置该模组的参数。

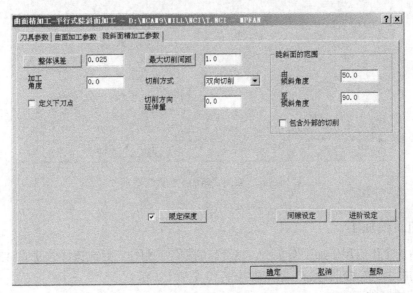

图 10-55 "陡斜面精加工参数"选项卡

其中，"由倾斜角度（From slope angle）"输入框用来指定需要进行陡斜面精加工区域的最小斜角度；"至倾斜角度（To slope angle）"输入框用来指定需要进行陡斜面精加工区域的最大斜角度。系统仅对坡度在最小斜角度和最大斜角度之间的曲面进行陡斜面精加工。"切削方向延伸量（Cut extension）"输入框用来指定在切削方向的延伸量。

用陡斜面式精加工方式加工的刀具路径结果，如图 10-56 所示。

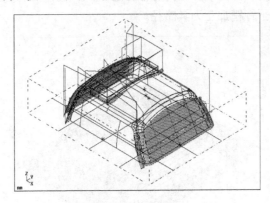

图 10-56 陡斜面式精加工刀具路径

3. 放射状精加工

在"曲面精加工"子菜单中选择"放射状加工（Radial）"选项，可打开放射状精加工模组。该模组可以生成放射状的精加工刀具路径。可以通过如图 10-57 所示的"放射状精加工参数（Finish radial parameters）"选项卡来设置一组该模组特有的参数。

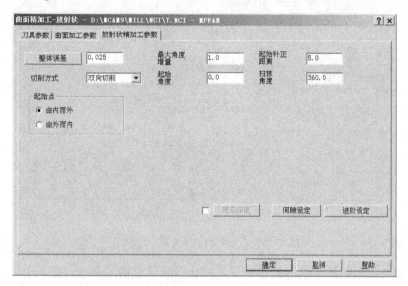

图 10-57 "放射状精加工参数"选项卡

"放射状精加工参数"选项卡中各参数的含义与"放射状粗加工参数"选项卡中对应参数含义相同，由于不进行分层加工，所以没有层进刀量、下刀/提刀方式及刀具沿 Z 向移动方式的设置。

用放射状精加工方式生成的刀具路径，如图 10-58 所示。

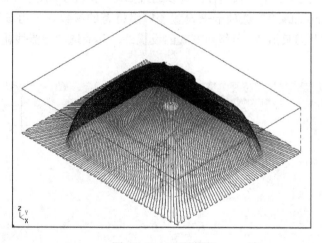

图 10-58 刀具路径

4. 投影精加工

在"曲面精加工"子菜单中选择"投影加工（Project）"选项可打开投影精加工模组。该模组可以将已有的刀具路径或几何图形投影到选取曲面上生成精加工刀具路径。可以通过如图 10-59 所示的"投影精加工参数（Finish project parameters）"选项卡来设置一组该模组特有的参数。

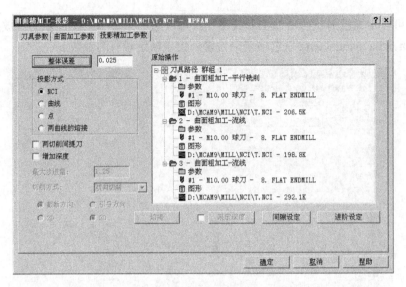

图 10-59 "投影精加工参数"选项卡

该组参数与投影粗加工模组的参数设置相比，除了取消了层进刀量、下刀/提刀方式及刀具沿 Z 向移动方式的设置外，还增加了"增加深度（Add depths）"复选框，在采用 NCI 文件作投影时，选中该复选框则系统将 NCI 文件的 Z 轴深度作为投影后刀具路径的深度；若未选中该复选框则由曲面来决定投影后刀具路径的深度。

5. 流线精加工

在"曲面精加工"子菜单中选择"流线加工（Flowline）"选项可打开投影精加工模组。该模组可以生成流线式精加工刀具路径。可以通过如图 10-60 所示的"曲面流线精加工参数（Finish flowline parameters）"选项卡来设置该模组特有的参数。该组参数除了取消层进刀量、下刀/提刀方式及刀具沿 Z 向移动方式的设置外，其他选项与流线粗加工模组的参数设置相同。

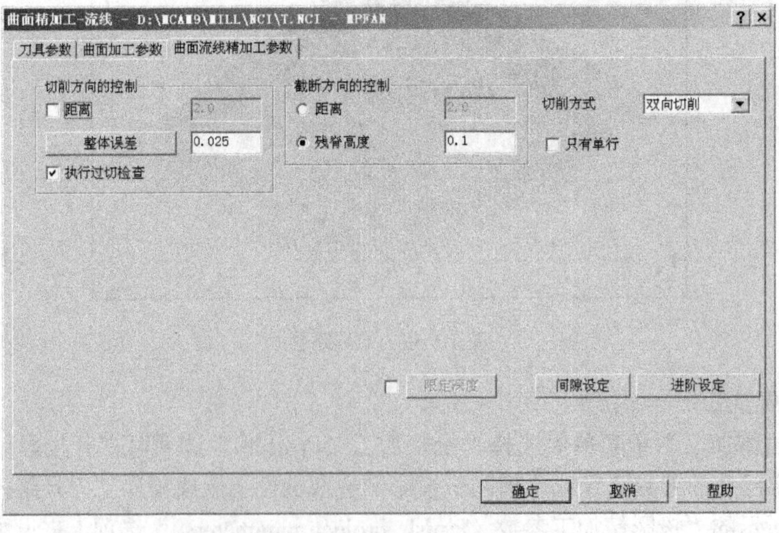

图 10-60 "曲面流线精加工参数"选项卡

采用流线精加工模组加工刀具路径结果，如图10-61所示。

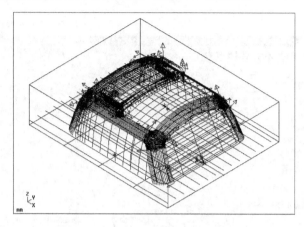

图10-61 流线精加工刀具路径结果

6. 等高线精加工

在"曲面精加工"子菜单中选择"等高外形（Contour）"选项，可打开投影精加工模组。该模组可以在曲面上生成等高线式精加工刀具路径。可以通过如图10-62所示的"等高外形精加工参数（Finish contour parameters）"选项卡来设置该模组的参数。

该组参数的设置方法与等高线粗加工模组的参数设置完全相同。

采用等高线精加工时，在曲面的顶部或坡度较小的位置可能无法进行切削，一般可采用浅平面精加工来对这部分材料进行铣削。

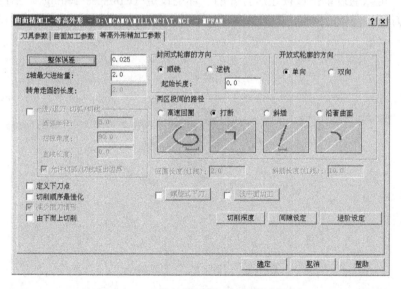

图10-62 "等高外形精加工参数"选项卡

7. 浅面精加工

在"曲面精加工"子菜单中选择"浅平面加工（Shallow）"选项，可打开浅面精加工模组。该模组可以用于清除曲面坡度较小区域的残留材料，也需与其他精加工模组配合使用。

可以通过如图 10-63 所示的"浅平面精加工参数（Finish shallow parameters）"选项卡来设置该模组的参数。

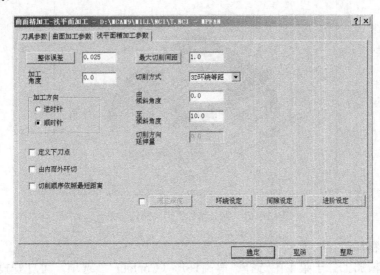

图 10-63 "浅平面精加工参数"选项卡

该组参数与陡斜面精加工模组的参数设置基本相同，也是通过"由倾斜角度（From slope angle）""至倾斜角度（To slope angle）"和"切削方向延伸量（Cut extension）"来定义加工区域。但在加工方法中增加了"3D 环绕切削（3D Collapse）"方式，当选择"环绕设定"方式时，可以通过单击该按钮后打开的"环绕设定（Collapse settings）"对话框来设置环绕精度进刀量，百分比越小，则刀具路径越平滑。图 10-64 为用浅面精加工方法得到的刀具路径。

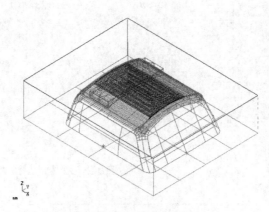

图 10-64 浅面精加工刀具路径

8. 交线清角精加工

在"曲面精加工"子菜单中选择"交线清角（Pencil）"选项，可打开交线清角精加工模组。该模组用于清除曲面间的交角部分残留材料，也需与其他精加工模组配合使用。可以通过如图 10-65 所示的"交线清角加工参数（Finish pencil parameters）"选项卡来设置一组该模组特有的参数。该组参数的设置与前面介绍的对应参数的设置方法相同。

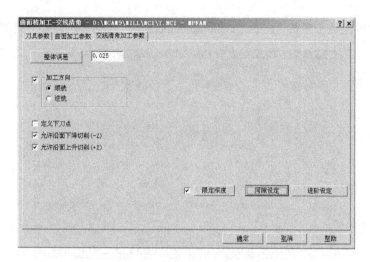

图 10-65 "交线清角加工参数"选项卡

9. 残料精加工

在"曲面精加工"子菜单中选择"残料清角（Leftover）"选项，可打开残料清角精加工模组。该模组用于清除由于大直径刀具加工所造成的残留材料，需要与其他精加工模组配合使用。可以通过 "残料清角加工参数（Finish leftover parameters）"选项卡来设置该模组的参数。

该加工模组特有的参数是"残料清角之材料参数"选项卡，如图 10-66 所示，该选项卡用于由粗加工用的刀具参数计算剩余材料，参数包括"粗铣刀具的刀具直径（Roughing tool diameter）"和"粗铣刀具的刀角半径（Roughing corner radius）"，同时还可以指定"重叠量（Overlap）"，来增大残料精加工的区域。

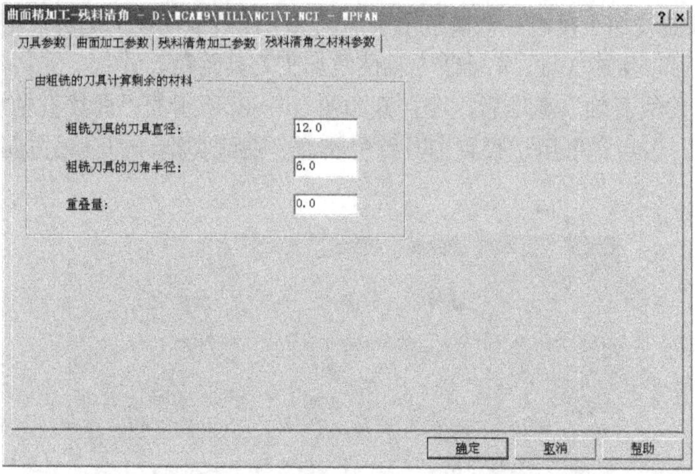

图 10-66 "残料清角之材料参数"选项卡

10. 环绕等距精加工

在"曲面精加工"子菜单中选择"等距加工（Scallop）"选项，可打开 3D 环绕等距精加工模组。该模组用于生成一组等距环绕工件曲面的精加工刀具路径。可通过如图 10-67 所示的"3D环绕等距加工参数（Finish scallop parameters）"选项卡来设置一组该模组的参数。

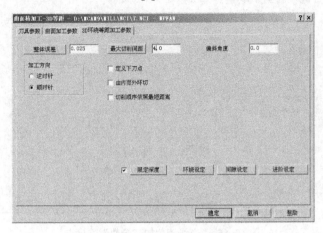

图 10-67 "3D 环绕等距加工参数"选项卡

该组参数的设置与前面介绍过的对应参数设置方法相同。

10.3.5 多轴加工

在二维加工系统或曲面加工系统中，用于加工的刀具轴始终垂直于刀具面，其生成的 NC 文件仅适用于 3 轴数控加工机械。Mastercam 的多轴加工系统可以生成供 4 轴和 5 轴加工机械使用的 NC 文件。4 轴加工机械是指刀具除了在 X、Y、Z 方向平移外，刀具轴（工作台）还可以绕 X 轴或 Y 轴转动；5 轴加工机械的刀具轴（工作台）则可以绕 X 轴和 Y 轴转动。

1．5 轴曲线加工

在"多轴刀具路径（Multi axis toolpaths）"子菜单中选择"曲线五轴（Curve5ax）"选项，可打开 5 轴曲线加工模组。该模组用于加工 3D 曲线或曲面的边界。根据机床刀具轴的不同控制方式，可以生成 3 轴、4 轴或 5 轴曲线加工刀具路径。

在选择了"曲线五轴"选项后，可打开如图 10-68 所示的"曲线五轴加工参数（Curve 5-axis）"对话框，该对话框用于设置刀具路径类型、曲线类型、刀具轴方向以及刀具的顶点位置等。

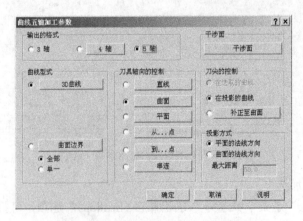

图 10-68 "曲线五轴加工参数"对话框

采用 5 轴曲线加工模组可以选择生成"3 轴（3 Axis）""4 轴（4 Axis）"或"5 轴（5 Axis）"刀具路径。选择生成 3 轴刀具路径时，不需要进行刀具轴方向的设置。

5 轴曲线加工模组的加工几何模型可以为已有的 3D 曲线（3D Curves）或曲面边界（Surface Edge）。当加工的几何模型为曲面边界时，可以选择曲面的"一条（One）"或"All（全部）"的边作为生成刀具路径的几何模型。

"曲线 5 轴加工参数"对话框中各选项的意义如下。

从…点（Form Point）：刀具轴线向后延伸交于选取的基准点，单击"从…点"按钮后，可在绘图区选取基准点。

到…点（To Point）：刀具轴线向前延伸交于选取的基准点，单击"到…点"按钮后，可在绘图区选取基准点。

直线（Lines）：系统根据选取的基准线来定义刀具轴方向，单击"直线"按钮，可在绘图区选取基准线。

平面（Plane）：刀具轴方向垂直于选取的基准平面，单击"平面"按钮，可在绘图区定义一个基准面。

曲面（Surface）：系统以基准曲面的法线方向作为刀具轴方向，当几何模型为曲面边界时，系统自动将该曲面作为基准曲面；若几何模型为 3D 曲线，则需单击"曲面"按钮返回绘图区选取基准曲面。

在刀具路径中刀尖可以设置为"在选取的曲线（On Selected Curves）""在投影的曲面（On Projected Curves）"。"在投影的曲面"选项仅当采用"曲面"方式设置刀具轴方向时有效，这时投影曲面即为定义刀具轴方向的基准曲面。"补正至曲面（Comp To Surface）"选项需指定一个投影曲面，其投影方向为曲线上各点的刀具轴方向。当用"曲面"方式设置刀具轴方向时，投影方向可选择为"平面的法线方向（Normal to Plane）"进行投影或"曲面的法线方向（Normal to Surface）"进行投影。

在 5 轴曲线加工模组中，除了加工对象及刀具轴方向的设置外，还需设置共有的刀具参数和多轴参数以及该模组特有的一组参数。可通过如图 10-69 所示"曲线五轴加工参数"选项卡来设置该组参数。

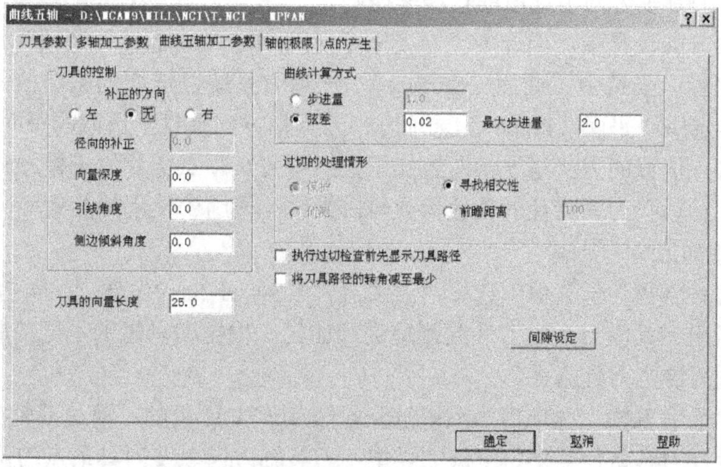

图 10-69 "曲线五轴加工参数"选项卡

该选项卡主要用于刀具偏置、拟合精度及圆凿处理的设置。

在刀具偏移的设置中包括"补正方向（Offset）"和"径向补正（Radial offset）"的设置、"向量深度（Vector depth）"的设置、"引线角度（Lead/Lag）"设置前倾或后倾的角度，以及"侧边倾斜角度（Side tilt）"角度的设置。

在刀具路径与曲线拟合精度的设置中，可采用"步进量（Step increment）"进行固定步长刀具路径的拟合或按"弦差（Chord height）"设置进行刀具路径的拟合。

2. 5 轴钻孔

在"多轴刀具路径"子菜单中选择"钻孔五轴（Drill 5ax）"选项，可打开 5 轴钻孔模组。该模组可按不同的方向进行钻孔加工。可以生成 3 轴或 5 轴钻孔刀具路径。

在选择了"钻孔五轴"选项后，系统打开如图 10-70 所示的"五轴钻孔参数"对话框，该对话框用于设置刀具路径类型、点的类型、刀具轴方向以及点的位置等。

图 10-70 "五轴钻孔参数"对话框

采用 5 轴钻孔模组生成刀具路径时，刀具路径的类型可以选择为 3 轴刀具路径或 5 轴刀具路径。

在选择点时可以选择已有"点（Points）"或直线的端点"点/直线（Points/Lines）"作为生成刀具路径的几何模型。当选中直线的端点作为生成刀具路径的几何模型时，不能进行刀具轴设置，这时刀具轴方向由选取的直线来控制。

在刀具的轴方向设置中，当选中"与线平行（Parallel to Line）"选项时，将刀具轴设置为与选取直线平行；当选中"曲面（Surface）"选项时系统以选取的基准曲面法线方向作为刀具轴方向；当选中"平面（Plane）"选项时，刀具轴方向垂直于选取的平面。

设置孔中心点位置的方法与 5 轴曲线加工模组中刀具顶点位置的设置方法相同。

用于定义 5 轴钻孔刀具路径的其他参数与二维钻孔模组中使用的参数相同。

3. 沿边 5 轴加工

在"多轴刀具路径"子菜单中选择"沿边五轴（Swarf 5ax）"选项，可打开沿边 5 轴铣削模组。该模组用刀具侧刃来对工件的侧壁进行加工。根据刀具轴的不同控制方式，可以生成 4 轴或 5 轴侧刃铣削刀具路径。

在选择了"沿边五轴"选项后，系统打开如图 10-71 所示的"沿边五轴加工"对话框，该对话框用于设置刀具路径类型、侧壁的类型、刀具轴方向以及刀具顶点的位置等参数。

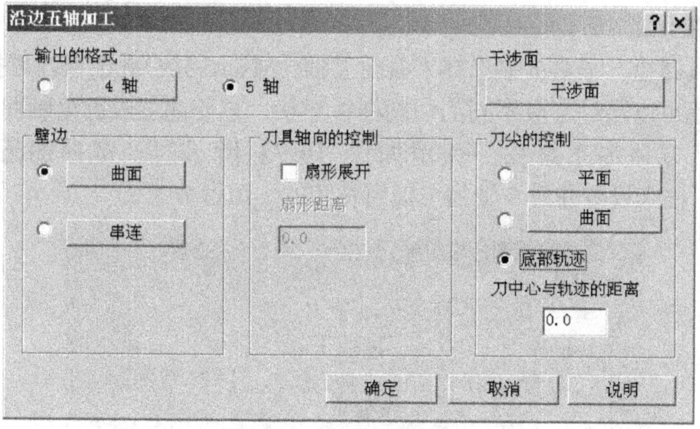

图 10-71 "沿边五轴加工"对话框

对于沿边 5 轴铣削模组，其生成的刀具路径类型可以设置为生成 4 轴刀具路径或 5 轴刀具路径。在选择用于加工的侧壁时，可以选择曲面作为侧壁，也可以通过选取两个曲线串连来定义侧壁。在选择曲面作为侧壁时需要在该曲面上指定侧壁的下沿。在选择两个曲线串连来定义侧壁时，首先选取的串连为侧壁的下沿。

在沿边 5 轴铣削加工中，刀具轴方向为沿侧壁的方向。当选中"扇形展开（Fanning）"复选框时，刀具在每一个侧壁的终点处按设置距离展开加工表面。

在刀具顶点位置的设置中，当选中"平面（Plane）"选项时，选取一个基准平面作为刀具路径的下底面；当选中"曲面（Surfaces）"选项时，选取一个基准曲面作为刀具路径的下底面；当选中"底部轨迹（Lower Rail）"选项时，将侧壁下沿上移或下移；在"刀具中心与轨迹的距离（Distance above）"输入框输入指定值，作为刀具的顶点。

在 5 轴侧刃铣削模组中，除了加工对象及刀具轴方向的设置外，还需设置共有的刀具参数和多轴参数以及一组该模组特有的参数。可通过图 10-72 所示"沿边五轴加工参数（Swarf 5ax parameters）"选项卡来设置该组参数。

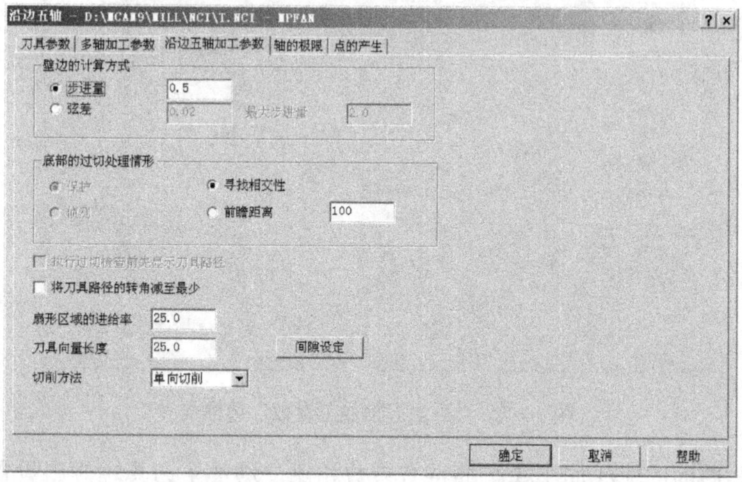

图 10-72 "沿边五轴加工参数"选项卡

4. 多曲面 5 轴加工

在"多轴刀具路径"子菜单中选择"曲面五轴（Msurf 5ax）"选项，可打开多曲面 5 轴加工模组。该模组可以通过选取不同的切削样板形状，方便地生成已绘制曲面，自定参数的圆柱、圆球、立方体加工路径。使用如图 10-73 所示的"多曲面五轴（Msurf 5ax parameters）"对话框来设置曲面 5 轴加工模组特有的一组参数。

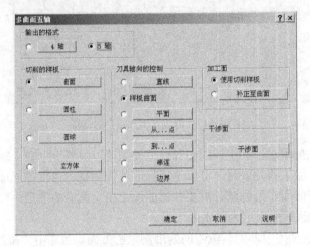

图 10-73 "多曲面五轴"对话框

5. 沿面 5 轴加工

在"多轴刀具路径"子菜单中选择"沿面五轴（Flow 5ax）"选项，可打开沿面 5 轴加工模组。该模组与曲面的沿边加工模组相似，但其刀具轴方向为曲面的法线方向。可以通过控制残留高度和进刀量来生成精确、平滑的精加工刀具路径。可以用如图 10-74 所示的"沿面五轴加工参数（Flow 5ax parameters）"选项卡来设置沿面 5 轴加工模组特有的一组参数。

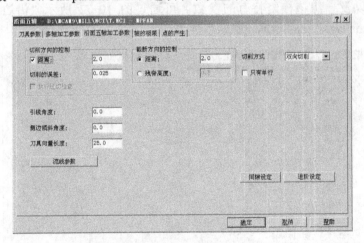

图 10-74 "沿面五轴加工参数"选项卡

该组参数与曲面的流线加工模组的特有参数相比，增加了刀具轴倾斜设置选项。其中，"引线角度（Lead/lag angle）"输入框用来指定"前倾"（Lead）或"后倾"（Lap）角度；"侧边倾斜角度（Side tilt angle）"输入框用来指定侧倾的角度。

6. 4 轴旋转加工

在"多轴刀具路径"子菜单中选择"旋转四轴（Rotary 4ax）"选项可打开 4 轴旋转加工模组。其刀具轴或工作台可以在垂直 Z 轴的方向上旋转。同样可通过如图 10-75 所示的"旋转四轴加工参数（Rotary 4ax parameters）"选项卡来设置 4 轴旋转加工模组的一组特有参数。该组参数设置方法与前面介绍的各模组中对应参数设置方法相同。

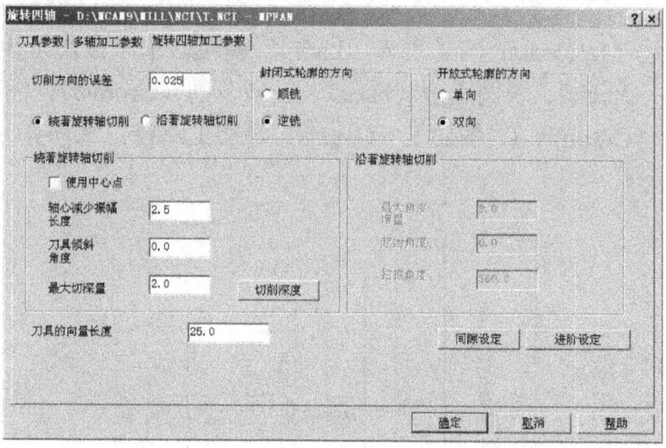

图 10-75 "旋转四轴加工参数"选项卡

10.4 上机操作与指导

练习一：对任务 5 中的三维模型进行平行式粗加工操作，如图 10-76 所示，采用直径 8mm 球铣刀，输出刀具路径、仿真加工结果。

练习二：在上例的基础上使用放射状精加工，采用直径 5mm 钻头，应用操作管理器对模型进行平行式粗加工与放射状精加工，输出刀具路径、仿真加工结果。

练习三：将图 10-49、10-61 中的模型在流线加工中改变切削方向，绘出刀具路径。

练习四：对任务 5 中的三维模型进行平行式粗加工操作，如图 10-77 所示，对其中的三维模型分别进行放射状、等高线加工，将刀具路径作对比。

练习五：对任务 5 中的三维模型进行平行式粗加工操作，如图 10-78 所示，对三维模型选择合适的加工方法进行三维曲面粗、精加工。

图 10-76 练习一图例

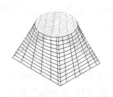

图 10-77 练习四图例

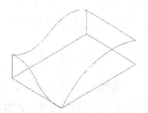

图 10-78 练习五图例

任务 11　数控车床加工

本任务主要讲述 Mastercam 的"车床（Lath）"模块。车床模块可生成多种车削加工路径，包括简式车削（Quick）、表面车削（Face）、径向车削（Groove）、钻孔（Drill）、螺纹车削（Thread）、切断（Cutoff）、C 轴加工（C-axis）等加工路径。本任务以图 11-1 所示零件为载体进行学习。

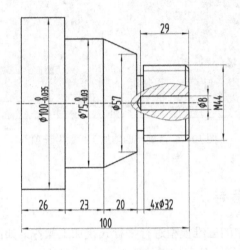

图 11-1　车削加工零件

11.1　数控车床加工基础知识

数控车床加工系统的各模组生成刀具路径之前，也要进行工件、刀具及材料参数的设置，其材料的设置与铣床加工系统相同，但工件和刀具的参数设置与铣床加工有较大的不同。车床系统中几何模型的绘制方法与铣床系统中几何模型的绘制方法有所不同，只需绘制零件图形的一半。在生成刀具路径后，可以用操作管理器进行刀具路径的编辑、刀具路径模拟、仿真加工模拟以及后处理等操作。操作管理器的使用方法与铣床加工系统相同。

11.1.1　车床坐标系

一般数控车床使用 X 轴和 Z 轴两轴控制。其中 Z 轴平行于机床主轴，+Z 方向为刀具远离主轴方向指向机床尾部；X 轴垂直于车床的主轴，+X 方向为刀具离开主轴线方向。当刀座位于操作人员的对面时，远离机床和操作者方向为+X 方向；当刀座位于操作人员的同侧时，远离机床靠近操作者方向为+X 方向。有些车床有主轴（C 轴）角位移控制，即主轴的旋转转角度可以精确控制。

在车床加工系统中绘制几何模型要先进行数控机床坐标系设定。顺序选择主菜单中的 Cplane→Next Menu 进行坐标设置，如图 11-2 所示。常用坐标有"+XZ""-XZ""+DZ""-DZ"，如图 11-3 所示。车床坐标系中的 X 方向坐标值有两种表示方法：半径值和直径值。当采用字母 X 时表示输入的数值为半径值；采用字母 D 时表示输入的数值为直径值。采用不同的坐标表示方法时，其输入的数值也应不同，采用直径表示方法的坐标输入值应为半径表示方法的 2 倍。

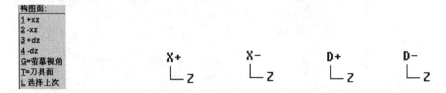

图 11-2　坐标系设置　　　　　　　　　　图 11-3　坐标系方向

车床加工中，工件一般都是回转体，所以，在绘制几何模型时只需绘制零件的一半外形，即母线，如图 11-4 所示。注意，所绘制的轴线必须与绘图区的 Z 轴重合。

螺纹、凹槽及切槽面的外形可由各加工模组分别定义。有些几何模型在绘制时只要确定其控制点的位置，而不用绘制外形。控制点即螺纹、凹槽及切槽面等外形的起止点，绘制方法与普通点相同。图 11-4 中的"×"即控制点。

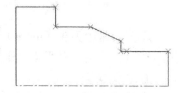

图 11-4　几何模型

11.1.2　刀具参数

在"工作设定（Job Setup）"对话框中单击"车刀的管理（Lathe Tool）"按钮，或顺序选择 "公用管理→定义刀具"（NC utils→Def.tools），打开如图 11-5 所示的"车床的刀具管理员（Lathe Tool Manager）"对话框。在刀具列表中单击鼠标右键，打开的快捷菜单如图 11-5 所示。该快捷菜单各选项的功能与铣床加工系统中"刀具管理员（Tools Manager）"对话框快捷菜单对应选项相同。

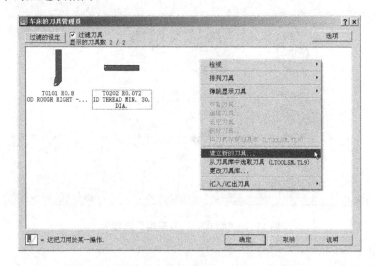

图 11-5　"车床的刀具管理员"对话框及快捷菜单

在采用不同的加工模组生成刀具路径时，除了设置各模组的一组特有参数外，还需要设置一组共同的刀具参数。车床加工模组的"简式刀具参数（Tool parameters）"选项卡，如图 11-6 所示。

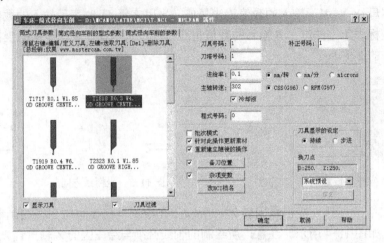

图 11-6 "简式刀具参数"选项卡

车刀通常由刀头（Insert）与刀柄（Holder）两部分组成。所以车床系统刀具的设置包括刀具类型、刀头、刀柄及刀具参数的设置。

1. 刀具类型

车床系统提供了一般车削（General Turning）、车螺纹（Threading）、径向车削/截断（Grooving/Parting）、镗孔（Boring Bar）及钻孔/攻螺纹[⊖]/铰孔（Drill/Tap/Reamer）及自设（Custom）6 种类型的刀具，如图 11-7 所示。

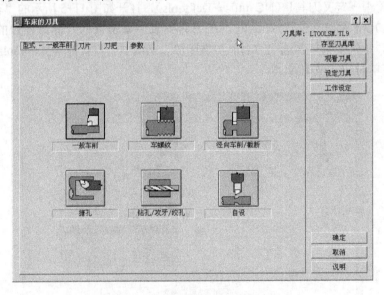

图 11-7 "型式- 一般车削"选项卡

⊖ Mastercam9.1 软件中写作"攻牙"，本书统一称作"攻螺纹"。

2. 刀片参数

在常用的车削刀具中，只有外径车削刀具和内孔车削刀具刀片设置参数相同，用于刀片参数设置的"刀片（Inserts）"选项卡，如图 11-8 所示。

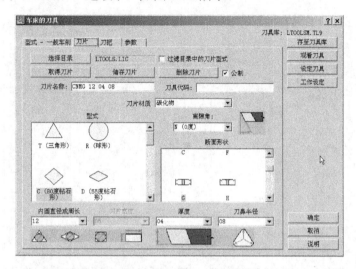

图 11-8 "刀片"选项卡

外圆车刀和内孔车刀的刀片参数中，主要需设置刀片材质（Insert Material）、型式（Shape）、截面形状（Cross Section）、离隙角（后角）（Relief Angle）、内圆直径或周长（IC Dia./Length）、刀片宽度（Insert Width）、厚度（Thickness）及刀鼻半径等参数。所有这些参数可在相应的列表或下拉列表中选择。

螺纹车削刀具刀片的设置内容有：型式（Style）、刀片图形（Insert Geometry）和用于加工的螺纹类型。其中刀头片样式可以在"型式"列表中选取，当选取了刀片样式后，系统在"刀片图形"选项组显示出选取刀片的外形特征尺寸，可在对应的输入框中设置刀片的各几何参数。设置螺纹车削刀具刀片的选项卡，如图 11-9 所示。

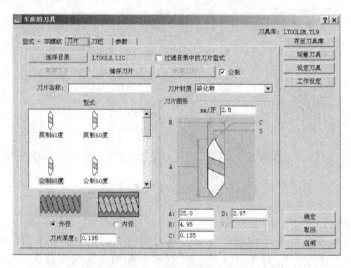

图 11-9 螺纹车削刀具的刀片设置

径向车削/截断车削刀具刀片的设置与螺纹车削刀具刀片的设置基本相同，主要包括"型式""刀片图形"和"刀片材质"的设置。设置径向车削/截断车削刀具刀片的选项卡，如图 11-10 所示。

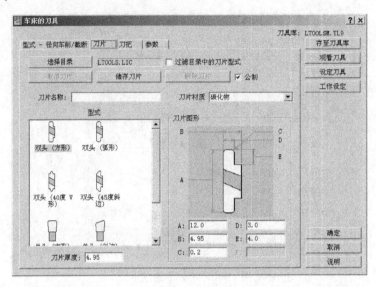

图 11-10　径向车削/截断刀具的刀片设置

用于钻孔/攻螺纹/铰孔的刀具在"刀具型式（Tool Type）"选项组中提供了 8 种类型，设置钻孔/攻螺纹/铰孔刀具的选项卡，如图 11-11 所示。

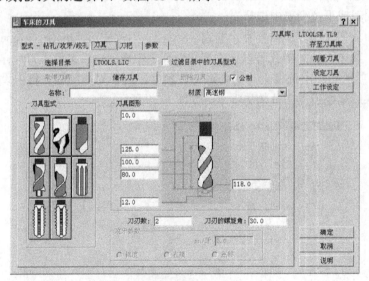

图 11-11　钻孔/攻螺纹/铰孔刀具设置

3. 刀柄与夹头

刀具不同刀柄（夹头）也不相同。外圆刀具刀柄的"刀把（刀柄）（Holders）"选项卡，如图 11-12 所示，与螺纹车削刀具和径向车削/截断车削刀具选项卡基本一样，这三种车削刀具刀柄的设置中都需设置三种参数来定义：型式、刀把图形（Holders Geometry）和刀把断

266

面形状（Shan Cross Section）。

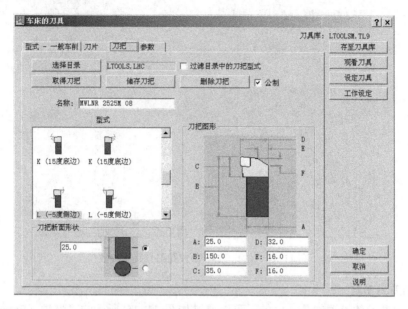

图 11-12　设置外径车削刀具的刀柄

镗孔车削刀具刀柄的"搪杆（Boring Bars）"选项卡，如图 11-13 所示。内孔车削刀具刀柄的设置方法与外径车削刀具刀柄的设置方法基本相同，也需要设置"型式"和"刀把图形"。内孔车削刀具刀柄均采用圆形截面，不需设置。

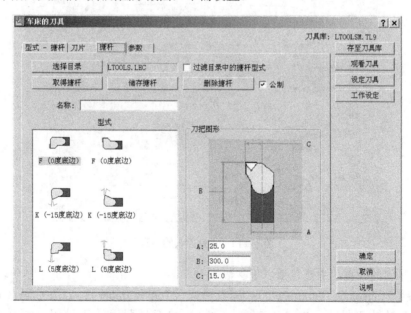

图 11-13　内孔车削刀具的刀柄设置

用于设置钻孔/攻螺纹/铰孔刀具夹头参数的"刀把"选项卡，如图 11-14 所示。对于钻孔/攻螺纹/铰孔刀具的夹头只需定义其几何外形尺寸。

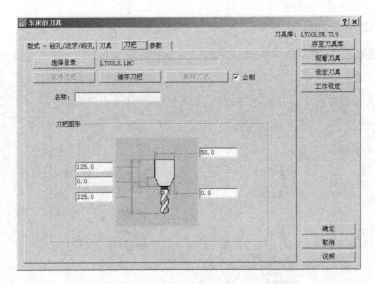

图 11-14　钻孔/攻螺纹/铰孔刀具夹头参数

4. 切削刀具参数

各种车刀参数的设置都是一样的，可以通过如图 11-15 所示的"参数（Parameters）"选项卡来进行刀具参数的设置。

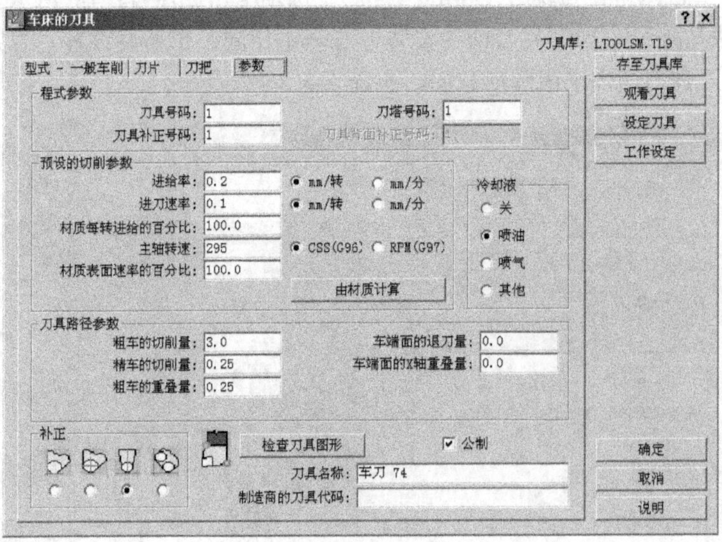

图 11-15　设置刀具的参数

参数选项卡的设置，主要包括以下参数：

程式参数（Program Parameters）：刀具号码（Tool number）、刀塔号码（Tool station number）、刀具补正号码（Tool offset number）和刀具背面补正号码（Tool back offset number）参数。

预设的切削参数（Default Cutting Parameters）：进给量、主轴转速度、切削速度等参数。

刀具路径参数（Tool Path Parameters）：切削深度、重叠量及退刀量等参数。

冷却液（Coolant）：选择加工中冷却的方式。

补正（Compensation）：设置刀具刀尖位置类型。

11.1.3 工作设置

在主菜单中顺序选择"车床的刀具路径相关设定→工作设定"（Lathe Toolpaths→Job setup）选项，即可打开如图 11-16 所示的"车床的工作设定（Lathe Job Setup）"对话框。可以使用该对话框来进行车床加工系统的工件设置、材料等设置。

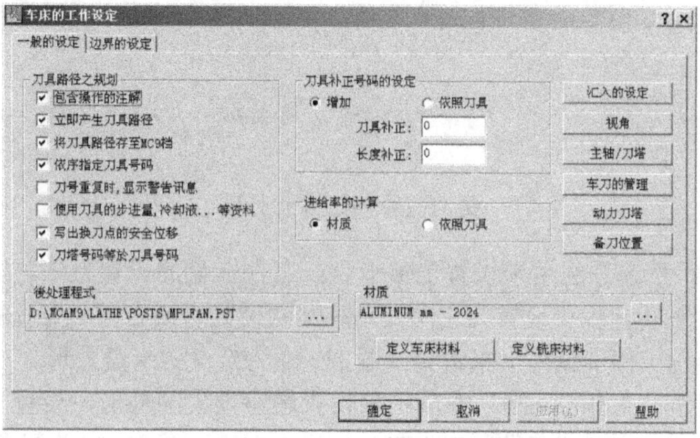

图 11-16 "车床的工作设定"对话框

在车床加工系统中的工件设置除要设置工件的外形尺寸外，还需对工件的夹头及顶尖进行设置。单击"边界的设定（Boundaries）"选项卡，出现如图 11-17 所示的"边界的设定"选项卡。

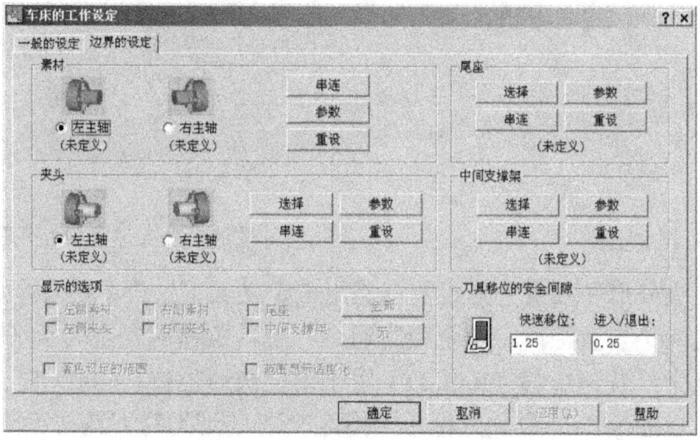

图 11-17 "边界的设定"选项卡

工件外形通过"素材（Stock）"选项组来设置。首先需设置工件的主轴方向，可以设置为左主轴（Left spindle）或右主轴（Right spindle），系统的默认设置为左主轴。车床加工系统是以工件的回转轴为轴线进行旋转加工的，工件回转轴与机床主轴同轴。回转体的边界可以用串连或矩形来定义。图 11-18a 为采用串连定义的工件外形，图 11-18b 为采用两对角点矩形区定义的工件外形。

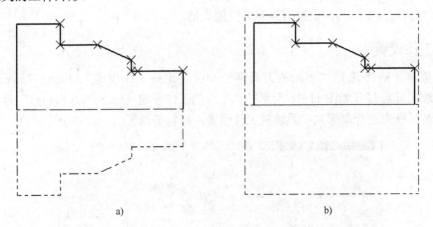

a)   b)

图 11-18　定义工件外形

"夹头（Chuck）"选项组用来设置工件卡盘。工件卡盘的设置方法与工件外形的设置方法基本相同。其主轴转向也可设置为左向（系统默认设置）或右向。夹头的外形边界可以用串连、矩形或已绘制工件卡盘外形来定义。图 11-19 为定义的卡盘外形。

顶尖通过"尾座（Tail stock）"选项组来设置尾座顶尖的外形，设置与夹头的外形设置相同，也可以用串连、矩形或已绘制工件夹头外形来定义。图 11-20 为设置的顶尖外形。

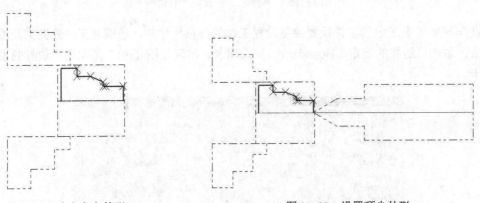

图 11-19　定义卡盘外形   图 11-20　设置顶尖外形

工件外形、夹头外形和顶尖外形设置都是用来定义加工过程中的安全边界。在定义了安全边界后还需定义两个安全距离，安全距离通过"刀具位移的安全间隙（Tool Clearance）"选项组来设置。其中"快速位移（Rapid）"用于设定快速位移（G00）时刀具与工件的安全间隙；"进入/退出（Entry/Exit）"输入框用于指定在进刀/退刀时刀具与工件的安全间隙。

11.2　粗车、精车参数

粗车与精车模组都可用于切除工件的多余材料，使工件接近最终的尺寸和形状，为最终加工做准备。两个模组的参数基本相同。

11.2.1 粗车

选择"车床的刀具路径相关设定"子菜单中的"粗车（Rough）"选项可调用粗车模组。粗车模组用来切除工件上大余量的材料，使工件接近最终的尺寸和形状，为精加工做准备。工件的外形通过在绘图区选取一组曲线串连来定义。该模组所特有的参数可用如图11-21所示的"粗车的参数（Rough parameters）"选项卡来进行设置。

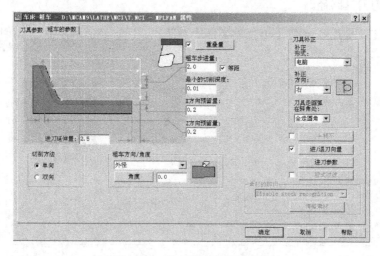

图11-21 设置粗车模组的参数

该组参数的设置主要是对加工参数、走刀方式、粗车方向与角度、刀具偏置及切进参数等进行设置。

1. 加工参数

粗车模组的加工参数包括"重叠量（Overlap amount）""粗车深度（Depth of cut）""X、Z方向预留量（Stock to leave）""进刀延伸量（Entry）"等参数。重叠量是指相邻粗车削之间的重叠距离，当设置了重叠量时，每次车削的退刀量等于车削深度与重叠量之和。在粗车深度的设置中，若选中"等距（Equal Steps）"复选框，则粗车深度设置为刀具允许的最大粗车削深度。预留量的设置包括 X 和 Z 两个方向上设置预留量。进刀延伸量是指开始进刀时刀具距工件表面的距离。进给率是用来设置刀具进给速度，可按每转的进给量或每分钟的进给量来设置。

2. 切削方法

"切削方法（Cutting Method）"选项组用来选择粗车加工时刀具的走刀方式。系统提供了两种走刀方式：单向（One way）和双向（Zigzag）。一般设置为单向车削加工，只有采用双向刀具进行粗车加工时才能选择双向车削走刀方式。

3. 粗车方向/角度

"粗车方向/角度（Rough Direction/Angle）"选项组用来选择粗车方向和指定粗车角度。有 4 种粗车方向：外径（OD）、内径（ID）、端面直插（Face）和背面（Back），以及"角度（Angle）"选项。

4. 刀具补偿

车床加工系统刀具偏置包括"电脑（Computer）"和"控制器（Control）"两类。其设置方法与铣床系统中的设置方法相同。

5. 进刀/退刀路径

在图 11-21 中选中"进/退刀向量（Lead In/Out）"复选框并单击此按钮，打开如图 11-22 所示的"进/退刀向量设定"对话框。该对话框用于设置粗车加工车削刀具路径的进刀/退刀刀具路径。其中"导入（Lead In）"选项卡用于设置进刀刀具路径，"导出（Lead Out）"选项卡用于设置退刀刀具路径。

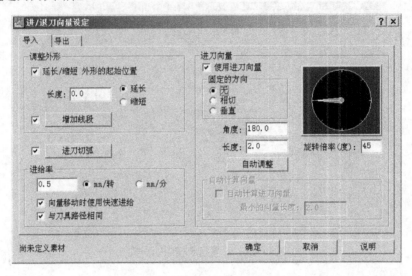

图 11-22　设置进刀/退刀刀具路径

在车床加工系统中，可以通过"调整外形（Adjust Contour）"来设置进刀/退刀刀具路径，也可以通过添加"进刀向量（Entry Vector）"来设置进刀/退刀刀具路径。

添加进刀矢量方式只能用于添加直线式的进刀/退刀刀具路径。直线刀具路径由固定的方向（Fixed Direction）和长度（Length）来定义。进刀矢量的方向可以采用指定角度（Angle），也可设置为与刀具路径"相切（Tangent）"或与刀具路径"垂直（Perpendicular）"。调整串连外形的方法有 3 种：延长/缩短外形的起始位置（Extend/shorten start of contour）、添加线段（Add Line）和进刀圆弧（Entry Arc）串连的延伸或回缩方向是沿串连起点处的切线方向，延伸或回缩的距离可由"长度（Amount）"输入框来指定。

添加直线的长度（Length）和角度（Angle）可由"新增外形线段（New Contour Line）"对话框来设置，单击"添加线段"按钮系统打开该对话框如图 11-23 所示。添加圆弧的半径（Radius）及扫掠角度（Sweep）可由"进/退刀切弧（Entry/Exit Arc）"对话框来设置，单击"进刀切弧（Entry Arc）"按钮系统打开该对话框，如图 11-24 所示。

图 11-23　"新增的外形线段"对话框

图 11-24　"进/退刀切弧"对话框

272

6. 进刀参数

单击"进刀参数（Plunge Parameters）"按钮，打开如图 11-25 所示的"进刀的切削参数（Plunge Cut Parameters）"对话框。该对话框可设置粗车加工中的切进参数。

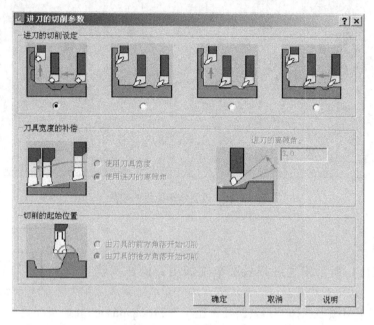

图 11-25　设置进刀参数

该对话框由"进刀的切削设定（Plunge Cutting）""刀具宽度的补偿（Tool Width Compensation）"和"切削的起始位置（Start of Cut）"3 个选项组组成。"进刀的切削设定"选项组用来设置在加工中切进形式。第一选项为不允许切进加工；第二选项为允许切进加工；第三选项为允许径向切进加工；第四选项为允许端面切进加工。若不允许切进车削，生成刀具路径时忽略所有的切进部分。设置刀具偏置的方式有两种：使用刀具宽度（Use tool width）和使用进刀的离隙角（Use plunge clearance angle）。当采用刀具宽度来设置刀具偏置时，要在"切削的起始位置"选项组中设置开始底切加工刀具的角点；如采用进刀的离隙角来设置刀具偏移，则需在"进刀的离隙角（Plunge clearance）"输入框中指定安全角度。

11.2.2　精车

选择"车床的刀具路径相关设定"子菜单中的"精车（Finish）"选项，可以调用精车模组。精车模组可用于切除工件外形外侧、内侧或端面的小余量材料。与其他加工模组相同，也要在绘图区选取加工模型串连来定义工件的外形。该模组的参数可用如图 11-26 所示的选项卡来进行设置。

精车模组与粗车模组特有参数的设置基本相同。可以根据粗车加工后的余量及"X(Z)方向预留量（Stock to leave in）"来设置"精修步进量（Finish stopover）"及"精修次数（Number of finish）"。

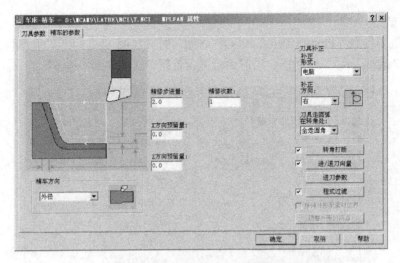

图 11-26　设置精车模组的参数

11.2.3　实例

对如图 11-1 所示模型进行外圆车削加工。操作步骤如下：

1）在主菜单中顺序选择"刀具路径→粗车"（Toolpaths→Rough）选项。

2）选取直线进行串连后单击"执行（Done）"选项，如图 11-27 所示。

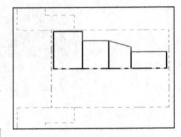

图 11-27　串连

3）打开"车床-粗车（Lathe Rough）"对话框，在刀具库列表中选用粗车刀具，按图 11-28 设置参数。

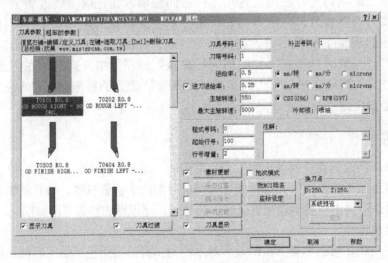

图 11-28　刀具参数设置

4）单击"粗车的参数（Rough parameters）"选项卡，按图 11-29 设置粗车加工参数。

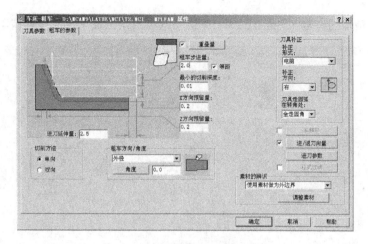

图 11-29　设置粗车参数

5）单击"粗车的参数"选项卡中的"确定按钮"，可生成如图 11-30 所示的刀具路径。

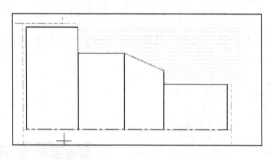

图 11-30　粗车加工刀具路径

6）在主菜单中顺序选择"刀具路径→精车"（Toolpaths→Finish）选项。

7）按上述方法选取同样的精车加工模型进行串连。

8）打开"车床-精车（Lathe Finish）"对话框，选用精车加工用刀具，并按图 11-31 设置刀具参数。

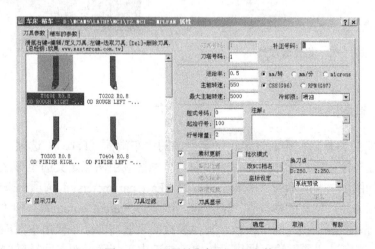

图 11-31　设置精车加工刀具参数

9）单击"精车的参数（Finish parameters）"选项卡，按图 11-32 设置精车加工参数。

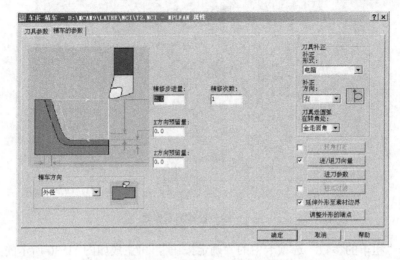

图 11-32　精车加工参数设置

10）单击"确定"按钮，即可生成刀具路径。使用"操作管理员"（图 11-33）进行仿真加工，加工结果如图 11-34 所示。

图 11-33　操作管理员

图 11-34　仿真加工结果

11.3　端面车削

选择"车床的刀具路径相关设定"子菜单中的"车端面（Face）"选项，可以调用端面车削模组。端面车削模组用于车削工件的端面。车削区域由两点定义的矩形区来确定。该模组的参数可用如图 11-35 所示的"车端面的参数（Face parameters）"选项卡来设置。

在该组选项卡中，特有的参数有"X 方向过切量（Overcut amount）"和"由中心线向外车（Cut away from center）"两个参数，其他参数的设置与前面各模组中对应的参数设置相同。其中，"X 方向过切量"输入框用于指定在加工中车削路径超出回转轴线的过切距离。

当选中"由中心线向外车"复选框时，从工件旋转轴的位置开始向外加工，不选则从外向内加工。

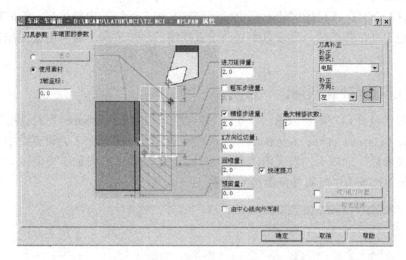

图 11-35　设置端面车削模组的参数

11.4　径向车削

选择"车床的刀具路径相关设定"子菜单中的"径向车削（Groove）"选项，可调用挖槽模组。挖槽模组可以在垂直车床主轴方向或端面方向车削凹槽。在挖槽模组中，其加工几何模型的选取及其特有参数的设置均与前面介绍的各模组有较大不同。系统提供了多种定义加工区域的方法，其特有参数的设置包括凹槽外形、粗车参数及精车参数设置。

11.4.1　定义加工模型

选择"径向车削"选项后，即可打开如图 11-36 所示的"径向车削的车槽选项"对话框。该对话框提供了 4 种选取加工几何模型的方法来定义挖槽加工区域形状。

图 11-36　"径向车削的切槽选项"对话框

"1 点（1 Point）"：在绘图区选取一点，将该选取点作为挖槽的一个起始角点。实际加工区域大小及外形还需通过设置挖槽外形来进一步定义。

"2 点（2 Points）"：在绘图区选取两个点，通过这两个点来定义挖槽的宽度和高度。实际的加工区域大小及外形还需通过设置挖槽外形来进一步定义。

"3 直线（3 Lines）"：在绘图区选取 3 条直线，而选取的 3 条直线为凹槽的 3 条边。这时选取的 3 条直线仅可以定义挖槽的宽度和高度。同样，实际的加工区域大小及外形也需通过设置挖槽外形来进一步定义。

"串连（Chain）"：在绘图区选取两个串连来定义加工区域的内外边界。这时挖槽的外形由选取的串连定义，在挖槽外形设置中只用设置挖槽的开口方向，且只能使用挖槽的粗车方法加工。

11.4.2 加工区域与凹槽形状

挖槽的形状及开口方向可以通过"车床-径向粗车（Lathe Groove）"对话框的"径向车削的型式参数（Groove shape parameters）"选项卡来设置。图 11-37 为设置挖槽外形的"径向车削的型式参数"选项卡，当采用"串连（Chain）"选项来选取加工模型时，其"径向车削的型式参数"选项卡中没有外形参数的设置。

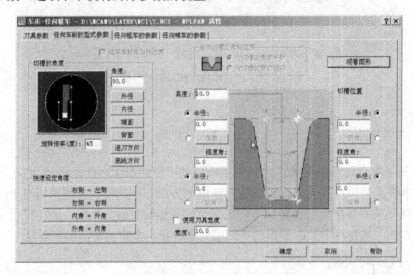

图 11-37 "径向车削的型式参数"选项卡

该选项卡包括挖槽开口方向、挖槽外形及快捷挖槽三部分的设置。

1. 设置挖槽开口方向

可用"切槽角度（Groove Angle）"选项组设置挖槽的开口方向。可以直接在"角度（Angle）"输入框中输入角度或用鼠标选取圆盘中的示意图来设置挖槽的开口方向，也可以选取系统定义的几种特殊方向作为挖槽的开口方向。

外径（OD）：切外槽的进给方向为-X，角度为 90°。

内径（ID）：切内槽的进给方向为＋X，角度为-90°。

端面（Face）：切端面槽的进给方向为-Z，角度为 0°。

背面（Back）：切端面槽的进给方向为-Z，角度为 180°。

进刀方向（Plunge）：通过在绘图区选取一条直线来定义挖槽的进刀方向。

底线方向（Floor）：通过在绘图区选取一条直线来定义挖槽的端面方向。

2. 定义挖槽外形

系统通过设置挖槽的宽度（Width）、高度（Height）、锥角度（Taper）和圆角半径

（Radius）等参数来定义挖槽的形状。若内外角位置采用倒直角方式，则需通过"切槽的倒角设定（Groove Chamfer）"对话框来设置倒角外形。"切槽的倒角设定"对话框如图 11-38 所示。其设置包括倒角的宽度（Width）、高度（Height）、角度（Angle）、底部半径（Bottom）和顶部半径（Top Radius）等参数的设置。其中宽度、高度、角度 3 个参数只需设置其中的 2 个，系统会自动计算出另一个参数值的大小。

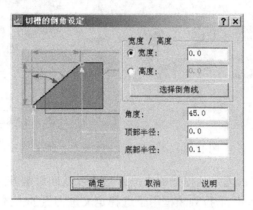

图 11-38　设置倒角外形

用"串连（Chain）"选项来定义加工模型时，不用进行挖槽外形的设置；而用"2 点（2 Points）"和"3 线（3 Lines）"选项来定义加工模型时，不用设置挖槽的宽度和高度。

3. 快捷挖槽设置

在"径向车削的型式参数"选项卡中的"快速设定角落（Quick Set Corners）"选项组用于快速设置挖槽的倾角与倒角参数，各按钮含义如下：

"右侧=左侧（Right Side＝Left Side）"按钮：将挖槽右边的参数设置为与左边相同。

"左侧=右侧（Left Side＝Right Side）"按钮：将挖槽左边的参数设置为与右边相同。

"内角=外角（Inner Corners＝Outer Corners）"按钮：将槽底倒角的参数设置为与槽口倒角相同。

"外角=内角（Outer Corners＝Inner Corners）"按钮：将槽口倒角的参数设置为与槽底倒角相同。

11.4.3　挖槽粗车参数

"径向粗车的参数（Groove rough parameters）"选项卡用来设置挖槽模组的粗车参数，如图 11-39 所示。选中"粗车切槽（Rough the groove）"复选框后，即可生成挖槽粗车刀具路径，否则只生成精车加工刀具路径。当采用"串连（Chain）"选项定义加工模型时仅能进行粗车加工，所以这时只能选此复选框。

挖槽模组的粗车参数主要包括车削方向、进刀量、提刀速度、槽底停留时间、斜壁加工方式、啄车参数及深度参数的设置。

其中"切削方向（Cut Direction）"下拉列表用于选择挖宽槽粗车加工时的走刀方向。

正向（Positive）：刀具从挖槽的左侧开始并沿+Z 方向移动。

反向（Negative）：刀具从挖槽的右侧开始并沿-Z 方向移动。

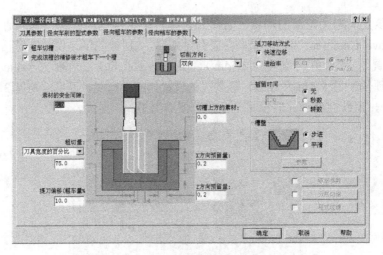

图 11-39 "径向粗车的参数"选项卡

双向（Bi directional）：刀具从挖槽的中间开始并以双向车削方式进行加工。

"粗切量（Rough step）"下拉列表框用于选择定义进刀量的方式：

次数（Number of step）：通过指定的车削次数来计算出进刀量。

步进量（Step amount）：直接指定进刀量。

刀具宽度的百分比（Percent of tool width）：将进刀量定义为指定的刀具宽度的百分比。

"退刀移动方式（Retraction Moves）"选项组用于设置加工中提刀的速度。

快速位移（Rapid）：采用快速提刀。

进给量（Feed rate）：按指定的速度提刀。进行倾斜凹槽加工时，建议采用指定速度提刀。

"暂留时间（Dwell Time）"选项组用来设置每次粗车加工时在凹槽底部刀具停留的时间。

无（None）：刀具在凹槽底不停留。

秒数（Seconds）：刀具在凹槽底停留指定的时间。

转数（Revolutions）：刀具在凹槽底停留指定的圈数。

槽壁（Groove Walls）"选项组用来设置当挖槽侧壁为斜壁时的加工方式。

步进（Steps）：按设置的下刀量进行步进加工，这时将在侧壁形成台阶。

平滑（Smooth）：可以通过单击"参数"按钮，打开"槽壁的平滑设定"对话框，对刀具在侧壁的走刀方式进行设置。

当选中"啄车参数（Peck Groove）"复选框时，用如图 11-40 所示的"啄车参数（Peck Parameters）"对话框进行啄车参数设置。啄车参数设置中包括设置"啄车量的计算（Peck Amount）"、提刀速度、提刀量设置"退刀位移（Retract Move）"及槽底停留时间设置"暂留时间（Dwell）"。

当选中"分层切深（Depth Cuts）"复选框时，用如图 11-41 所示的"切槽的分层切深设定（Groove Depth）"对话框进行深度分层加工参数的设置。可设置的参数包括切削深度设置、"深度间的刀具移动方式（Move Between Depth）"及"退刀至素材的安全间隙（Retract To Stock Clearance）"。定义进给深度的方式有两种：选中"每次的切削深度（Depth per pass）"单选钮时，可直接指定每次的加工深度；选中"切削次数（Number of passes）"单选钮时，通过指定加工次数由系统根据凹槽深度自动计算出每次的加工深度。"退刀的安全间隙"值，可以选择绝对坐标或增量坐标。

图 11-40 "啄车参数"对话框

图 11-41 "切槽的分层切深设定"对话框

11.4.4 挖槽精车参数

挖槽模组精车参数可通过如图 11-42 所示的"径向精车的参数（Groove Finish parameters）"选项卡来设置。只有选中"精车切槽（Finish Groove）"复选框后，此选项卡中的其他参数才可以使用。

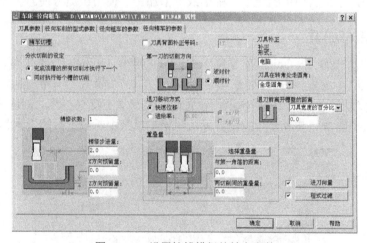

图 11-42 设置挖槽模组的精车参数

精车参数设置中主要参数有：加工顺序、首次加工方向以及进刀刀具路径的设置。

"分次切削的设定（Multiple Passes）"选项组用于设置加工多个切槽且进行多次精车车削时的加工顺序。选中"完成该槽的所有切削才执行下一个（Complete all passes on each groove）"单选钮时，先执行一个凹槽的所有精加工，再进行下一个凹槽的精加工；当选中"同时执行每个槽的切削（Complete each passes on all groove）"单选钮时，按层依次进行所有凹槽的精加工。"第一道的切削方向（Direction for lst pass）"选项组用于设置首次切削的加工方向，可以选择为逆时针（CCW）或顺时针（CW）方向。"进刀向量（Lead In）"复选框，用于在每次精车加工刀具路径前添加一段起始刀具路径。设置起始刀具路径的"进刀向量"对话框，如图 11-43 所示。其设置方法与粗车模组中进刀 / 退刀刀具路径的设置方法相同。

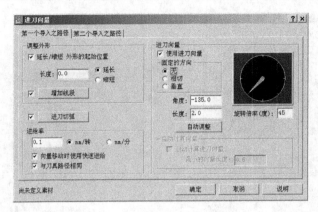

图 11-43　设置进刀刀具路径

11.5　快捷车削加工

选择"车床的刀具路径相关设定"子菜单中的"简式（Quick）"选项可调用简式模组。简式模组可以进行粗车、精车或径向加工。采用该模组生成刀具路径时，所需设置的参数较少，该模组一般用于形状简单的粗车、精车或挖槽加工，使用快捷方便。

11.5.1　快捷粗车加工

在"车床的简式加工（Quick）"子菜单中选择"粗车（Rough）"选项可进入简式粗车加工对话框，其刀具设置方法与粗车模组相同。单击"简式粗车的参数（Quick rough parameters）"选项卡，如图 11-44 所示，设置简式粗车加工特有参数。该选项卡的参数设置比粗车模组参数要简单。其各参数的设置方法与粗车模组中对应参数的设置相同。

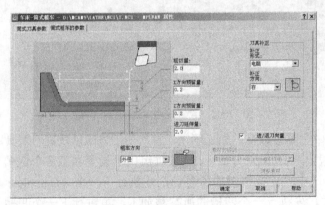

图 11-44　简式粗车参数设置

11.5.2　快捷精车加工

在"车床的简式加工"子菜单中选择"精车（Finish）"选项可进行快捷方式的精车加工

参数设置。"简式精车的参数（Quick finish parameters）"选项卡，如图 11-45 所示。

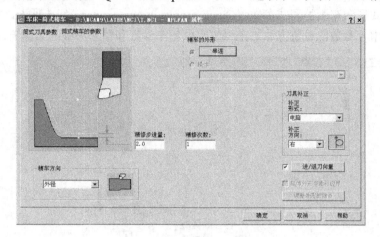

图 11-45　简式精车参数设置

采用该方式进行加工时，可先不选取加工模型，而是选择一个已粗车加工过的模型作为快捷精车加工的对象，也可以选中"串连（Chain）"单选钮后，单击"串连（Chain）"按钮在绘图区选取加工模型。

该选项卡的参数设置比精车模组参数的设置要简单。其各参数的设置方法与精车模组中对应参数的设置相同。

11.5.3　快捷挖槽加工

在"车床的简式加工"子菜单中选择"径向车削（Groove）"选项，可进行快捷方式的挖槽加工。设置该方式进行加工与使用挖槽模组进行加工的方法基本相同。也需先选取加工模型，再进行挖槽外形设置及粗车和精车参数的设置。

定义加工模型时，只有"1 点（1 Point）""2 点（2 Points）"和"3 直线（3 Lines）"这 3 种方式来定义凹槽位置与形状，如图 11-46 所示。

"简式径向车削的型式参数（Quick groove shape parameters）"选项卡用于设置挖槽的形状，如图 11-47 所示。该选项卡中各参数的设置方法与挖槽模组中挖槽外形设置方法相似。

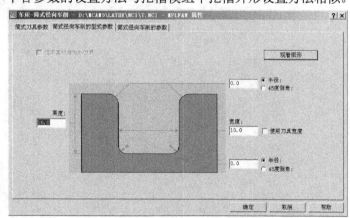

图 11-46　选取加工模型　　　　　　　图 11-47　快捷挖槽形状设置

快捷挖槽加工的粗车参数和精车参数安排在一个选项卡中进行设置,设置粗车参数和精车参数的"简式径向车削的型式参数(Quick groove cut parameters)"选项卡,如图 11-48 所示。该选项卡中各参数的设置方法与挖槽模组中粗车参数和精车参数的设置方法相同。

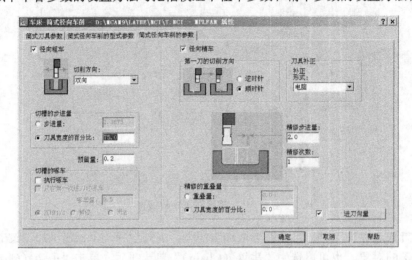

图 11-48　快捷挖槽模组粗车和精车设置

11.6　钻孔加工

"车床的刀具路径相关设定(Lathe Toolpaths)"子菜单中的"钻孔(Drill)"选项为钻孔加工模组。车床加工系统的钻孔模组和铣床加工系统的钻孔模组功能相同,主要用于钻孔、铰孔或攻螺纹。但其加工的方式不同,在车床的钻孔加工中,刀具仅沿 Z 轴移动而工件旋转;而在铣床的钻孔加工中,刀具沿 Z 轴移动并旋转。

在车床的钻孔模组中同样提供 8 种标准形式和 12 种自定义形式加工方式。设置车床钻孔模组特有参数的选项卡,如图 11-49 所示。

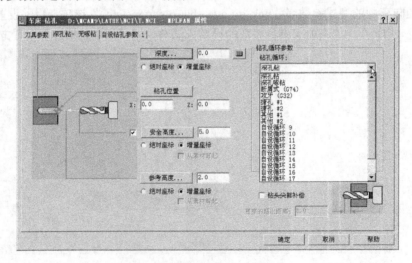

图 11-49　钻孔模组参数选项卡

该选项卡各参数设置与铣床钻孔模组相同。所不同的是在铣床钻孔模组中中心孔位置是在绘图区选取，而在车床钻孔模组中中心孔位置通过"钻孔位置（Drill Point）"选项，或输入坐标值来设置。

下面以图 11-1 所示工件的钻孔操作过程为例说明钻孔加工的操作步骤：

1）在主菜单中顺序选择"钻孔"选项。

2）系统打开"车床-钻孔（Lathe Drill）"对话框，在刀具列表中选择直径 8mm 麻花钻"刀具参数（Tool parameters）"选项卡的刀具参数，如图 11-50 所示。

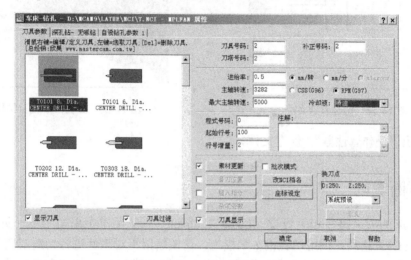

图 11-50　选择设置钻孔刀具参数

3）打开"深孔钻-无啄钻（Simple drill）"选项卡，按图 11-51 设置钻孔参数，其中钻孔深设置为-31mm。

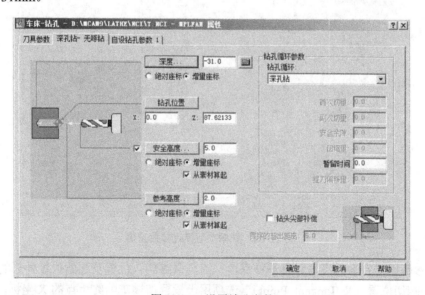

图 11-51　设置钻孔参数

4）单击"车床-钻孔"对话框中"确定"按钮，系统返回"车床的刀具路径相关设定"

子菜单,选择进入"操作管理器(Operations)",单击"刀具路径模拟(Back plot)"进行刀具路径检验,生成如图11-52所示的刀具路径。

5)在"操作管理器(Operations)"中单击"实体切削验证(Verify)"进行刀具仿真加工检验,结果如图11-53所示。

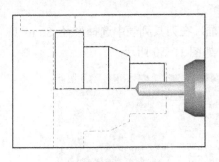

图11-52 钻孔刀具路径

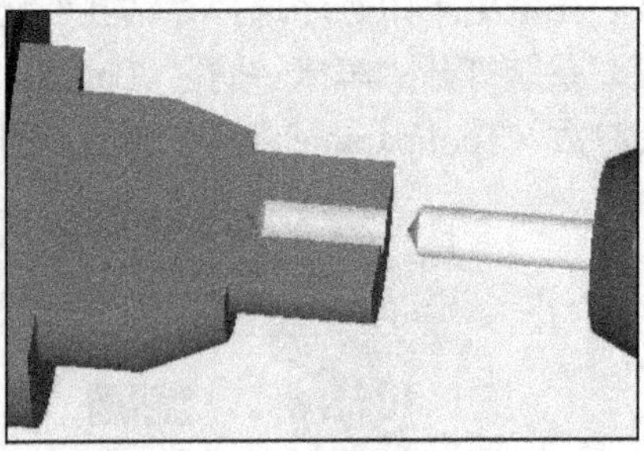

图11-53 仿真加工检验结果

6)退出"操作管理器",保存文件。

11.7 截断车削

在"车床的刀具路径相关设定(Lathe Toolpaths)"子菜单中单击"下一页",其中的"截断(Cutoff)"选项可调用切直槽车削模组。该模组用于对工件进行切断或切直槽加工。可以通过选取一个点来定义切槽的位置。用于设置该模组参数的"截断的参数(Cutoff parameters)"选项卡,如图11-54所示。

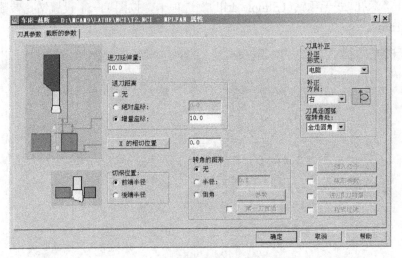

图11-54 切槽车削模组参数设置

该组参数中特有参数设置包括最终深度、刀具最终切入位置及起始位置外形的设置。

"X的相切位置(X Tangent Point)"选项用于设置切槽车削终止点的X坐标,系统默认设置为"0"(将工件切断)。

"切深位置(Cut to)"选项组用于设置使用主切削刃倾斜的刀片时,刀具切入深度的计算点，为"前端半径（Front radius）"或"后端半径（Back radius）"。

"前端半径"单选钮：刀具的前角点切入至指定的终止点 X 坐标位置。

"后端半径"单选钮：刀具的后角点切入至指定的终止点 X 坐标位置。

"转角的图形（Corner Geometry）"选项组用于设置在车削起始点位置的外形。

"无（None）"单选钮：在起始点位置垂直切入，不生成倒角。

"半径（Radius）"单选钮：按输入框指定的半径生成倒圆角。

"倒角（Chamfer）"单选钮：按设置倒角参数生成倒角。倒角参数的设置方法与径向挖槽加工中挖槽角点处倒角设置方法相同。

下面以图 11-1 工件的切槽操作过程说明操作步骤，槽宽 4mm，切深 6mm。操作步骤如下：

1）在主菜单中顺序选择"截断"选项，选取工件上的切槽（切断）起始点。

2）系统打开"车床-截断（Lathe Cutoff）"对话框，在刀具库列表中直接选取刀具，并按图 11-55 所示设置刀具参数。

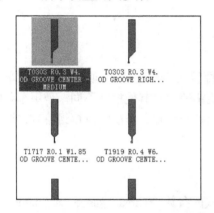 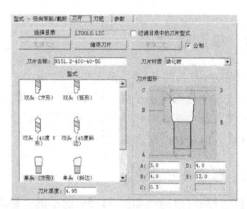

图 11-55　设置刀具参数

3）单击"截断的参数（Cutoff parameters）"选项卡，按图 11-56 设置切槽车削参数。

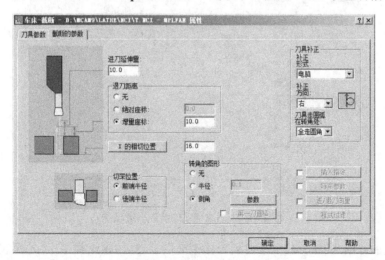

图 11-56　设置切槽车削参数

4）单击"车床-截断"对话框中的"确定"按钮，系统即可生成如图 11-57 所示的刀具路径并返回"车床的刀具路径"子菜单。

5）用"操作管理器"进行仿真加工，结果如图 11-58 所示。

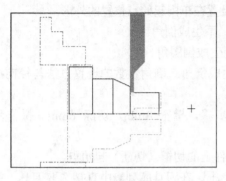

图 11-57　刀具路径

图 11-58　仿真加工结果

11.8　车削螺纹

"车床的刀具路径相关设定"子菜单中的"车螺纹（Thread）"选项为螺纹加工车削模组。螺纹车削模组可用于加工内螺纹、外螺纹或螺旋槽等。与其他模组不同，使用车削螺纹模组不需选择加工的几何模型，只要定义螺纹的起始点与终点。车削螺纹模组特有参数设置包括螺纹外形及螺纹车削参数的设置。

11.8.1　螺纹外形设置

螺纹参数可以通过如图 11-59 所示的"螺纹型式的参数（Thread shape parameters）"选项卡来设置，包括螺纹的类型、起点和终点位置及各螺纹参数设置。

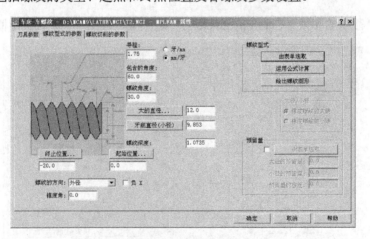

图 11-59　"螺纹型式的参数"选项卡

在"螺纹的方向（Thread）"下拉列表框中提供了 3 种螺纹类型："外螺纹（OD）""内螺纹（ID）"和"端面/背面（Face/Back）"。外螺纹或内螺纹加工时，"起始位置（Start

Position)" 输入框用于指定螺纹起点的 Z 坐标;"终止位置(End Position)" 输入框用于指定螺纹终点的 Z 坐标。当选择端面螺纹加工时,"起始位置" 输入框用于指定螺纹起点的 X 坐标;"终止位置" 输入框用于指定螺纹终点的 X 坐标。

螺纹参数设置包括螺距、螺纹角度、大径、底径及螺纹锥角的设置。

"导程(Lead)" 设置螺纹螺距,有两种参数:"牙/mm(threads/mm)" 和 "mm/牙(mm/threads)"。

有两个设置螺纹角度的参数:"包含的角度(Included angle)" 输入框用于指定牙型两侧边的夹角,"螺纹角度(Thread angle)" 输入框用于指定螺纹第一条边与螺纹轴垂线的夹角。在进行螺纹角度设置时,"螺纹角度" 设置值应小于 "包含的角度" 设置值,一般 "包含的角度" 设置值为 "螺纹角度" 设置值的 2 倍。

"大的直径(大径)(Major Diameter)" 输入框用于指定螺纹大径,"牙底直径(小径)(Minor Diameter)" 输入框用于指定螺纹底径,"螺纹深度(Thread depth)" 输入框为螺纹的螺牙高度。

"锥角度(Taper angle)" 输入框用于设置螺纹锥角。输入值为正值时,螺纹直径由起点至终点方向线性增大;当输入值为负值时,螺纹直径由起点至终点方向线性减小。

在设置螺纹参数时,可以直接在各输入框中输入各参数值,也可选用 "由表单选区(Select from table)" "运用公式计算(Compute from formula)" 和 "绘出螺纹图形(Draw thread)"。

11.8.2 螺纹切削参数设置

螺纹的车削参数可用如图 11-60 所示的 "螺纹切削的参数(Thread cut parameters)" 选项卡来设置。该组参数主要用于设置在螺纹车削加工时的加工方式。主要包括 NC 码格式、车削深度及车削次数设置。

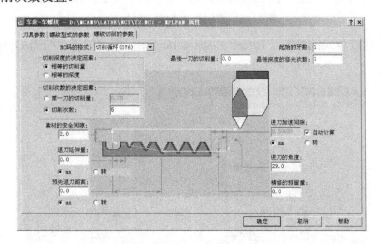

图 11-60 "螺纹切削的参数" 选项卡

系统在 "NC 码的格式(NC code format)" 下拉列表框中提供了用于螺纹车削的 4 种 NC 码格式:"螺纹切削(G32)(Longhand)" "切削循环(G76)(Canned)" "固定螺纹(G92)(Box)" 和 "交替切削(G32)(Alternation)"。

"切削深度的决定因素（Determine cut depths from）"选项组用于设置每次车削时车削深度的方式。当选中"相等的切削量（Equal area）"单选钮时，系统按相同的车削量来设置每次车削的深度；当选中"相等的深度（Equal depths）"单选钮时，系统按统一的深度加工。

"切削次数的决定因素（Determine number of cut from）"选项组用于设置定义车削次数的方式。当选中"第一刀的切削量（Amount of first）"单选钮时，系统根据指定的"第一刀的切削量（Amount of first）""最后一刀的切削量（Amount of last）"和螺纹深度来计算车削次数；当选中"切削次数（Number of cuts）"单选钮时，系统根据设置的车削次数、最后一刀车削量和螺纹深度来计算车削量。

下面应用车削螺纹模组完成图 11-1 零件的螺纹车削加工。操作步骤如下：

1）在主菜单中顺序选择"车螺纹（Thread）"选项。

2）打开如图 11-61 所示的"车床-车螺纹（Lathe Thread）"对话框，在刀具库列表中直接选取外螺纹加工刀具，按图进行设置。

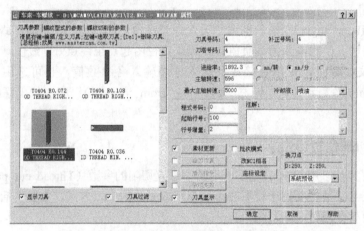

图 11-61 "车床-车螺纹"对话框

3）单击"螺纹型式的参数（Thread shape parameters）"选项卡，按图 11-62 设置螺纹外形参数。

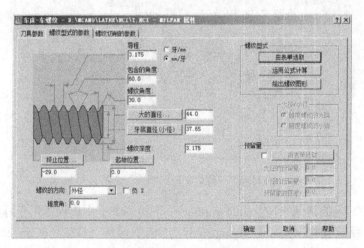

图 11-62 螺纹型式的参数设置

4）单击"螺纹切削的参数（Thread cut parameters）"选项卡，按图 11-63 设置加工参数。

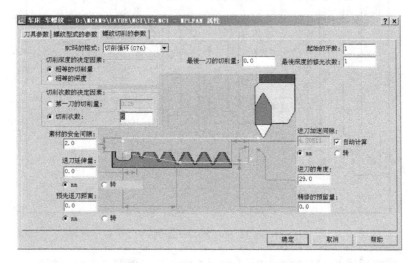

图 11-63　螺纹切削的参数设置

5）单击"确定"按钮，即可生成图 11-64 所示刀具路径。

6）使用"操作管理器"进行仿真模拟加工，结果如图 11-65 所示。

7）关闭"操作管理器"，保存文件。

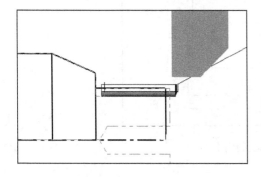

图 11-64　刀具路径

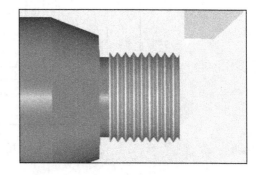

图 11-65　仿真加工结果

11.9　上机操作与指导

练习一：在自定尺寸、外形的工件上按工件毛坯外形尺寸设定的几种方法上机操作，进行共建参数设置。

练习二：在自定尺寸及外形的工件上设置夹头、顶尖。

练习三：对如图 11-66 中的几何模型进行粗加工设置，刀具路径模拟，仿真模拟操作。

练习四：在上题的设置中对进刀矢量、退刀矢量分别设置为大小、方向不同的值，利用刀具路径模拟观察有何不同。

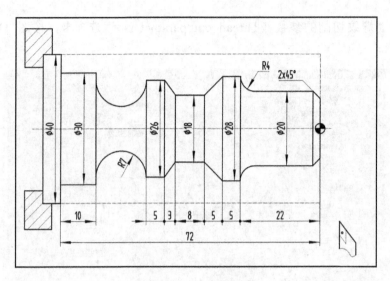

图 11-66 练习三图例

练习五：选择适当的加工方法，对图 11-67 中的几何模型进行粗、精加工，设置加工参数并利用仿真加工检验。

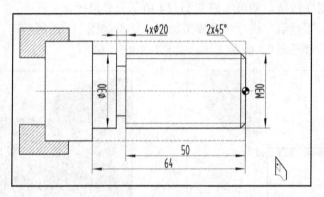

图 11-67 练习五图例

附录　Mastercam 9.1 的安装及其快捷键

1　Mastercam 9.1 的安装

安装 Mastercam 9.1 的操作步骤如下：

1）将 Mastercam 9.1 系统安装光盘插入 CD-ROM 中，如果自动运行功能在打开状态，Windows 将会直接运行光盘中的安装程序，否则可以双击 Mastercam 9.1 的 Setup.exe 文件运行安装程序。

2）安装程序运行后，首先出现安装界面，如附图 1 所示。

3）选择"Install products"进入安装程序选择界面，如附图 2 所示。

附图 1　Mastercam 9.1 的安装向导　　　　　　附图 2　"Install products"对话框

4）单击"Mastercam 9.1"按钮，打开如附图 3 所示的版本新功能介绍对话框，可以单击"What's new！"按钮进行查看。

5）单击"Next"按钮，打开如附图 4 所示的软件许可协议对话框，可以通过移动滑块来完整地阅读 Mastercam 9.1 软件的协议。

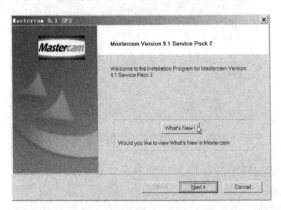
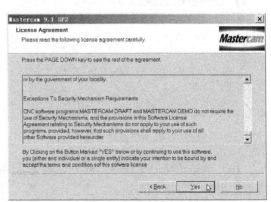

附图 3　新版本介绍　　　　　　　　　　　附图 4　软件的许可协议

6）单击"Yes"按钮，打开如附图 5 所示的对话框，用来设置系统采用的单位，可以选择"Metric Units"（公制）或"English Units"（英制）作为系统的单位。

7）选定系统单位后单击"Next"按钮，打开如附图 6 所示的"Choose Destination Location"对话框。该对话框用来设置系统文件安装的路径，可以采用系统给出的默认路径，也可以通过单击"Browse"按钮设置安装目录。

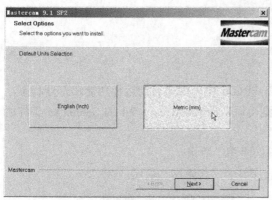

附图 5   设置系统单位制对话框

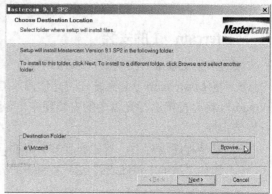

附图 6   安装路径设置对话框

8）单击"Next"按钮，打开如附图 7 所示的对话框，该对话框用来设置需要安装的模块及示例文件。安装的模块包括"Router（曲面雕刻）""Mill"（铣床）"Design"（设计）"Lathe"（车床）和"Wire"（线切割），可通过单击其前面的方框来设置是否安装该模块及示例文件，设置完成后系统将开始安装。

9）Mastercam 9.1 文件安装完后，将返回如附图 2 所示对话框，选择安装后处理器，单击"Post processors"按钮，打开如附图 8 所示的对话框，该对话框用来设置后处理文件的安装目录，系统的默认设置为 Mastercam 9.1 系统的安装目录。

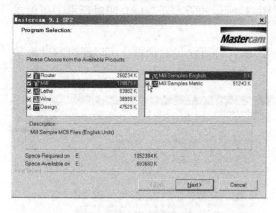

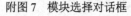

附图 7   模块选择对话框

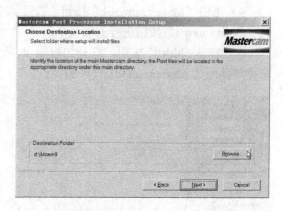

附图 8   后处理文件安装目录对话框

10）单击"Next"按钮，打开如附图 9 所示的对话框，该对话框用来设置要安装的后处理器的内容，包括 Mill Posts（铣床后处理）、Lathe Posts（车床后处理）、Wire Posts（线切割后处理）、Router Posts（曲面雕刻后处理）4 部分，选择要安装的后处理器。设置完成后将安装后处理器程序。

11）安装完成后，用户可以根据需要选择其他选项进行安装，全部安装完成后 Mastercam 9.1 就可以使用了。

2 快捷键及其含义表

为了便于操作，Mastercam 9.1 定义了一些特殊功能键，特殊功能键是由 C-Hooks 和 Macros 所指定的功能键。可以使用〈Alt〉+〈C〉或由主菜单下的"荧幕→系统设置（Screen→Configure）"进行修改。见附表。

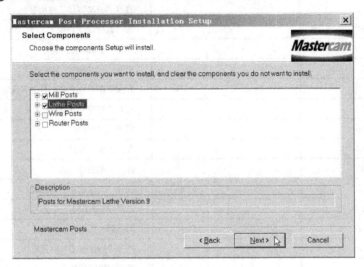

附图 9　选择后处理器对话框

附表　快捷键及其含义

快　捷　键	对　应　功　能	快捷键的含义
〈F1〉	Zoom	将指定区域内的图形放大
〈F2〉	Unzoom	将图形整体缩小
〈F3〉	Repaint	将屏幕上的图形重画一次
〈F4〉	Analyze	执行分析功能
〈F5〉	Delete	删除屏幕上的图形元素
〈F6〉	File	执行文件菜单内的功能
〈F7〉	Modify	执行修改菜单内的功能
〈F8〉	Create	执行绘图菜单内的功能
〈F9〉		显示当前的文件名、构图平面及刀具原点
〈F10〉		显示和设置功能键
〈Alt〉+〈F1〉	Fit	将全部几何图形显示于整个屏幕上
〈Alt〉+〈F2〉		将屏幕上的图形缩小为原来的 4/5
〈Alt〉+〈F3〉		显示/关闭光标所在位置
〈Alt〉+〈F4〉	Exit	退出 Mastercam 系统

快　捷　键	对应功能	快捷键的含义
〈Alt〉+〈F5〉		删除视窗内的图形元素
〈Alt〉+〈F7〉		图形元素隐藏功能
〈Alt〉+〈F8〉	Configure	打开"系统配置"对话框
〈Alt〉+〈F9〉		显示视角中心、构图平面轴和当前的刀具平面轴
〈Alt〉+〈F10〉		与〈F10〉键相同
〈Alt〉+〈A〉		打开"自动存储"对话框
〈Alt〉+〈B〉	ToolBar	显示或隐藏工具条
〈Alt〉+〈C〉		执行 c-hooks 应用程序
〈Alt〉+〈D〉		打开"尺寸标注"对话框
〈Alt〉+〈E〉		除指定图形元素外，其他元素隐藏
〈Alt〉+〈F〉		打开"字型"对话框
〈Alt〉+〈G〉		打开设置栅格
〈Alt〉+〈H〉		打开系统的求助窗口
〈Alt〉+〈I〉		打开文本文件
〈Alt〉+〈J〉		打开"工作设置"对话框
〈Alt〉+〈L〉		设置线型和线宽
〈Alt〉+〈M〉		列出系统的内存使用情况
〈Alt〉+〈O〉		打开"操作管理"对话框
〈Alt〉+〈P〉		显示或隐藏反馈区
〈Alt〉+〈S〉		曲面着色开关
〈Alt〉+〈T〉		打开或关闭刀具路径显示
〈Alt〉+〈U〉		恢复
〈Alt〉+〈V〉		版本显示
〈Alt〉+〈W〉		执行分割视窗的功能
〈Alt〉+〈X〉		通过选择图形元素设置当前层颜色等
〈Alt〉+〈Y〉		打开"实体管理"对话框
〈Alt〉+〈Z〉		打开"图层管理"对话框
〈Alt〉+〈0〉		设置工作深度
〈Alt〉+〈1〉		打开"颜色"对话框
〈Alt〉+〈2〉		打开"图层管理"对话框
〈Alt〉+〈3〉		打开"限定层管理"对话框
〈Alt〉+〈4〉		设置刀具平面
〈Alt〉+〈5〉		执行设置构图平面功能
〈Alt〉+〈6〉		设置观察视角
〈Alt〉+〈+〉		执行图形元素隐藏功能
〈Alt〉+〈Tab〉		切换视窗控制
〈Esc〉		中断执行